普通高等教育“十三五”规划教材

特种轧制设备

周存龙　王天翔　秦建平　黄志权　主编

北　京
冶　金　工　业　出　版　社
2020

内 容 提 要

本书首先对特种轧制和特种轧制设备的分类进行了介绍，然后对特种轧制设备的主要类型、性能、结构特点、主要参数、工作原理等进行详细阐述。本书共8章，主要内容包括：多辊轧制设备；环件轧制设备；楔横轧设备；旋压设备；辊锻设备；锥形辊轧制设备；滚轧设备等。

本书为高等工科院校机械类专业教材，也可供科研院所从事相关专业工作的工程技术人员学习参考。

图书在版编目(CIP)数据

特种轧制设备/周存龙等主编．—北京：冶金工业出版社，2020.10

普通高等教育"十三五"规划教材

ISBN 978-7-5024-8338-8

Ⅰ.①特… Ⅱ.①周… Ⅲ.①特种轧机—高等学校—教材 Ⅳ.①TG334.1

中国版本图书馆CIP数据核字（2019）第275946号

出 版 人　苏长永

地　　址　北京市东城区嵩祝院北巷39号　邮编　100009　电话　(010)64027926

网　　址　www.cnmip.com.cn　电子信箱　yjcbs@cnmip.com.cn

责任编辑　戈　兰　美术编辑　彭子赫　版式设计　孙跃红

责任校对　石　静　责任印制　李玉山

ISBN 978-7-5024-8338-8

冶金工业出版社出版发行；各地新华书店经销；三河市双峰印刷装订有限公司印刷

2020年10月第1版，2020年10月第1次印刷

787mm×1092mm　1/16；12印张；285千字；177页

46.00元

冶金工业出版社　投稿电话　(010)64027932　投稿信箱　tougao@cnmip.com.cn

冶金工业出版社营销中心　电话　(010)64044283　传真　(010)64027893

冶金工业出版社天猫旗舰店　yjgycbs.tmall.com

（本书如有印装质量问题，本社营销中心负责退换）

序

钢铁材料伴随着人类文明社会的发展，广泛应用于国民经济各个领域中。轧制是钢铁材料生产技术中最重要的加工方式，90%以上的钢铁产品是轧制成形。随着工业化进程的加快，传统的板、管、型、线等批量大、适用面广的轧制产品，扩展到批量小、品种多、可直接作为机械零部件的特种轧制产品。

特种轧制是一个定义很宽泛的轧制成形技术，是根据金属零件的尺寸形状和性能要求，利用特殊结构形式的轧辊，采用特殊的轧辊布置形式和回转运动方式，通过辊缝内金属的塑性变形将坯料加工成为近净形金属零件（机械零件）。该加工方式既不同于切削等去除材料的机械加工，又有别于锻、挤、冲等非连续施加载荷塑性成形加工。特种轧制产品基本上可以直接成为机械设备或结构上的零部件，是少切屑、无切屑加工的重要方式，是绿色制造过程不可缺少的组成部分。

近年来，我国制造业总量规模、产品质量大幅提升，在推动经济发展、改善人民生活、参与国际竞争和保障国家安全方面取得了重要的作用。在虚拟经济蓬勃发展的今天，制造业的发展仍然是国民经济发展的基础。随着新一轮科技革命和产业变革的蓬勃兴起，伴随制造业的产品升级换代和制造业本身的技术进步，新的加工制造技术装备将得到快速发展。在此背景下，特种轧制技术的应用和新技术、新产品的开发将获得难得的发展机遇。

轧制设备是金属材料生产中的重要设备，承担着由坯料到产品的主要工作，大负荷、高速度、高精度是对轧制设备的基本要求。随着轧制工艺要求和机械制造水平的提高，轧制设备的制造精度和自动化水平也得到显著提升，从而使得特种轧制产品的精细化得以实现。原来必须通过机械切削加工的产品，采用特种轧制技术也能够高质量、高效率的生产。采用常规机械切削加工方法难以制造的某些产品，特种轧制技术也能发挥自身优势进行加工。可以预见，特种轧制技术在“极限制造”，如“微成形”金属构件、超大尺寸金属构件、难变形金属构件等的加工中发挥重要作用。

例如，不锈钢极薄带的产品开发，实现了0.02mm厚度以下产品的批量稳定生产，使可折叠显示屏成为现实；轧制环形件的尺寸不断被突破，世界上最大的环件直径已达15m，替代了传统的焊接成形方法，生产时间和质量稳定性大大提高；楔横轧技术可轧制零件的尺寸越来越大，形状越来越复杂，有望替代传统的锻制成形大型变截面轴类零件；旋压技术将增厚与减薄成形特点灵活切换，产品种类不断增加，可以生产超大尺寸的金属筒体，在航天、航空及国防工业领域得到广泛应用；螺旋轧制方式使螺旋叶片连续生产成为现实，长距离散料输送的创新得以实现；一次性轧制成形金属锚杆，使锚固技术得到广泛应用；辊锻技术使得变截面长型材零部件大批量生产成为可能等。

随着大数据、神经网络技术、人工智能及工业互联网等在轧制生产线的大量使用，完美地将特种轧制技术的绿色化与设备的智能化相结合，不仅提高了轧制设备的生产制造水平，而且也推动了承接这些轧制产品的下游产品的发展。

由于特种轧制过程的轧制变形区形状不规则，金属在变形区域内发生的弹塑性变形极为复杂，轧制产品和工艺技术的开发及工艺参数的设定非常困难，导致特种轧制设备和工具的设计难度很大。本书作为一本初级入门的专业书籍，试图让读者深入浅出地了解特种轧制技术知识，较全面地认识特种轧制设备的功能与基本构成，能够根据产品的特点和市场需求，选择或开发相应特种轧制技术设备。期望本书对推动特种轧制技术的推广应用、实现绿色制造和制造业的智能化产生较大的促进作用。

钢铁工业是国民经济的支柱产业，钢铁材料则是长流程、高耗能的产品，高效利用钢铁材料是关乎经济可持续发展的重要措施。当前，我国工业经济领域正处于调整和转型时期，积极开展特种轧制技术的研究和推广应用，对于转变钢铁材料生产理念，促进相关行业的技术进步具有重要意义。

坚持创新驱动、市场主导、质量为先、重点突破的原则，相信广大工程技术人员能够通过本书获得启示和灵感，大力开发特种轧制技术、研发特种轧制设备并完善特种轧制理论，努力提升我国制造业整体水平，为使我国早日进入制造业强国做出贡献。

中国工程院院士 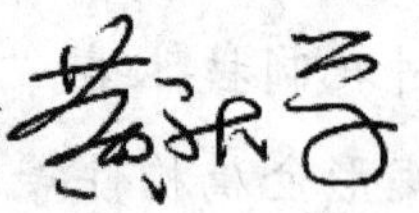

2020年6月

前　言

我国钢铁产业已经从追求效率和产量转入追求质量和品种的时期。在钢铁产品的板、管、型、线等通用型品种满足基本需求后，断面形状、截面尺寸和组织性能等方面更具个性特征的轧制产品，已经成为钢铁产品的生产者和使用者追求的目标。

在新技术、新产品层出不穷的大背景下，特种轧制技术发挥着不可替代的作用。如在20辊森吉米尔轧机上生产的厚度0.02mm的宽幅不锈钢带，为新一代折叠屏手机、新能源电池中的极片、可穿戴设备的衬板等高技术产品提供核心基础材料；直径10000mm以上的超大盘环件的轧制生产，大大提高了大型港口机械、矿山机械、核反应堆支撑底座的稳定性和服役寿命；大直径变断面轴类零件、带齿的T形槽钢、变截面极薄环形件等特殊轧制件的生产都促进了相关产品和产业的技术进步。特种轧制技术的极限加工、个性加工和绿色加工的特性促使人们对未来的制造技术产生更多的期许。

近年来，我国在特种轧制设备如大型环轧设备、森吉米尔轧机等开发上虽然做出了不少努力，但由于种种原因，仍然不能满足特种轧制产品开发和技术应用的需求，希望本书的出版能够为特种轧制设备的研制开发做出贡献。

本书主要由太原科技大学周存龙教授、秦建平教授、黄志权副教授和山西太钢不锈钢精密带钢有限公司王天翔教授级高级工程师主编，分工如下：第1、4章由秦建平编写，第2章由王天翔编写，第3、5、6、7章由周存龙编写、第8章由黄志权编写。

本书的参考资料来自于同行著作，在此特向诸位先行者表示诚挚的感谢，也非常感谢为本书出版做出贡献的同事们。

由于笔者水平有限，实际经验不足，资料也不全面详尽，书中不妥之处，恳请读者给予批评指正。

编　者

2020年6月于太原

目　　录

1 概　述

特种轧制是钢材深加工技术的重要方式之一，通常是对板带材、线棒材和钢管等轧制材料再次以轧制的方式进行深度加工。特种轧制主要用于机械零件的制造，是一种少切屑或无切屑、高质量、高效率的生产方式，在材料加工和机械制造等行业中具有愈来愈重要的作用。尤其是在大批量机械零件的生产过程中，如汽车、电子电器、纺机、农机、轻工、高低压容器等领域，特种轧制技术的应用十分广泛。特种轧制也是提高产品质量，降低生产成本的重要手段。对于一些高技术领域的产品如航天航空器、兵器制造中的特殊零件，特种轧制更是唯一的加工手段。此外，由于可对钢材进行深度加工，特种轧制技术可大幅度地增加钢材的附加值，提高了材料的利用率。所以特种轧制技术对国民经济的发展，提高企业经济效益和社会效益有着十分重要的意义。

特种轧制可以采用纵轧、横轧和斜轧等轧制方式，由于产品的种类繁多，所采用的变形方式和设备形式也很多。按照轧制的变形方式，特种轧制的分类大致如图 1-1 所示。

随着特种轧制技术的进步和所加工产品的演进，特种轧制设备也在不断发展，尤其是由于计算机技术的广泛应用，以数控技术和工具的 CAD 技术为代表的特种轧制设备已经在逐步取代传统的设备。特种轧制新工艺的不断出现，新型的特种轧制设备也随之出现，并不断发展完善。目前，用于各种生产场合的特种轧制设备的类型很多，除了按照变形方式分类外，按照所加工原料的形式也可以将其分为以下 3 大类：

（1）板带材特种轧制设备。板带材特种轧制设备主要用于板带材的深加工，如薄带和极薄带材轧制、横向或纵向不等厚带材和螺旋状带材轧制。设备种类包括各种形式的多辊板带轧机、锥形辊板带材轧机、辊锻机等。

（2）线、棒、管材特种轧制设备。线、棒、管材特种轧制设备可以用来生产各种实心或空心的回转体轧件，如阶梯轴类零件、球形零件、各种螺纹制品、散热器用的翅片管和羽翎管以及麻花钻头等产品。相应的设备包括楔横轧机、钢球轧机、螺纹轧机、翅片管轧机、钻头轧机、管或筒形件旋压机、冷轧带肋钢筋轧机等。

（3）盘、环件特种轧制设备。此类设备主要用于生产轴对称类机械零件，盘类零件的轧制主要使用能够产生轴向变形的摆动辗压机和径向变形的旋压机。环件特种轧制设备则用于各种环件的轧制，相应的设备是旋压机和轧环机。

除了多辊板带轧机和冷轧带肋钢筋轧机外，特种轧制设备大多以机床的形式使用，而且有些已经形成了系列化产品，生产部门可以根据需要选用不同型号的设备。特种轧制具有工艺形式多、应用范围广等特点，因此，在开发新工艺、研制新设备和提高设备的装备水平方面有着广阔的发展空间。各种新技术的采用，使得特种轧制设备得到了迅速发展，从而使特种轧制技术得到了更广泛的应用和推广。

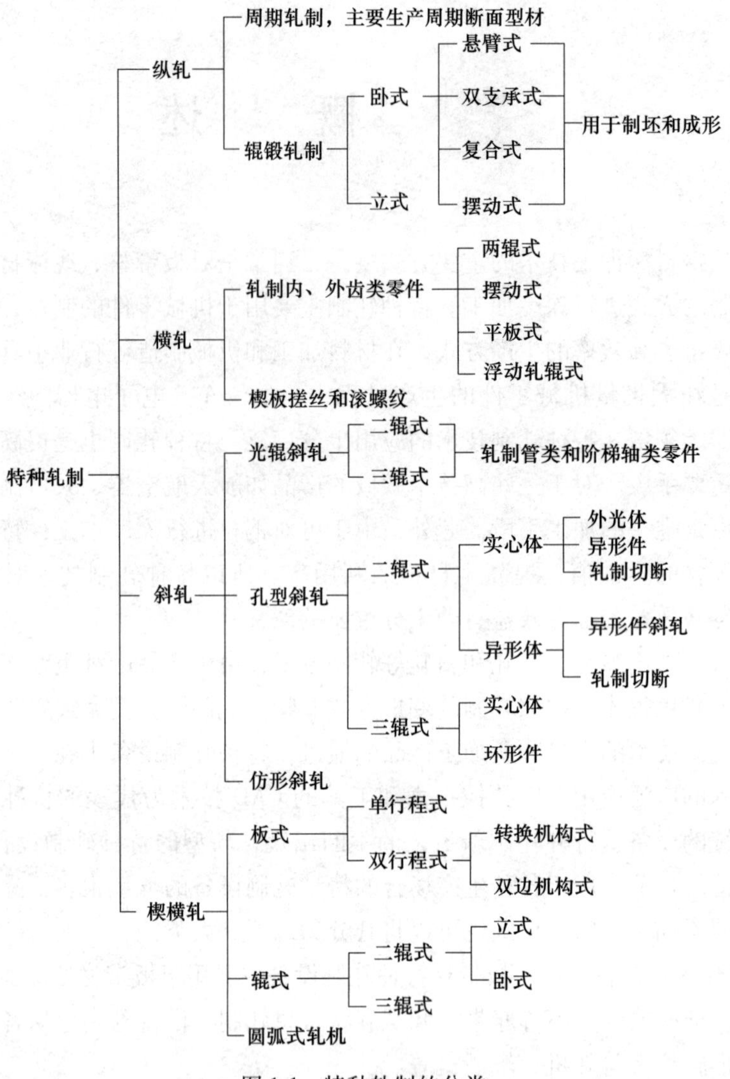

图 1-1　特种轧制的分类

参 考 文 献

[1] 日本塑性加工学会．压力加工手册［M］．江国屏，等译．北京：机械工业出版社，1984.

[2] 王廷溥．轧钢工艺学［M］．北京：冶金工业出版社，1980.

[3] 杜立权．机械零件毛坯轧制的进展及在我国应用的看法［J］．金属成形工艺，1999（4）．

[4] 机械工业部机械研究院．国外压力加工概况及其发展趋势，1973（内部资料）．

[5] 机械工业部机械研究院．金属压力加工，1973（内部资料）．

[6] 李培武．塑性成形设备［M］．北京：机械工业出版社，1995.

[7] 中国机械工程学会锻压学会．锻压手册［M］．北京：机械工业出版社，1993.

[8] 侍慕超．90 年代初国内外锻压机械的发展概况［J］．锻压机械，1996（2）．

[9] 胡亚民．回转塑性成形技术的应用［J］．锻压机械，1996（6）．

[10]［美］T. 阿尔坦，等．现代锻造——设备、材料和工艺［M］．陆索，译．北京：国防工业出版

社，1982.
[11]《锻工手册》编写组 . 锻工手册（第七分册）[M]. 北京：机械工业出版社，1975.
[12]《机械工程手册　电机工程手册》编辑委员会 . 机械工程手册（第七分册）[M]. 北京：机械工业出版社，1982.
[13] 华林，黄兴高，朱春乐，等 . 环形件轧制理论和技术 [M]. 北京：机械工业出版社，2001.
[14] 胡正寰，华林，等 . 零件轧制成形技术 [M]. 北京：化学工业出版社，2010.

2 多辊轧制设备

2.1 多辊轧机的用途和特点

多辊轧机主要用于高强度钢和精密合金的冷轧薄板和薄带钢轧制生产，在薄板带的生产中占有特殊的地位。在生产薄板带的冷轧机中，约有10%以上的设备是多辊轧机。几乎所有的不锈钢薄板都是由多辊轧机生产，电工钢板、超硬金属、铝合金、铜合金等薄带的生产也使用多辊轧机。多辊轧机也用于稀有金属、双金属和贵金属的生产。

由于国民经济规模的扩大，特别是高新技术的快速发展，各个工业部门如电子、信息、仪器、机电等行业对各种金属及合金薄带和极薄带材的需求增长很快。对于薄带材的质量要求也愈来愈高，例如彩色显像管中使用的荫罩带钢，厚度为0.15mm，厚度的公差范围在600mm的钢带宽度上为±3μm。在一些电器和仪器仪表的元件中需要厚度为1～3μm的铝、钽和铍青铜箔材。这些带材或箔材采用四辊轧机生产是不经济的，通常在技术上也是无法实现的。因为在轧制极薄带材时，工作辊的弹性压扁将等于或大于带材的厚度，此时轧件的压缩是不可能的，因此必须使用直径更小的工作辊才能轧制极薄带材。此外，由于工作辊直径小，接触变形区也小，相应的轧制力也较小，所以同样的轧制压力可以产生较大的压下量。然而，对于四辊轧机来说，当工作辊的辊径很小时，其轧制方向的刚度和强度将不能够满足轧制过程的要求，因此必须加以支撑。这样，不同形式的多辊轧机便产生了。

多辊轧机的工作机座是一个复杂的整体，其主要组成部分与常用的板带轧机相同，包括轧机牌坊、支撑辊和工作辊构成的辊系、压下装置、轧辊磨损补偿机构、轧辊和支撑辊的辊型控制和平衡机构、轧辊传动装置、固定式和可卸式导卫、润滑和冷却系统、工艺参数控制设备及轧机自动化装置等。多辊轧机的使用能够保证小直径工作辊在垂直面和水平面上获得较高的刚度，并能够在轧制力相当大的情况下将所需的轧制扭矩传递给工作辊。由于支撑辊的数量可以在两个以上，所以人们能够根据不同的轧制要求采用不同形式的辊系和机架结构形式。常用的有Y形轧机、六辊轧机、偏八辊轧机（MKW轧机）、十二辊轧机和二十辊轧机，其中最典型的多辊轧机是二十辊轧机。

1925年，W. 罗恩（Rohn）设计了有10个或18个支撑辊的轧机，并获得了第一台多辊轧机的专利权。这种轧机采用塔形支撑辊系，能够保证工作辊有较大的横向刚度。该轧机的工作辊直径为10mm，中间辊辊径为20mm，外围支撑辊辊径为24mm，用于轧制镍带，最小轧制厚度为0.01mm。在这种辊系配置中，下一列的每一个轧辊自由地靠在上一列的两个轧辊上。支撑辊是由安装在固定心轴上的轴承组构成的，轴承的外圈即为支撑辊辊面，中间辊传动，工作辊没有辊颈，可以方便地从辊系中取出。塔形支撑辊系安装在上下两个横梁中，横梁的一端采用铰接方式连接，另一端用拉杆连接，调整拉杆可以使横梁绕铰接中心转动，从而满足不同轧辊直径的要求。后来，W. 罗恩的发明被 Sundwig 公司购买并加以改进，形成了四柱式的开式机架的二十辊轧机（图 2-1）。

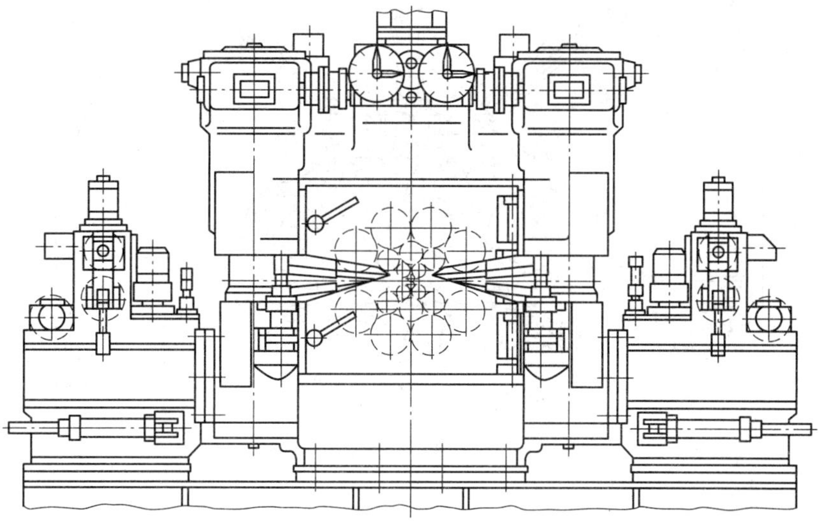

图 2-1　Sundwig 公司的二十辊轧机

最近，国内某厂设计制造了新型十四辊轧机，该轧机具有造价低、轧制精度高等优点，其轧制厚度最小可达 0.02mm，辊面最宽可达 720mm。该设备主要用于生产镍氢、镍镉电池极板材料的冲孔镀镍钢带，产品规格为(0.02~0.1)mm×(50~500)mm，镀层厚度为 0.5~8.0μm。此外，这种轧机还可以轧制不锈钢精密冷轧钢带。

1932 年，T. 森吉米尔（Sendzimir）制造了第一台森吉米尔多辊轧机，其结构特点是采用了整体机架，辊系安装在机架内部。与罗恩型二十辊轧机相比，森吉米尔轧机工作机座的刚度较高，因而可以轧制厚度公差范围更窄的带材。为了采用更小直径的工作辊，实现尽可能大的压下量，20 世纪 50 年代以来发展了 1-2-3-4 型森吉米尔轧机（图 2-2），即二十辊轧机。目前，该类型的轧机结构已经十分成熟，装备水平不断提高，已经成为各种金属及合金的高精度薄带和极薄带材的主要生产设备。目前，全世界已有 400 多套森吉米尔轧机，有工作辊径只有几毫米、辊身长 100mm 左右的微型森吉米尔轧机，也有工作辊径为 150mm 左右、辊身长 2300mm 以上的大型森吉米尔轧机。

与其他多辊轧机相比，森吉米尔轧机的突出特点是轧机刚性好，轧制精度高。由于机架采用整体铸钢制作，因而轧机有很高的刚度，同时采用了特殊的辊型调整机构，轧制产品的厚度精度很高，板形良好。例如，森吉米尔轧机轧制 0.2mm 厚的不锈钢带材，公差为 0.003~0.005mm，而四辊轧机的一般精度为 0.01~0.03mm，相差约 5 倍。

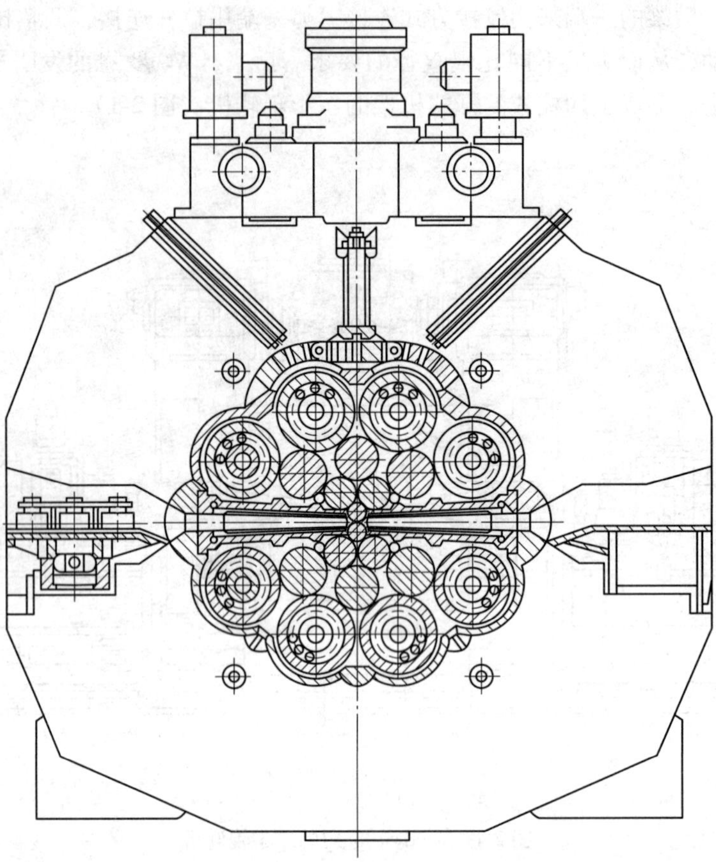

图 2-2 森吉米尔轧机

2.2 森吉米尔轧机

在生产薄板带材的全部冷轧机中，十分之一以上是多辊轧机，其中森吉米尔轧机的数量最多。目前，有 400 套以上的森吉米尔轧机在使用。其辊径的规格范围从几毫米到 100mm 以上，辊身长度从 100mm 到 2000mm 以上，产品厚度范围从 0.0015mm 到 10mm。森吉米尔轧机的规格很多，设备能力相差很大，如表 2-1 所示。

表 2-1 森吉米尔轧机规格系列与技术参数

轧机规格	形式	工作辊/mm	支撑辊/mm	最大轧制力/N·mm^{-1}	带钢宽度/mm		带钢最小厚度/mm
					最小	最大	
ZR32	1-2-3-4	6.35	47.60	714	108.0	222	0.00254
ZR15	1-2-3	11.89	74.60	1071		215	
ZR16	1-2-3	20.32	119.99	1428	215.9	457	
ZR34	1-2-3-4	10.16	76.20	1428	330.2	447	0.01016
ZR24	1-2-3-4	21.44	119.99	2143	215.9	495	0.02032

续表 2-1

轧机规格	形式	工作辊 /mm	支撑辊 /mm	最大轧制力 /N·mm^{-1}	带钢宽度/mm		带钢最小厚度/mm
					最小	最大	
ZR33	1-2-3-4	28.59	158.21	2678	330.2	1219	0.0254
ZR19	1-2-3	46.02	212.94	2678	482.6	1219	
ZR23		40.02					0.0508
ZR23M	1-2-3-4	61.47	212.94	3571	482.6	1574	0.0635
ZR22		53.97					0.0762
ZR22B	1-2-3-4	63.50	299.72	5357	660.4	3048	0.0889
ZR21	1-2-3-4	88.90	406.40	8929	838.2	5288	0.0889

最常见的二十辊森吉米尔轧机的术语是字母 ZR 与两组数字的组合，其意义是："Z"是 Zimna 的字头，波兰语为"冷"的意思，"R"是指可逆的，第一组数字表示轧机牌坊断面和背衬轴承外径，第二组数字表示带材宽度（英寸）。

与普通四辊轧机相比，森吉米尔轧机的结构十分紧凑、复杂，工作机座的特殊部分有：轧机牌坊、由上下两个塔形支撑辊组构成的辊系、压下装置、磨损补偿机构、轧辊和支撑辊的辊型控制和平衡机构等。其他各部分如轧辊传动装置、固定式和可卸式导卫、工艺润滑和冷却系统、工艺参数控制及轧机自动化装置等，为了适应薄带轧制的工艺特点，也有很大差异。

2.2.1 牌坊

森吉米尔轧机的牌坊是一个整体框架式构件，因此有很好的刚性。对于小型轧机，牌坊采用锻钢件制成，而大型轧机则采用整体铸钢件制成。牌坊毛坯需要经过多次退火和时效，以消除内应力，然后再进行高精度的机加工。安装支撑辊的鞍座部分需要修磨，轧辊的安装孔也要刮研，从而保证装配精度。机架的底部和顶部采用等强度梁的形式，使机架具有合理的强度和刚度分布，从而使辊系的变形沿轧辊轴向分布更为均匀，尽量减少轧件的横向厚度差。

有一种筒式森吉米尔（Cartridge）轧机，在轧机的整体牌坊中安装一个圆形的筒体，筒体上可以配置不同形式的辊系，可以是 1-2-3-4 型，也可以是十二辊、六辊或二辊的配置方式。更换筒体便得到不同形式的轧机。筒体的更换十分方便，这样可以显著地提高森吉米尔轧机的利用率。

2.2.2 辊系和外层支撑辊

1-2-3-4 型的辊系（图 2-3）是森吉米尔轧机的典型辊系。塔形辊系的外层有 8 个支撑辊，用 A~H 表示，轧制力由工作辊通过第一列和第二列中间辊转递给支撑辊。其中 B 和 C 是主压下辊，通过轧机上部的大液压缸对其进行压下调整。这两个辊的鞍形环架中装有滚动轴承，能够在很大的轧制压力下较容易地转动。而在鞍形环架中的其他支撑辊则采用滑动轴承，并且只能在无负荷的状态下转动，处于自锁状态。为了调整上下辊系的相对位置（工作辊缝），则需要将这些支撑辊移开。辊 A 和 H 通过一台位于轧机后面的电机移开，辊 D 和 E 也由类似的电机移开。根据轧机中轧辊的尺寸来调整这些支撑辊的相对位置，以保证轧制过程对辊缝尺寸的要求。

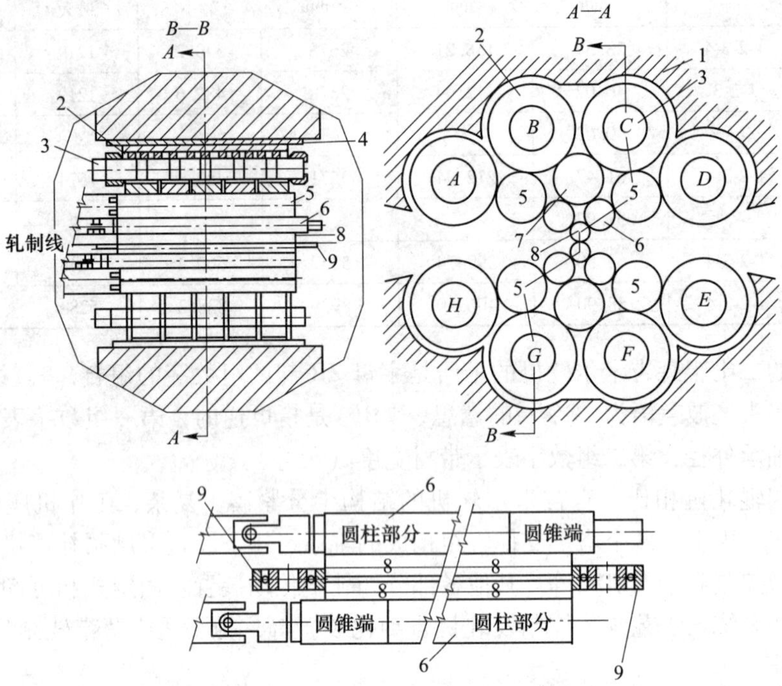

图 2-3 1-2-3-4 型森吉米尔轧机的辊系

1—牌坊；2—支撑辊轴承；3—背衬轴；4—鞍座；5—第二中间辊（传动）；
6—第一中间辊；7—第二中间辊；8—工作辊；9—工作辊止推轴承

2.2.2.1 轧辊

与普通冷轧机相比较，森吉米尔轧机的轧辊对材质和加工工艺有很多特殊的要求。典型的工作辊和传动辊的结构及加工精度要求如图 2-4 所示，轧辊的主要参数是辊径和辊身长度，两者决定了轧辊的结构尺寸和轧机的特性。

轧辊直径取决于轧件的材质与厚度、使用条件、最大轧制力、压下量和轧机的结构。轧辊直径与板材的最小可轧厚度之间有以下关系：

$$D_1 \approx 2000h_{min}$$

准确地确定最小可轧厚度 h_{min} 是很困难的，h_{min} 与轧件的材质、轧辊和轧件的弹性模量、轧制工艺参数和接触表面的摩擦状态有关，通常可以使用表 2-2 中的经验公式来确定。辊身长度可以根据轧制带材的最大宽度按照下式计算：

$$L = B_{max} + a$$

式中，$a = 50 \sim 200$mm（根据带材宽度选择）。

森吉米尔轧机的常用工作辊直径的范围是 3 ~ 160mm，中间辊直径的范围为 5 ~ 250mm，支撑辊直径的范围是 10 ~ 400mm。

根据轧机的用途，轧辊的辊身长度范围一般为 60 ~ 1700mm，最长的辊身长度可达 2000mm 以上。

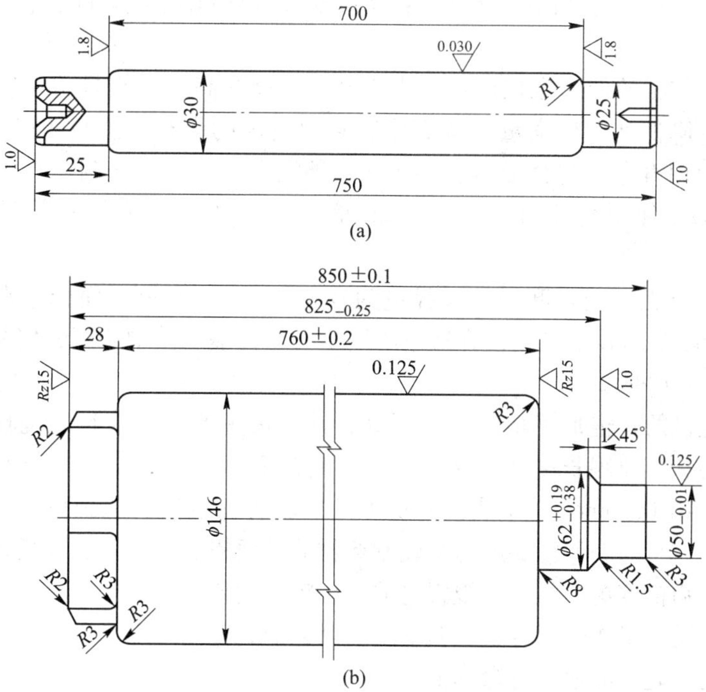

图 2-4 二十辊轧机的工作辊（a）和传动辊（b）

表 2-2 确定最小可轧厚度的经验公式

编号	作 者	h_{min} 的公式
1	斯通（Stone）	$0.77fckD_1$
2	斯通（Stone）	$3.92fkD_1(1-\mu_z)/E_z$
3	通格（Tong）	$3.62fkD_1/E_z$
4	特罗斯特（Trost）	$\frac{ckD_1}{8}\left[1+(1-4f)\Big/\left(\ln\frac{1}{2f}\right)^2\right]$
5	福特（Ford） 亚力山大（Alexander）	$\frac{7.11f^2D_1(1-\mu_b)^2}{E_b}+\frac{4.02fD_1(1-\mu_z)^2}{E_z}$
6	罗伯茨（Robertz）	$(0.585\sim1.25)fkD_1/E_z$

注：f 为接触摩擦系数；D_1 为工作辊直径；μ_z、μ_b 和 E_z、E_b 分别为轧辊和板材的泊松比和弹性模量；$c=16(1-\mu_z^2)/(\pi E_z)$；$k=1.15\sigma_s-\sigma_{cp}$；$\sigma_s$ 为板带材的屈服极限；σ_{cp} 为平均单位张力，$\sigma_{cp}=0.5(\sigma_1+\sigma_2)$；$\sigma_1$、$\sigma_2$ 分别为单位后张力和单位前张力。

森吉米尔轧机的轧辊材质多为冷轧辊专用的轧辊钢（9Cr、9Cr2、9Cr2Mo、9CrMoV、9Cr2MoV、6Cr6MoV 等），要求有一定的淬火深度，以保证轧辊的表面硬度和耐磨性。通常，工作辊辊身表面的肖氏硬度在 85~95（HRC60~65）之间，中间辊辊身的肖氏硬度在 75~90（HRC58~63）之间。根据辊径的大小，淬火深度在 2~10mm 范围内。因为森吉米尔轧机轧辊的尺寸较小，采用整体淬火的热处理工艺是可行的。与表面淬火相比，整体淬火轧辊的截面硬度分布均匀，重磨深度可达 3.15mm，试验的工作辊平均寿命为 256.1t/辊。

硬质合金工作辊的使用也很广泛，由于其高硬度和高弹性模量，可以显著地提高工作辊的耐磨性，降低弹性压扁量，从而能够轧制更薄的带材，提高了带材的轧制精度，延长了轧辊的使用寿命。与合金钢轧辊相比，硬质合金工作辊轧制压力可增加 25%，弹性模量提高一倍，使用寿命可延长 14～29 倍，从而显著地提高了森吉米尔轧机的生产率。

使用硬质合金工作辊重磨时的减径量为 0.003～0.0125mm，而合金钢轧辊为 0.05～0.125mm。对于断裂的轧辊可以很容易地用热压法在石墨压模中修复，修复的成本大约是新辊价格的 10%～12%。

森吉米尔轧机的轧辊加工精度要求很高，其中最重要的要求是轧辊辊身母线的平行度，根据工作辊和中间辊长度和直径的不同，其锥度不应超过 0.001～0.005mm，圆柱度不应超过 0.002～0.005mm。轧辊表面粗糙度的要求可以根据所轧制板材的表面粗糙度来确定。通常，工作辊的表面粗糙度与所轧制板材的表面粗糙度一致，在轧制极薄带材时工作辊辊身的表面粗糙度更高。中间辊辊身的表面粗糙度比工作辊要低一个数量级。

应该注意的是，工作辊辊身表面粗糙度的高低与其使用寿命有很大关系，提高或降低表面粗糙度都会使轧辊的使用寿命降低。

由于轧辊的可靠性和使用寿命在很大程度上决定了产品质量、轧机的生产能力和作业率，所以提高轧辊使用寿命将会显著地提高生产经济效益。所采用的措施是对轧辊进行表面高温形变热处理，这样可以使轧辊寿命提高 1.5～2 倍，同时可以省去一些常规的轧辊制造工序。轧辊表面镀铬也是提高寿命的措施之一，同时也能显著地改善轧件的表面质量。

2.2.2.2　支撑辊

支撑辊（图 2-5）由一组外圈加厚的专用轴承 1 和位于轴承之间安装在固定心轴 3 上的鞍座 2 组成。支撑辊的轴承承受来自第二列中间辊的负荷，并通过心轴和鞍座转递给机架牌坊。辊 F 和 G 位于辊系的下部，可以通过位于轧机前面的一个液压缸移动，使这两个辊分开或靠拢，以便于更换工作辊。通过这两个辊的移动，将轧辊调整到轧制线，同时可以消除下部辊系轧辊之间的间隙，同时也可以起到调整辊缝的作用，补偿轧辊的磨损。

支撑辊装置的所有部件要求很高的加工精度，尤其是支撑辊轴承的制造精度要求更高。安装在一个支撑辊心轴上的全部轴承要均匀一致，即“有效截面”相同，从而能够保证轧制力的均匀分布，进而使带材的断面厚度和形状均匀一致。支撑辊轴承的“有效截面”（H）为内外圈的厚度与不考虑径向间隙的滚柱直径的总和。装在一个心轴上的轴承，其“有效截面”值的偏差，根据不同的轴承规格，不应超过 0.002～0.005mm。

支撑辊轴承的计算按照最大承载能力进行，力求在外形尺寸一定的条件下，承载能力大、接触强度高和使用寿命长。通常，圆滚柱轴承的承载能力比其他类型的轴承大 30%以上。美国 RHP（Ransome Hoffman Pollard）公司为森吉米尔轧机制造的圆滚柱轴承有 7 种主要外形尺寸。表 2-3 给出了日本光阳（K）公司的支撑辊轴承的外形尺寸和技术特性，其结构形式如图 2-6 所示。目前，我国洛阳轴承厂也能够提供合格的支撑辊轴承。

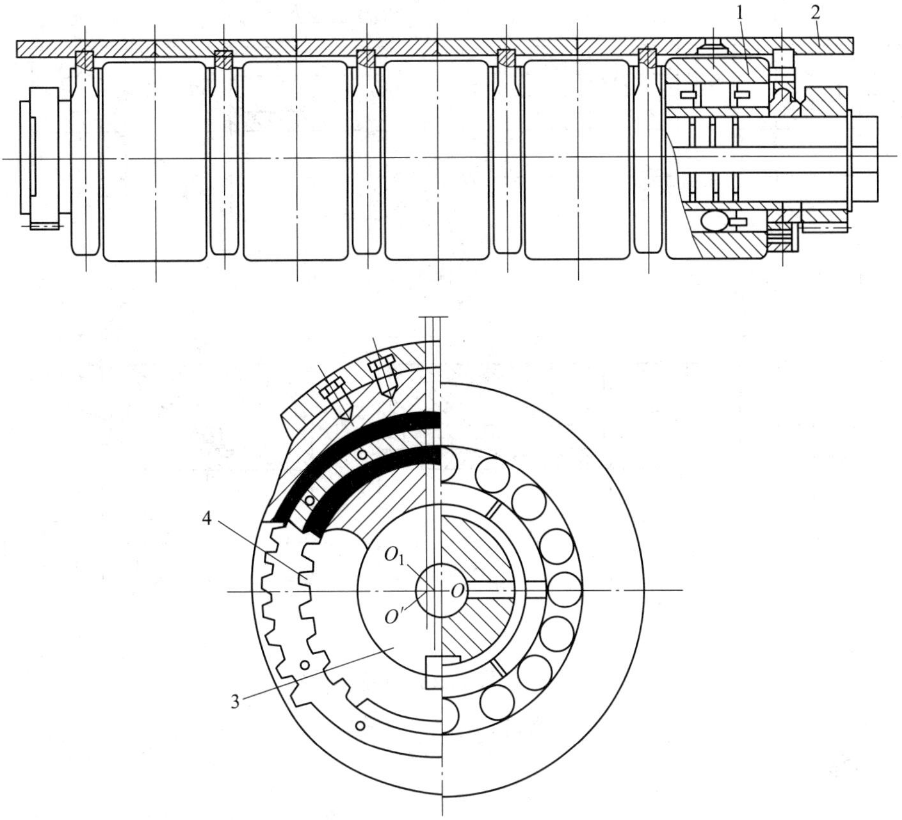

图 2-5 支撑辊结构

1—外圈加厚的专用轴承；2—鞍座；3—心轴；4—扇形齿轮

表 2-3 光阳（K）公司的支撑辊轴承的外形尺寸和技术特性

轴承型号	轴承尺寸/mm				工作能力系数	静负荷/MN
	d	*D*	*B*	*H*		
Ⅰ	130	300	160	84.95+0.01	2.16×10^6	1.56
	130	300	172.6	84.95+0.01	2.32×10^6	1.70
	180	406.4	224	113.16-0.01	4.10×10^6	3.20
Ⅱ	130	300	172.6	84.95+0.01	2.39×10^6	2.12
Ⅲ	130	300	160	84.95+0.01	1.96×10^6	1.31
Ⅳ	180	406.4	112	113.16-0.01	1.84×10^6	1.16
	130	300	80	84.95+0.01	0.94×10^6	0.59
Ⅴ	55	120	26	32.5+0.008		
	55	120	52.2	32.5+0.008		
Ⅵ	31.75	76.2	46.2	22.2+0.01		
Ⅶ	130	300	172.5			
	180	406.4	224.2			

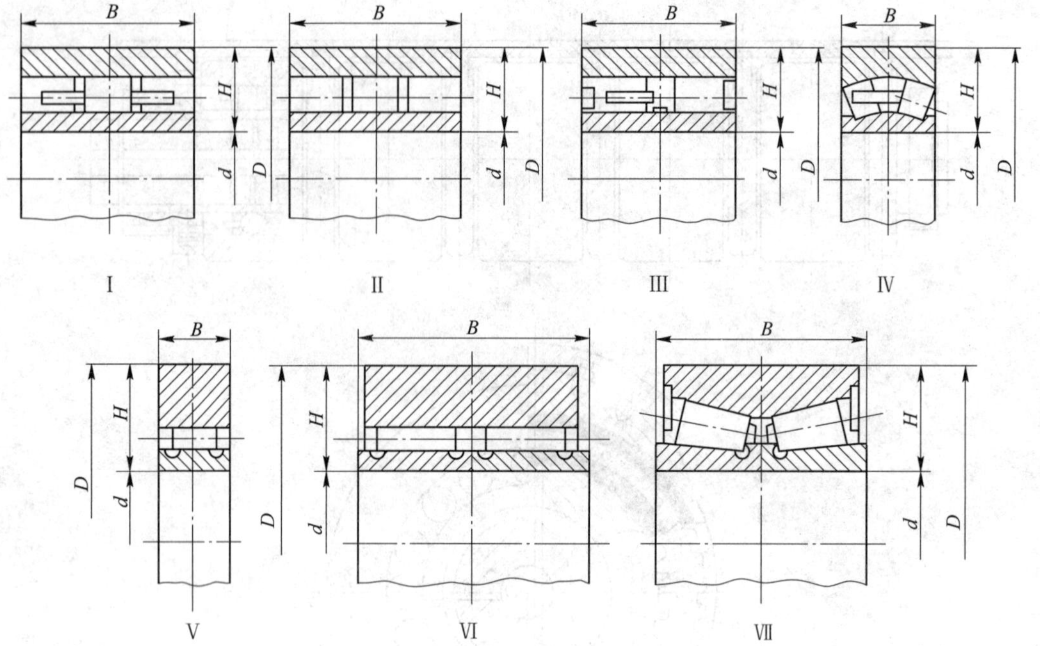

图 2-6　多辊轧机支撑辊轴承结构

2.2.3　压下装置

森吉米尔轧机可以采用机械-液压压下、电-液压压下和电传感器-液压压下 3 种形式的压下系统。电-液压压下装置如图 2-7 所示，通过步进电机的间断传动，高速压下装置将轧辊开度的固定变化间隔确定为 0.3~1.0μm。

压下装置由上下两部分组成，下部分的压下装置用于保持恒定的轧制线，并且能够在断带时快速打开，便于处理故障。上部压下装置用于在轧制过程中调整辊缝。上部压下装置的工作原理是：齿条由液压缸推动，驱动固定在中部支撑辊心轴上的扇形齿轮。液压缸活塞的移动靠上下两腔之间的压力差来实现。上腔平衡压力恒定地作用在活塞上，下腔的工作压力由滑阀调节。当滑阀的位置改变时上下力的平衡被打破，活塞与轴套一起上下移动到新的平衡位置。

图 2-8 是一种电传感器-液压压下系统。该系统由半转式液压缸带动齿轮转动，从而使压下齿条上下移动实现轧辊辊缝的调整。当设定好辊缝后，如果在轧制过程中带钢厚度增加，使得轧辊上升，压下齿条向下移动，这样使得与其啮合的小齿轮转动，其上的传感器发出脉冲信号，经放大器放大后传给电液伺服阀来控制半转式液压缸流量的大小。这样，半转式液压缸旋转，压下齿条向上移动，使轧辊压下恢复到原来位置，其反应时间为 0.03~0.05s。

在轧制厚度公差为 1~2μm 的带材时，必须使用自动的随动传动压下装置。当轧辊开口度的固定变化为 1 个步距时，压下装置必须具有每秒 100~200 个步距的快速动作。步距的大小与轧机的规格相匹配，在 0.4~4.0μm 的范围内。

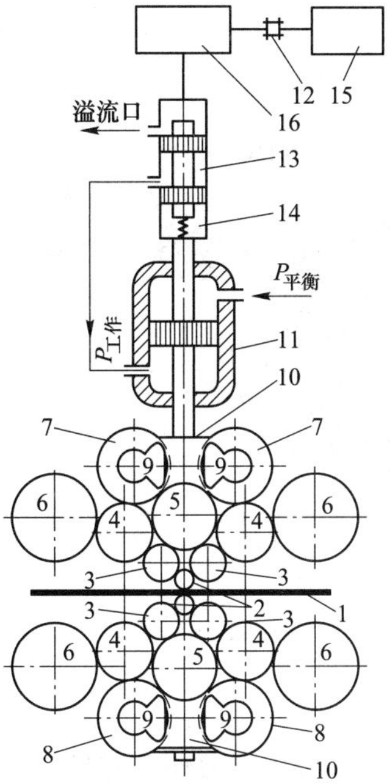

图 2-7 二十辊轧机的电-液压压下装置

1—钢带；2—工作辊；3—第一列中间辊；4，5—第二列中间辊；6~8—支撑辊；9—扇形齿轮；10—齿条；11—液压缸；12—联轴器；13—多边缘单缝隙滑阀；14—活动轴；15—电机；16—减速机

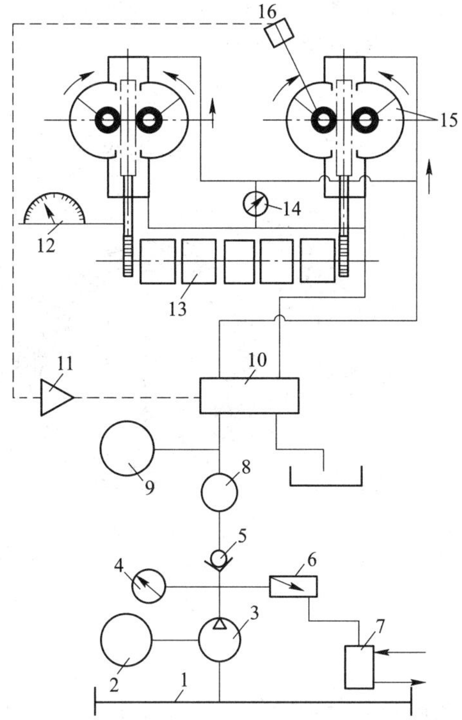

图 2-8 森吉米尔轧机的电传感器-液压压下系统

1—油箱；2—电机；3—泵；4—压力计；5—单向阀；6—调压阀；7—冷却器；8—过滤器；9—蓄能器；10—电液伺服阀；11—放大器；12—上工作辊位置指示器；13—B、C 支撑辊；14—压差计；15—旋转液压缸；16—传感器

2.2.4 辊型控制系统

辊型控制系统是现代森吉米尔轧机的重要组成部分，对于轧制高精度的带材起着极其重要的作用。森吉米尔轧机一般采用第一列中间辊轴向移动机构来调整辊型，见图 2-9。第一列中间辊的辊身边部呈锥形，从而保证沿带钢宽度的变形更为均匀。为了对板形进行

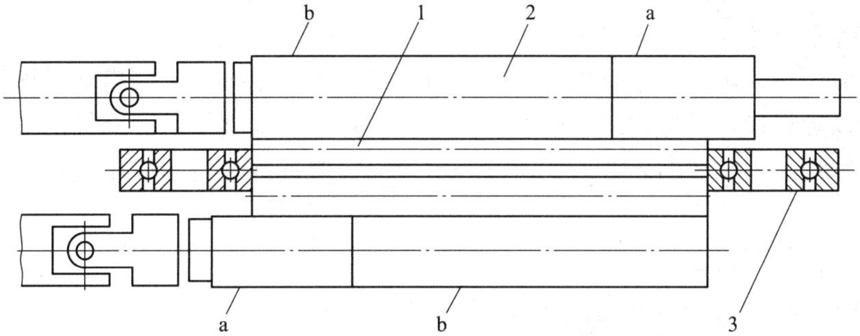

图 2-9 调整辊型的第一列中间辊轴向移动机构

1—工作辊；2—第一列中间辊；3—止推轴承；a—锥形部分；b—圆柱体部分

微调，森吉米尔轧机还设置了支撑辊辊型调整机构，即通过安装在支撑辊 D 上的偏心套机构来实现辊型的调整，见图 2-10。

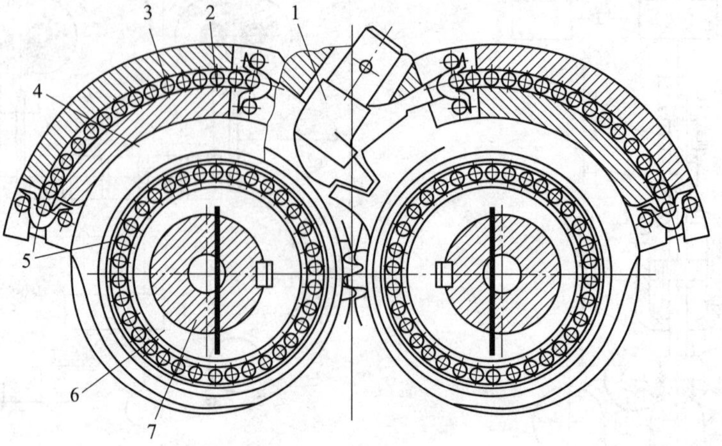

图 2-10 支撑辊辊型调整的偏心套机构

1—调整辊型的液压钩杆；2—滚针；3—鞍座的滑轨；4—鞍座环；5—背衬轴承；6—偏心套；7—轴

这些偏心套分别由各自的液压缸传动。任何一个偏心套的回转都能使心轴的相应部分弯曲。从而在一定范围内消除带钢的厚度差，由此来控制板形。此外，也有的森吉米尔轧机通过在支撑辊 B 和 C 上安装的小型液压马达，带动很小的辅助偏心齿轮系的同步运动，在轧制过程中改变轧辊的凸度。辊型控制系统与厚度自动控制系统都通过计算机控制系统来完成控制操作。小型的森吉米尔轧机在轧制前调整辊型，通过调整鞍座板上的螺栓，或采用液压传动的楔形机构来改变鞍座板与牌坊的相对位置，从而改变支撑辊的凸度，达到调整板形的目的。

2.2.5 弯辊装置

弯辊的目的是通过弯曲轧辊，从而控制带钢凸度和平直度的技术。

2.2.5.1 带凸度调整的弯辊

通过调整外上支撑辊的内支撑架的楔形块起到弯辊作用，用于钢带板型校准弯辊系统，可以使外上支撑辊产生正（0~+100%）负（0~100%）变形。

根据近似抛物线函数，通过数学模式或通过操作者按钮操作可以启动对楔形块的楔形调整。这可以确保稳定的弯曲线。楔形块调节的布置为一个支架的一个轴的形式。支撑轴的左侧和右侧每个楔形块的调整形式通过一个带内置位置传感器的液压缸都可以进行上下移动。

带凸度调整的弯辊主要包括：

（1）用于驱动上牌坊外左右支架的 12 个轴；

（2）带内置位置传感器的 12 个液压缸；

（3）12 个比例阀。

2.2.5.2 中心外中间辊的弯辊

中心外中间辊的弯辊，是对第二中间辊进行弯辊调整，其主要功能是进一步改善钢带边部和中心区域。

弯辊装置主要包括：

（1）固定在轧机机架操作侧和传动侧的顶部弯辊元件，同时作为上外中间辊的中心辊吊挂（第二中间辊）。

（2）固定在轧机机架操作侧和传动侧的底部弯曲元件，位于轧制线锥度调整的上部。

弯辊元件与中心外中间辊辊子轴承组啮合。弯辊元件由液压缸驱动。可以正向也可以反向弯曲。

此外，在钢带宽度较窄的情况下，第一中间辊的轴向移动可以作为另一种方法，改变钢带中心范围。

2.2.6 轧辊位置补偿调整机构

由于森吉米尔轧机的机架是框架结构，辊系排列紧凑，压下量很小，当轧辊经过多次重磨后，辊径发生变化，导致轧制线的位置出现偏差。为了补偿辊径减小所产生的轧制线偏差，需要设置轧辊位置补偿调整机构。图 2-11 所示是一种通过调节支撑辊轴的偏心环对轧辊位置进行补偿的调整机构，其工作原理是，电动机 8 驱动蜗轮蜗杆减速器 7，经锥齿轮 4、5 传动齿轮 2、3，使安装在支撑辊轴头上的大齿轮 1 和 6 回转，从而带动轴上的偏心环同时转动，使整个辊系向里靠近或向外展开，这样就使工作辊的位置向上或向下移动，达到补偿的目的。

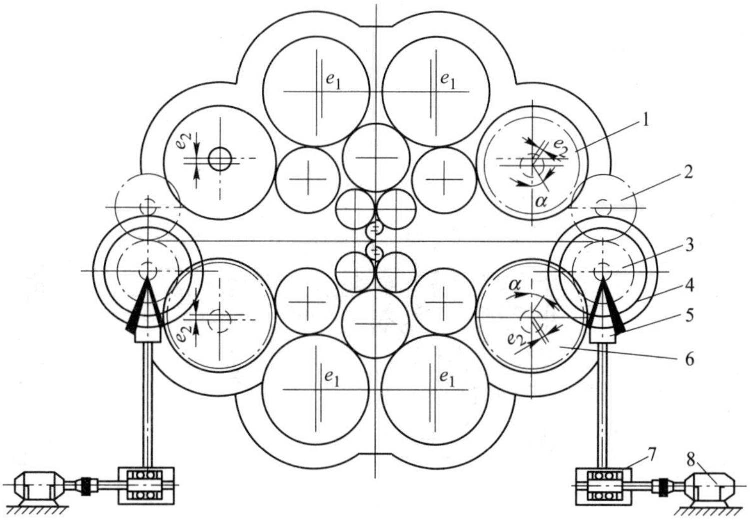

图 2-11　轧辊位置补偿调整机构

1，6—大齿轮；2—中间齿轮；3—小齿轮；4—大锥齿轮；
5—小锥齿轮；7—蜗轮蜗杆减速器；8—电动机

同时，也可以通过楔形块，来对轧辊位置进行补偿，如图 2-12 所示。位于支撑辊下面和侧面的轧机机架下半部分的楔形块调整可以随意改变。楔形块与轧机机架下半部分相

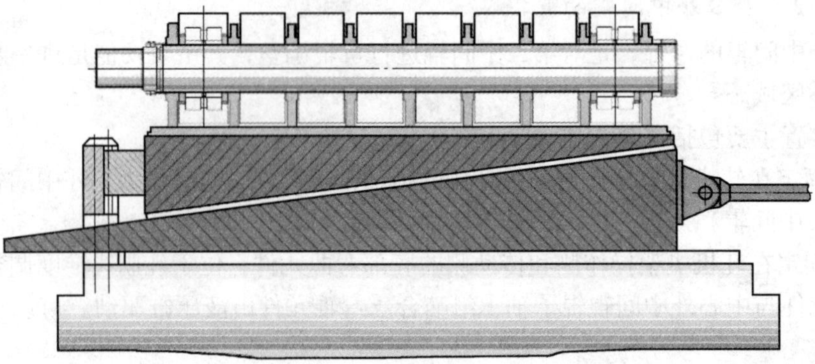

图 2-12 楔形块结构轧辊位置补偿调整机构

连接，并且其表面可以进行润滑。通过楔形块来调节轧机机架位置，改变下半部分轧辊的整体高度，从而达到调整轧制线的目的，使轧制线保持在恒定的位置上。也就是说，轧辊的磨削可以通过此特性得到补偿。

自动化系统根据轧辊直径计算轧制线的定位行程。通过按钮或通过换辊自动顺控可以对轧制线液压缸进行调整，直到达到计算的轧制线位置。对于手动操作，楔形块的调整可以通过点动功能实现。在可视化系统中，可以根据所示辊径，显示参考轧制线位置。

2.2.7 进出口辅助装置

森吉米尔轧机进出口辅助装置如图 2-13 所示，主要包括用于在垂直方向上限制带材的方向，便于喂料的导卫装置；用于擦拭板材表面，防止油污进入辊缝的板面擦拭器；正确导入带材的侧导板（辊）；在轧制后除去带材表面残油的刮油器等。

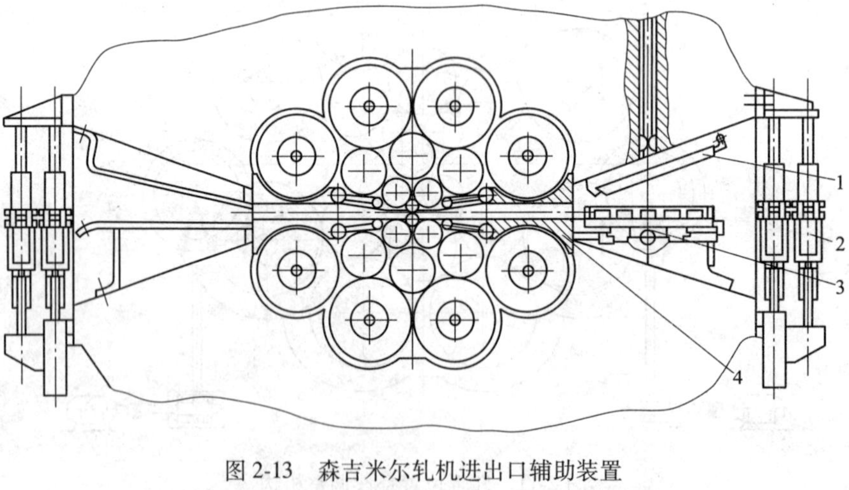

图 2-13 森吉米尔轧机进出口辅助装置
1—板面擦拭器；2—刮油器；3—侧导辊；4—导卫装置

2.2.8 轧机传动装置

森吉米尔轧机的传动包括主传动和卷取机传动。因为森吉米尔轧机大多是可逆轧制，轧制速度需要在较大的范围内调整，因此主传动采用直流电机经过齿轮机座和鼓形齿接轴直接传动第二列支撑辊。齿轮机座的速比一般小于1，即为增速传动。由于森吉米尔轧机的结构十分紧凑，两个传动辊的中心距很小，齿轮机座的各个传动件的尺寸受到限制。这样，各零件在材料选择和加工工艺方面要求十分严格，以保证在小尺寸的条件下提供足够的驱动力矩。

薄带轧制工艺过程应保证很高的传动精度，因此对传动系统的要求很高，当电机力矩不变时，在整个轧制速度范围内调整转速，同时要求保持很高的传动精度。否则，将极大地影响轧制精度。张力是薄带轧制工艺过程中最重要的参数之一，为了保持稳定的张力轧制，轧机的速度调整必须与卷取机速度相匹配。

薄带轧制一般采用带整体卷筒的卷取机，卷取时应采用皮带助卷器。卷筒的加工精度较高，从而保证张力的均匀和卷取质量。由于没有胀缩机构，所以带卷在轧制后必须重卷才能够卸卷。卷取机主要有3种，即悬臂式卷取机、可移式双支座卷取机和回转式双支座卷取机。悬臂式卷取机在轧制结束后需要将带卷与卷筒一起卸下，然后利用重卷装置重卷后取下卷筒。可移式双支座卷取机在轧制结束后可以移离轧机，然后再进行处理。回转式双支座卷取机在轧机两侧各有两台安装在转盘上的双支座卷取机，轧制结束后转盘回转，使另一台卷取机处于工作位置。这样使轧机的作业率有较大的提高。

对于大型森吉米尔轧机，卷取机一般采用两台功率不同的驱动电机串联运行。根据轧制带钢的厚度和宽度，选用不同的驱动电机来建立轧制张力。这样，能够减小卷取机传动系统的动态力矩，同时可以更精确地调整轧制张力。

2.2.9 工艺润滑和冷却系统

森吉米尔轧机较多的辊数和高精度的轧制工艺要求有良好的工艺润滑和冷却，包括辊系的冷却与润滑，以保证轧机正常工作。对于支撑辊轴承的润滑则采用独立的润滑系统，以保证工艺润滑和辊系冷却的效果。冷却和工艺润滑采用一种润滑剂。因此，润滑剂应具备工艺润滑性良好和冷却效率高两种特性，同时应满足经济性和环保方面的要求。目前，森吉米尔轧机使用的冷却润滑剂大多是低黏度矿物油和乳化液，其冷却和润滑特性见表2-4。

表2-4 冷却润滑剂基本参数

参 数	水	油
导热系数/W·(m·℃)$^{-1}$	0.143	0.524
比热容/kJ·(kg·℃)$^{-1}$	2.01	3.95~4.19
38℃时的黏度/mm^2·s^{-1}	3.0~24.6	0.65~1.1
钢-冷却剂界面的热交换理论系数/W·(m^2·℃)$^{-1}$	1820~2905	13905

用于森吉米尔轧机辊系的润滑和冷却，润滑剂可以从轧机后面通过围绕轧机后门的环带入，然后分配到每个支撑辊轴的中心油孔；通过支撑辊轴，再经过轴承的径向流出，最后由支撑辊轴在径向上的孔流出。润滑剂流出轧辊后落到带钢上，吸收一些带钢的热量后通过轧机前后的两根管子排出。

轧制工艺过程的润滑油通过安装在紧靠工作辊辊缝的集束管在高压下喷入辊缝。润滑油的流动方向是由中心向带钢边部流动，这样可以冲走轧制过程中带钢上剥落下的金属碎屑，从而保证带钢的轧制质量。

图 2-14 所示的是 1200mm 二十辊轧机轧辊的工艺润滑和冷却系统，该系统有润滑和冷却剂两条油路。第一条油路净化程度较低，采用 0.1mm 的网式过滤器对润滑剂进行一次净化，用于轧辊辊系和带钢的冷却润滑。第二条油路净化程度高，经过网式过滤器两级过滤，用于支撑辊背衬轴承的润滑。此外，该部分的油还要按闭路循环进行进一步过滤净化。

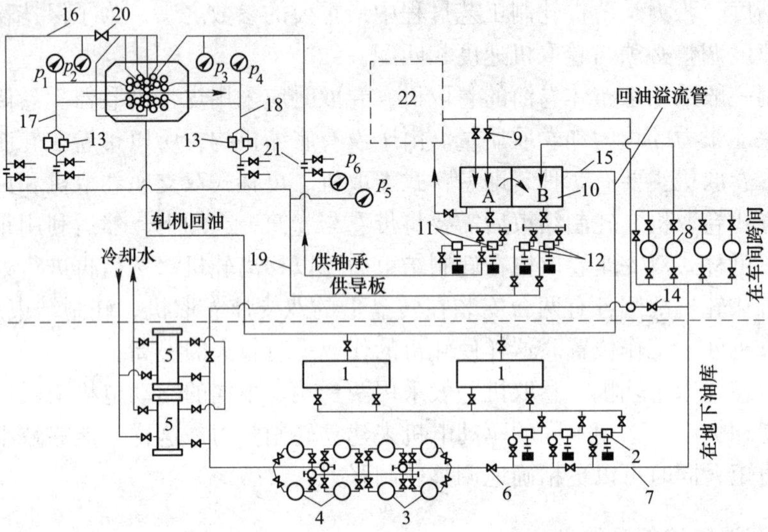

图 2-14 1200mm 二十辊轧机轧辊的工艺润滑和冷却系统

1—沉降箱；2，11，12—泵；3—粗净化网式过滤器；4—细净化网式过滤器；5—冷却器；6—调节阀；7—容器 B 的供油线路；8—网式过滤器；9—容器 A 的供油调节阀；10—向导板和塔形支撑辊组供油的容器 B；13—关断阀；14—容器 A 和 B 的供油调节阀；15—过量润滑油的溢出干线；16—塔形支撑辊组供油线路；17，18—导板供油线路；19—导板和塔形支撑辊组供油总线路；20—塔形支撑辊组供油调节阀；21—流量测量孔板；22—润滑油细净化区

润滑油进入轧机之前的压力约为 0.2MPa 时，支撑辊轴承的润滑油流量在 $0.025m^3/s$ 以下；当压力约为 0.4~0.5MPa 时，用于冷却轧辊和带钢的工艺润滑油流量为 $0.05m^3/s$。在这种情况下，轧制速度在 5m/s 以下时轧机的温升可以保持在合适的范围内，润滑油的总流量约为 $0.075m^3/s$。

2.3 森吉米尔轧机力能参数计算

2.3.1 平均单位压力及总压力计算

计算冷轧薄板平均单位压力的公式很多，但最常用的是斯通（M. D. Stone）公式：

$$p_{cp} = (K - t_{cp}) \frac{e^{\frac{fl}{h_{cp}}} - 1}{\frac{fl}{h_{cp}}} = (K - t_{cp})C \tag{2-1}$$

式中 K——平均变形抗力，MPa，其计算公式为：

$$K = 1.15\frac{\sigma_{S0} + \sigma_{S1}}{2} \tag{2-2}$$

σ_{S0}，σ_{S1}——分别为轧制前、后轧件的屈服强度，MPa；

h_{cp}——轧件的平均厚度，mm，其计算公式为：

$$h_{cp} = \frac{h_0 - h_1}{2}$$

h_0，h_1——分别为轧制前、后的轧件厚度，mm；

t_{cp}——轧件入口及出口的平均单位张力，MPa，其计算公式为：

$$t_{cp} = \frac{t_0 - t_1}{2} \tag{2-3}$$

t_0，t_1——分别为轧件入口及出口的单位张力，MPa；

C——应力增加系数，随 $\frac{fl}{h_{cp}}$ 而变，其计算公式为：

$$C=\frac{e^m-1}{m} \tag{2-4}$$

$$m = \frac{fl}{h_{cp}}$$

f——轧件与轧辊的摩擦系数，根据轧制速度由图 2-15 或表 2-5 进行取值；

l——考虑轧辊弹性压扁后的接触弧长的水平投影，mm，其计算公式为：

$$l = \sqrt{R(h_0 - h_1) + \left[\frac{8R(1 - \mu^2)}{\pi E}\right]^2 p_{cp}^2} + \frac{8R(1 - \mu^2)}{\pi E}p_{cp} \tag{2-5}$$

并令：

$$a = \frac{8R(1 - \mu^2)}{\pi E}$$

式中　μ——轧辊材料的泊松比；

E——轧辊弹性模量，MPa；

R——轧辊半径，mm。

对于钢轧辊，取 $E=2.2\times10^5$MPa，$\mu=0.3$，所以

$$a=\frac{R}{9500} \tag{2-6}$$

$$l_0 = \sqrt{R(h_0 - h_1)} \tag{2-7}$$

未考虑轧辊弹性压扁的接触弧长

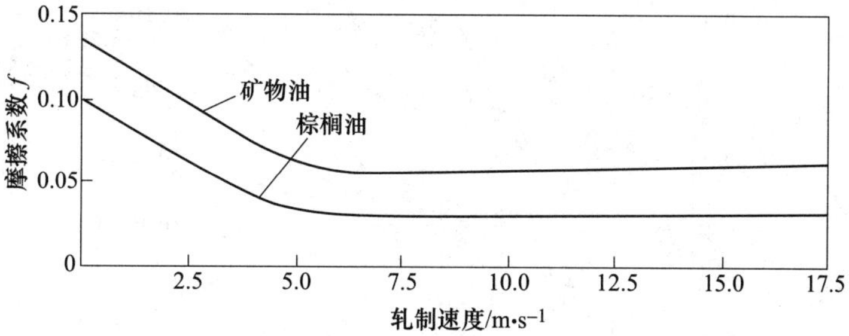

图 2-15　冷轧钢带条件下的摩擦系数（斯通曲线）

表 2-5 冷轧摩擦系数（塔列契可夫数据）

润滑液	轧制速度/m·s^{-1}			
	<3	3~10	10~20	>20
乳化液	0.14	0.12~0.10		
矿物油	0.12~0.10	0.10~0.09	0.08	0.06
棕榈油	0.08	0.06	0.05	0.03

注：适用于薄带钢轧制，轧辊表面精磨或抛光。

将式（2-6）、式（2-7）代入式（2-5）并乘以 $\frac{f}{h_{cp}}$ 得：

$$\frac{fl}{h_{cp}} = \sqrt{\left(\frac{fl_0}{h_{cp}}\right)^2 + \left(\frac{fa}{h_{cp}}\right)^2 p_{cp}^2} + \frac{fa}{h_{cp}} p_{cp}$$

整理化简后得：

$$\left(\frac{fl}{h_{cp}}\right)^2 - \left(\frac{fl_0}{h_{cp}}\right)^2 = 2\left(\frac{fl}{h_{cp}}\right)\left(\frac{fa}{h_{cp}}\right) p_{cp} \tag{2-8}$$

将式（2-1）代入式（2-8）即得：

$$\left(\frac{fl}{h_{cp}}\right)^2 = \left(e^{\frac{fl}{h_{cp}}} - 1\right) 2a \frac{f}{h_{cp}} (K - t_{cp}) + \left(\frac{fl_0}{h_{cp}}\right)^2 \tag{2-9}$$

把式（2-9）作成图表（图 2-16），先算出 $\frac{fl_0}{h_{cp}}$ 及 $2a\frac{f}{h_{cp}}(K - t_{cp})$，并在纵坐标上找出对

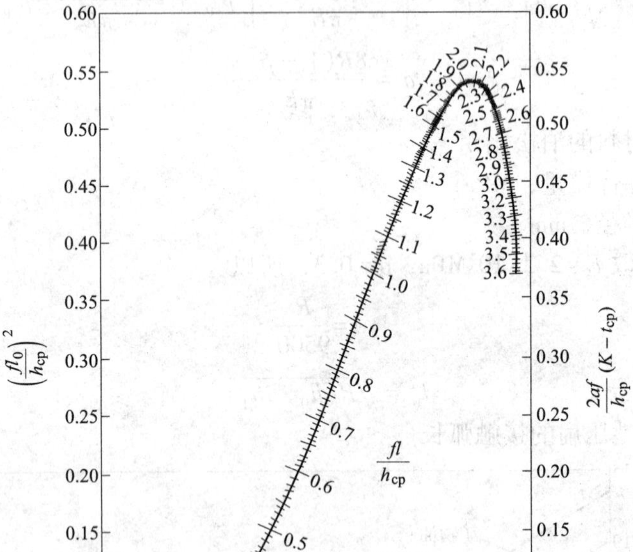

图 2-16 $\frac{fl_0}{h_{cp}}$ 及 $2a\frac{f}{h_{cp}}(K - t_{cp})$ 与 $\frac{fl}{h_{cp}}$ 之间的关系图

应的点，连接此两点与图中曲线交点即为 $\frac{fl}{h_{cp}}$ 值，从而算出压扁后的接触弧长 l。当交于图中两个点时，取较小值为 $\frac{fl}{h_{cp}}$ 值，并计算 l 值。

根据所计算的 l 值，代入式（2-8）即可计算出平均单位压力：

$$p_{cp} = \frac{\left(\frac{fl}{h_{cp}}\right)^2 - \left(\frac{fl_0}{h_{cp}}\right)^2}{2\frac{fl}{h_{cp}} \times \frac{fa}{h_{cp}}} = \frac{l^2 - l_0^2}{2al} \tag{2-10}$$

总压力即轧制力则为：

$$P = p_{cp}Bl \tag{2-11}$$

式中 B——轧件宽度，mm。

2.3.2 辊系受力分析

森吉米尔轧机的特点之一，是机架为一整体铸钢件，作用在工作辊上的轧制力呈放射状，传递到各支撑辊上，经多支点梁的支撑辊，将其沿辊身长度方向传到机架上，这样充分利用了整体机架的断面，使这种机架的刚度高于其他形式机架的刚度。

在轧机开始轧制前，给轧机前后以相同的张力值，轧机带钢压下，这时轧机上工作辊受轧件一个垂直向上的压力（轧机上下对称，轧机下部受力与上部对称并平衡）。轧制力通过第一中间辊、第二中间辊、支撑辊的中心，最后呈放射状传递给机架。轧辊辊系受力如图 2-17 所示，机架受力参见图 2-18。

根据轧机型号的不同、轧辊直径的变化，以及轧辊压下、辊径补偿，各个轧辊受力的角度和大小各不相同。从图 2-17 可以看出：两侧轧辊的受力大于中间位置的轧辊，两侧传动的第二中间辊的受力为轧制力的 59%～65.7%，中间的自由辊的受力为轧制力的 39.5%～49.5%；两侧支撑辊 A、D 的受力为轧制力的 58%～62.5%。中间支撑辊 B、C 受力为轧制力的 41.5%～44.4%。这对于轧机压下及辊形调整是有利，B、C 支撑辊压下偏心装置及 A、D 辊辊径调整偏心装置全部打开时，A、D 辊受力方向与水平线的夹角小、受力大，比 A、D 及 B、C 辊的偏心装置全部闭合时大 5%～10%左右。

支撑辊所受的轧制力，经芯轴通过背衬轴承间的鞍座，以多支点梁受力的形式传递给整体机架。对机架而言，上下左右 8 个力相互平衡。

轧制过程中轧辊辊系，除了静压下时辊系所受的力外，还应该考虑辊系之间的滚动摩擦力和支撑辊（即背衬轴承）中的摩擦力。图 2-19 示出了轧制过程中二十辊轧机辊系受力情况。轧辊之间各接触点以字母 A、B、C、D、E、F、G、H、I、J、K、L 表示，各接触点上的作用力以 P_m（m 为 A，B，…，L）表示，两接触的轧辊的连线与垂直方向的夹角以 φ_m（m 为 A，B，…，L）表示，作用力与对应两轧辊的连线的夹角以 α_m（m 为 A，B，…，L）表示。工作辊与第一中间辊之间的滚动摩擦力臂以 m_1 表示；第一中间辊与第二中间传动辊之间的滚动摩擦力臂以 m_2 表示；第二中间传动辊与支撑辊 A、D 之间的滚动摩擦力臂以 m_3 表示；第一中间辊与第二中间自由辊之间的滚动摩擦力臂以 m_4 表示；第二中间自由辊以及传动辊与支撑辊 B、C 之间的滚动摩擦力臂以 m_5 表示；支撑辊背衬轴承的摩擦圆半径以 ρ 表示，此外 ν 表示中性角。

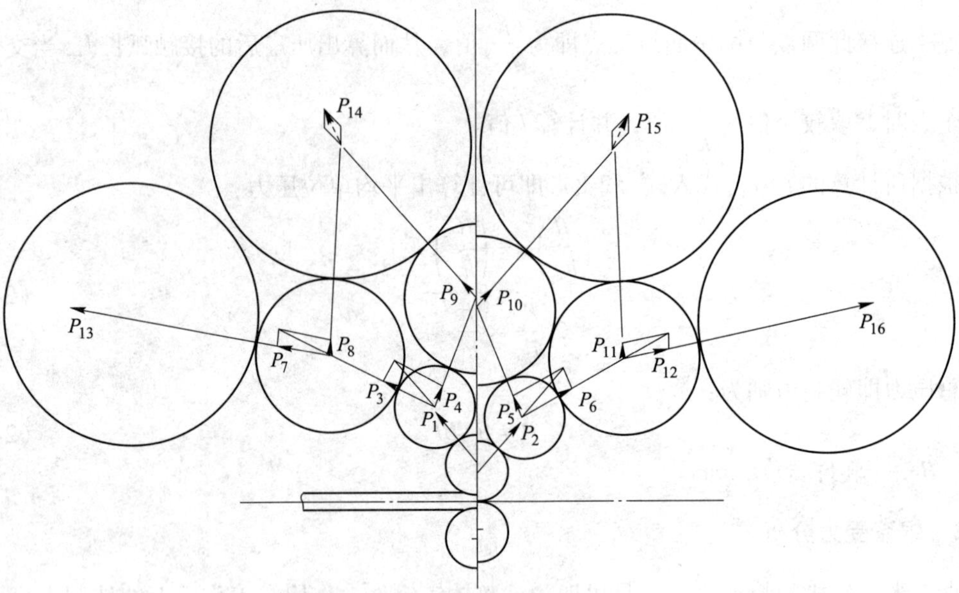

图 2-17 ZR-33 型轧机轧辊受力图

（左半幅为：偏心全部打开，工作辊辊径最大，开口度最大；

右半幅为：偏心全部闭合，工作辊辊径最小，开口度为 0）

$P=100\%$；$P_1=68.73\%\sim68.74\%$；$P_2=66.26\%\sim66.65\%$；$P_3=63.31\%\sim65.69\%$；$P_4=21.55\%\sim27.78\%$；

$P_5=22.20\%\sim27.29\%$；$P_6=59.07\%\sim61.45\%$；$P_7=58.05\%\sim62.80\%$；$P_8=18.23\%\sim14.29\%$；

$P_9=26.63\%\sim33.59\%$；$P_{10}=27.83\%\sim33.75\%$；$P_{11}=16.80\%\sim13.30\%$；$P_{12}=53.41\%\sim58.04\%$；

$P_{13}=58.05\%\sim62.80\%$；$P_{14}=41.49\%\sim44.36\%$；$P_{15}=41.61\%\sim43.94\%$；$P_{16}=53.41\%\sim58.04\%$；

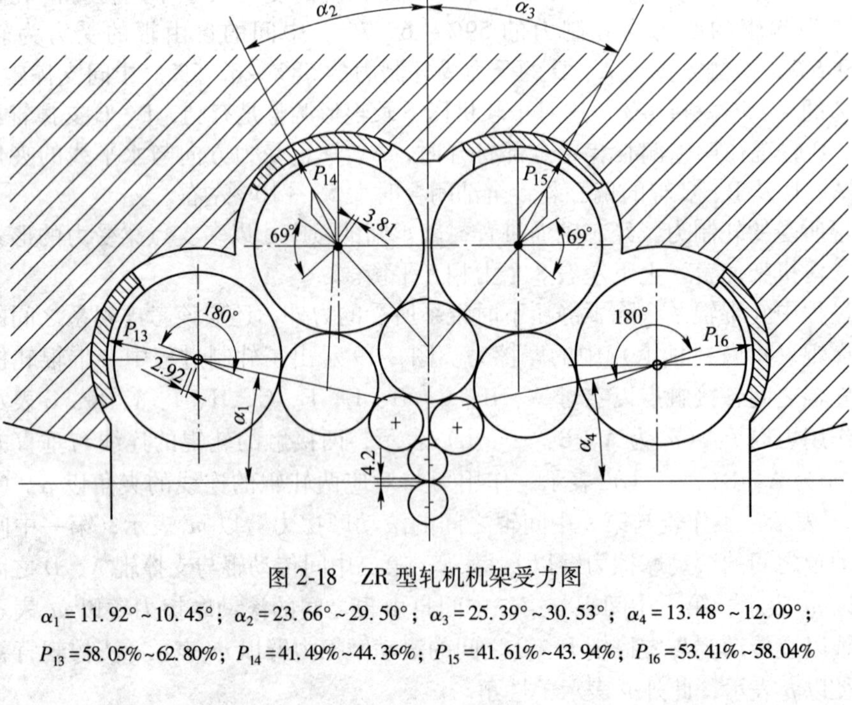

图 2-18 ZR 型轧机机架受力图

$\alpha_1=11.92°\sim10.45°$；$\alpha_2=23.66°\sim29.50°$；$\alpha_3=25.39°\sim30.53°$；$\alpha_4=13.48°\sim12.09°$；

$P_{13}=58.05\%\sim62.80\%$；$P_{14}=41.49\%\sim44.36\%$；$P_{15}=41.61\%\sim43.94\%$；$P_{16}=53.41\%\sim58.04\%$

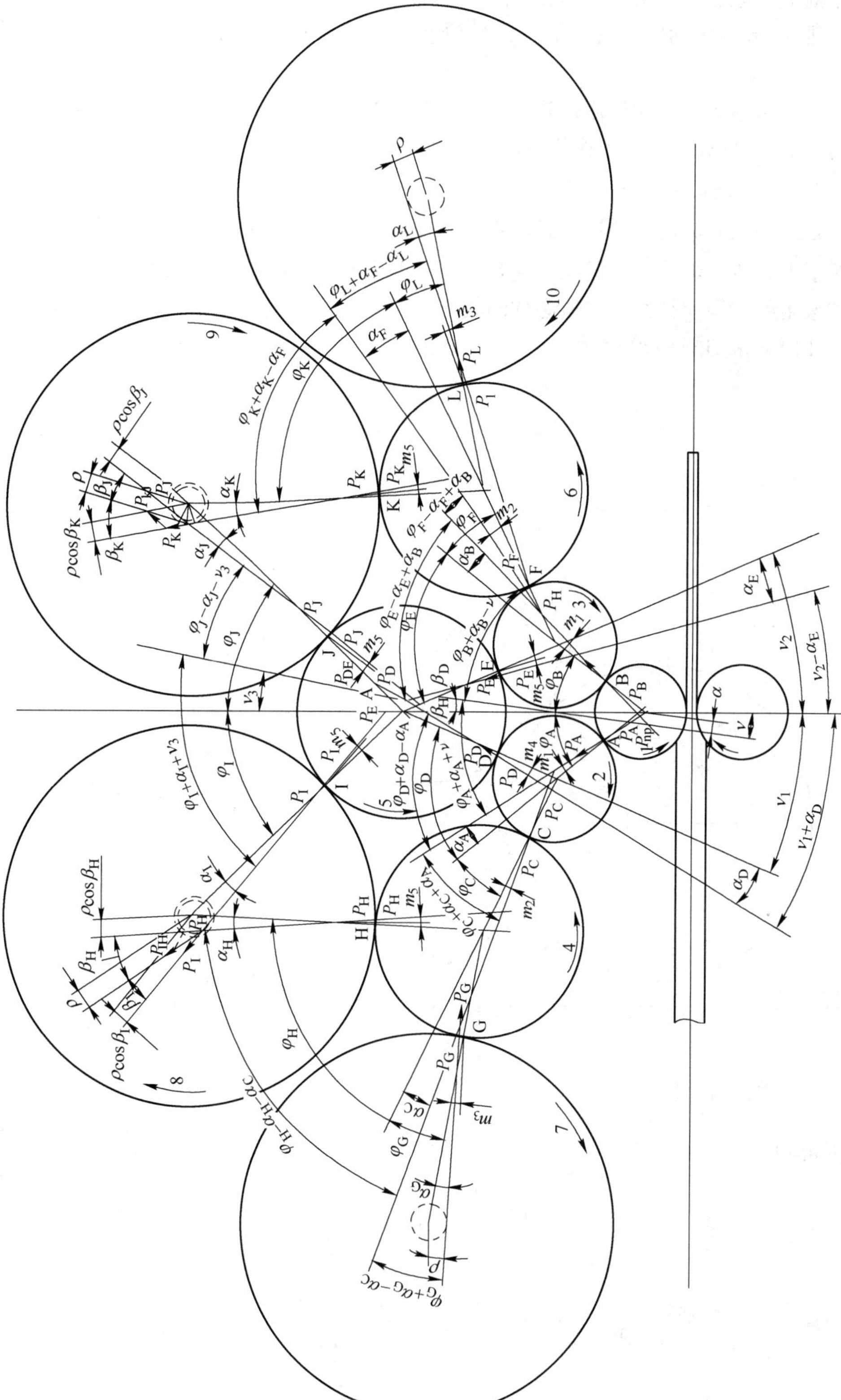

图 2-19　二十辊轧机辊系受力分析

工作辊 1，辊径 D_1；第一中间辊 2、3，直径 D_2、D_3；第二中间辊 4、5、6，直径 D_4、D_5、D_6，辊 4、6 为传动辊；支撑辊（背衬轴承）7、8、9、10（即 A、B、C、D），直径 D_7、D_8、D_9、D_{10}。

轧辊上下对称布置。为简化计算，取 $D_2=D_3$，$D_4=D_5=D_6$，$D_7=D_8=D_9=D_{10}$。通过力和力矩的平衡，可以求出 12 个作用力的大小和方向。

2.3.2.1 有关几何角度的确定

首先必须根据轧机机架结构，确定 4 个支撑辊中心线的定位尺寸 l_1、l_2、l_3 和 l_4。

支撑辊中心线定位应根据机架梅花孔中心，即鞍座的中心；压下调整装置偏心环的偏心量及调整角度；辊径补偿装置偏心环的偏心量及调整角度进行计算。

轧辊几何关系如图 2-20 所示。

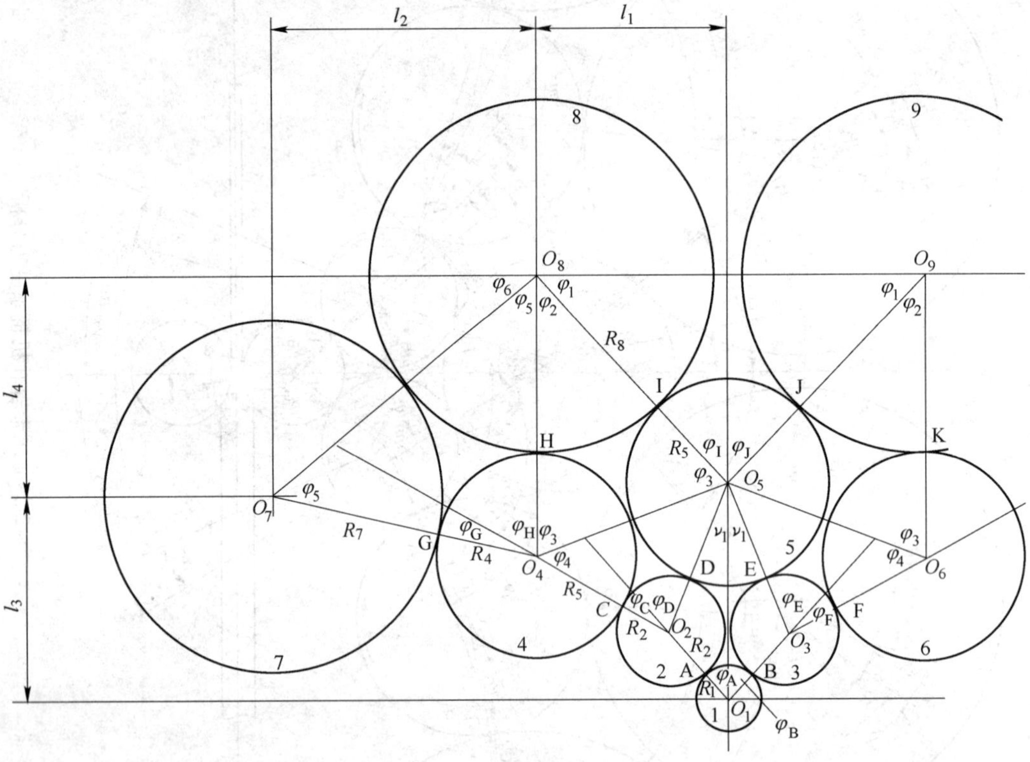

图 2-20 轧辊几何关系图

由图可知：

$$\varphi_1 = \arcsin \frac{l_1}{R_8 + R_5} \tag{2-12}$$

$$O_1O_5 = l_3 + l_4 - \sqrt{(R_5 + R_8)^2 - l_1^2}$$

$$\nu_1 = \arccos \frac{(R_5 + R_2)^2 - O_1O_5^2 - (R_2 + R_1)^2}{2(R_5 + R_2)O_1O_5} \tag{2-13}$$

$$\varphi_A = \arccos \frac{(R_2 + R_1)^2 + O_1O_5^2 - (R_5 + R_2)^2}{2(R_1 + R_2)O_1O_5} \tag{2-14}$$

$$\varphi_D = \varphi_A + \nu_1 \tag{2-15}$$

$$O_7O_8 = \sqrt{l_2^2 + l_4^2}$$

$$\varphi_6 = \arctan\frac{l_4}{l_2}$$

$$\varphi_5 = \arccos\frac{\sqrt{l_2^2 + l_4^2}}{2(R_7 + R_4)}$$

$$\varphi_1 = \arccos\frac{l_1}{R_7 + R_4}$$

$$\varphi_2 = 180° - \varphi_1 - \varphi_5 - \varphi_6$$

$$\varphi_3 = \frac{180° - \varphi_2}{2}$$

$$\varphi_4 = 180° - \varphi_1 - \varphi_3 - \nu_1$$

$$\varphi_C = 2\varphi_1 + 2\varphi_3 + 2\nu_1 - \varphi_D - 180° \tag{2-16}$$

$$\varphi_H = \varphi_1 + \nu_1 \tag{2-17}$$

$$\varphi_G = 180° - 2\varphi_5 - \varphi_H \tag{2-18}$$

2.3.2.2　轧制力 P_{np}、夹角 ν、力臂 a

轧制力 P_{np}与夹角 ν、力臂 a，受轧制力方向、轧机前后张力大小的影响，见图 2-21，并且有：

$$\sin\varphi = \frac{l}{D_1} \tag{2-19}$$

式中　D_1——工作辊直径；

l——考虑轧辊弹性压扁的接触弧长的水平投影。

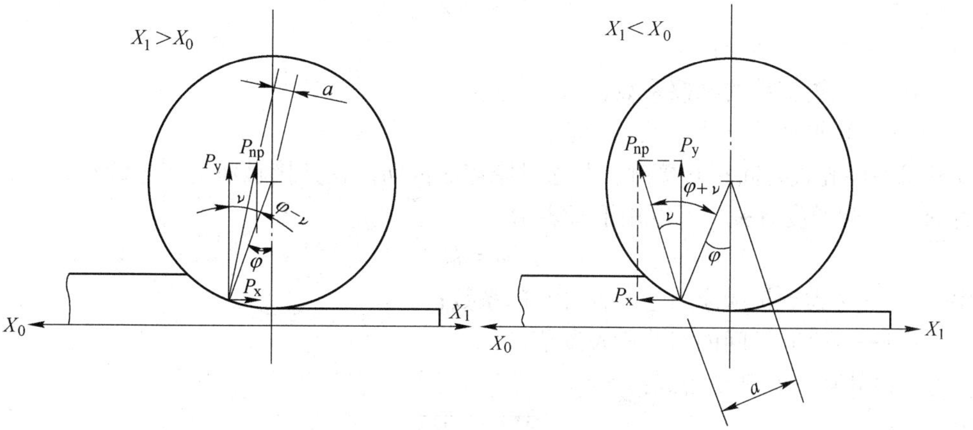

图 2-21　轧制力方向示意图

$$\sin\nu = \frac{X}{P_{np}} \tag{2-20}$$

式中　X——轧机前、后张力之差的一半，即：

$$X = \frac{X_1 - X_0}{2}$$

X_1，X_0——分别为轧机前、后张力；

P_{np}——轧制力。

因此：

$$\nu = \arcsin \frac{X}{P_{np}} \tag{2-21}$$

当 $X \geqslant 0$ 时：

$$a = R_1 \sin(\varphi - \nu) \tag{2-22}$$

当 $X<0$ 时：

$$a = R_1 \sin(\varphi + \nu) \tag{2-23}$$

式中　R_1——工作辊半径；

a——轧制力臂。

2.3.2.3　摩擦圆半径 ρ、滚动摩擦力臂 m

二十辊轧机的支撑辊，实质上是由若干个特殊的短圆柱滚子轴承（背衬轴承）组成的。考虑到轴承上的摩擦力，第二中间辊传递到支撑辊的合力将不通过轧辊的轴线，而其方向与摩擦圆相切。因此，轧辊上的摩擦力矩为：

$$P_G \rho = P_G \mu \frac{d}{2}$$

$$P_{H1} \rho = P_{H1} \mu \frac{d}{2}$$

因此，

$$\rho = \mu \frac{d}{2} \tag{2-24}$$

式中　ρ——摩擦圆半径；

μ——轧辊轴承的摩擦系数；

d——轧辊轴承直径（滚柱中心）。

轧机各层轧辊之间相互接触，并通过摩擦而传动，在其接触面上产生滚动摩擦，摩擦力臂 m 与接触长度有关，可以用下式表示：

$$m = kc \tag{2-25}$$

式中　k——考虑到接触应力不对称分布的系数；

c——两个轧辊间的扭曲段长度值。

对于冷轧机，有理论公式：

$$c = 2.15 \sqrt{\frac{P}{L} \times \frac{E_1 + E_2}{E_1 E_2} \times \frac{R_1 R_2}{R_1 + R_2}} \tag{2-26}$$

式中　E_1，E_2——接触的两个轧辊材料的弹性模量；

R_1，R_2——接触的两个轧辊的半径；

L——轧辊辊身长度；

P——轧辊上的轧制力。

因此，

$$m = k \times 2.15\sqrt{\frac{P}{L} \times \frac{E_1 + E_2}{E_1 E_2} \times \frac{R_1 R_2}{R_1 + R_2}} \tag{2-27}$$

2.3.2.4 求解辊系作用力

（1）以工作辊（辊 1）建立平衡方程。根据轧件和第一中间辊（辊 2）作用在工作辊（辊 1）上的力平衡以及力矩平衡条件，可知：

$$P_{np} = P_A\cos(\varphi_A - \alpha_A + \nu) + P_B\cos(\varphi_B + \alpha_B - \nu) \tag{2-28}$$

$$P_A\sin(\varphi_A - \alpha_A + \nu) = P_B\sin(\varphi_B + \alpha_B - \nu) \tag{2-29}$$

$$P_{np}a = P_A(0.5D_1\sin\alpha_A - m_1) + P_B(0.5D_1\sin\alpha_B - m_1) \tag{2-30}$$

（2）以第一中间辊（辊 2）建立平衡方程。根据第二中间传动辊（辊 4）和第二中间自由辊（辊 5）以及工作辊（辊 1）作用在第一中间辊（辊 2）上的力平衡以及力矩平衡条件，可知：

$$P_A = P_C\cos(\varphi_C + \alpha_C + \alpha_A) + P_D\cos(\varphi_D + \alpha_D - \alpha_A) \tag{2-31}$$

$$P_C\sin(\varphi_C + \alpha_C + \alpha_A) = P_D\sin(\varphi_D + \alpha_D - \alpha_A) \tag{2-32}$$

$$P_C(0.5D_2\sin\alpha_C - m_2) = P_A(0.5D_2\sin\alpha_A + m_1) + P_D(0.5D_2\sin\alpha_D + m_4) \tag{2-33}$$

（3）以第一中间辊（辊 3）建立平衡方程。根据第二中间自由辊（辊 5）和第二中间传动辊（辊 6）以及工作辊（辊 1）作用在第一中间辊（辊 3）上的力平衡以及力矩平衡条件，可知：

$$P_B = P_E\cos(\varphi_E - \alpha_E + \alpha_B) + P_F\cos(\varphi_F - \alpha_F - \alpha_B) \tag{2-34}$$

$$P_E\cos(\varphi_E - \alpha_E + \alpha_B) = P_F\cos(\varphi_F - \alpha_F - \alpha_B) \tag{2-35}$$

$$P_F(0.5D_2\sin\alpha_F - m_2) = P_B(0.5D_2\sin\alpha_B + m_1) + P_E(0.5D_2\sin\alpha_E + m_4) \tag{2-36}$$

（4）以第二中间传动辊（辊 4）建立平衡方程。根据支承辊（辊 7）和支承辊（辊 8）以及第一中间辊（辊 2）作用在第二中间传动辊（辊 4）上的力平衡条件，可知：

$$P_C = P_G\cos(\varphi_G + \alpha_G - \alpha_C) + P_H\cos(\varphi_H - \alpha_H + \alpha_C) \tag{2-37}$$

$$P_G\sin(\varphi_G + \alpha_G - \alpha_C) = P_H\cos(\varphi_H - \alpha_H + \alpha_C) \tag{2-38}$$

（5）以第二中间传动辊（辊 6）建立平衡方程。根据支承辊（辊 9）和支承辊（辊 10）以及第一中间辊（辊 3）作用在第二中间传动辊（辊 6）上的力平衡条件，可知：

$$P_F = P_K\cos(\varphi_K + \alpha_K - \alpha_F) + P_L\cos(\varphi_L - \alpha_L + \alpha_F) \tag{2-39}$$

$$P_K\sin(\varphi_K + \alpha_K - \alpha_F) = P_L\cos(\varphi_L - \alpha_L + \alpha_F) \tag{2-40}$$

（6）以第二中间自由辊（辊 5）建立平衡方程。力 P_{DE} 为作用在非传动的第二中间辊 5 上的作用力 P_D 和 P_E 的合力。作用力 P_{DE} 与工作辊 1、中间辊 5 之连心线的夹角为 ν_3，见图 2-22。

由图 2-22 可知，

$$P_{DE} = \sqrt{P_D^2 + P_E^2 - 2P_D P_E\cos(180° - 2\nu_1)} \tag{2-41}$$

$$\nu_3 = \nu_1 + \alpha_D - \beta_E \tag{2-42}$$

因为：

$$\sin\beta_E = \frac{P_E\sin(180° - 2\nu_2)}{P_{DE}} = \frac{P_E\sin 2\nu_2}{P_{DE}}$$

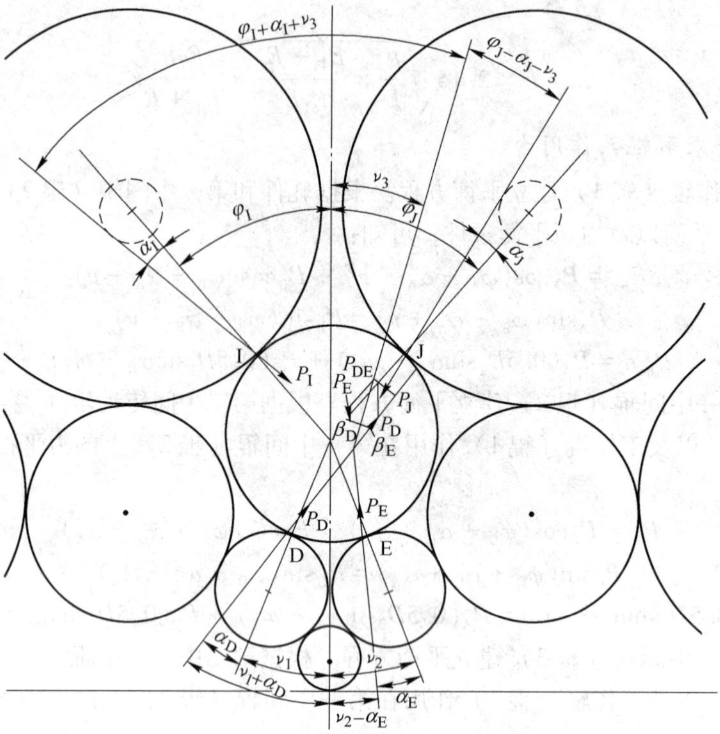

图 2-22 非传动第二中间辊受力图

所以：

$$\nu_3 = \nu_1 + \alpha_D - \arcsin\frac{P_E \sin 2\nu_1}{P_{DE}} \tag{2-43}$$

根据支承辊（辊 8）和支承辊（辊 9）以及第一中间辊（辊 2、辊 3）作用在第二中间传动辊（辊 6）上的力及力矩平衡条件，可知：

$$P_{DE} = P_I\cos(\varphi_I + \alpha_I + \nu_3) + P_J\cos(\varphi_J - \alpha_J - \nu_3) \tag{2-44}$$

$$P_I\sin(\varphi_I + \alpha_I + \nu_3) = P_J\cos(\varphi_J - \alpha_J - \nu_3) \tag{2-45}$$

$$\begin{aligned} &P_I(0.5D_5\sin\alpha_I + m_5) + P_J(0.5D_5\sin\alpha_J + m_5) \\ &= P_D(0.5D_5\sin\alpha_D - m_4) + P_E(0.5D_5\sin\alpha_E - m_4) \end{aligned} \tag{2-46}$$

（7）确定各作用力的方向。若将作用力大小作为已知条件，结合力矩平衡公式，即可求得各作用力的方向。根据图 2-20 可知，各作用力的方向存在如下关系：

$$\alpha_A = \alpha_B，\alpha_C = \alpha_F，\alpha_D = \alpha_E，\alpha_G = \alpha_L，\alpha_H = \alpha_K，\alpha_I = \alpha_J$$

根据力矩平衡式（2-30），得

$$\sin\alpha_A = \sin\alpha_B = \frac{P_{np}a + (P_A + P_B)m_1}{P_A + P_B} \times \frac{2}{D_2} \tag{2-47}$$

根据力矩平衡式（2-33），得

$$\sin\alpha_C = \sin\alpha_F = \frac{P_A}{P_C}\sin\alpha_A + \frac{P_A m_1}{P_C} \times \frac{2}{D_2} + \frac{P_D}{P_C}\sin\alpha_D + \frac{P_D m_4}{P_C} \times \frac{2}{D_2} + \frac{2}{D_2}m_2 \tag{2-48}$$

根据力矩平衡式（2-46），得

$$\sin\alpha_D = \sin\alpha_E = \frac{2}{D_5} \times \frac{P_I + P_J}{P_D + P_E}\left(\frac{D_5}{2}\sin\alpha_I + m_5\right) + \frac{2}{D_5}m_4 \tag{2-49}$$

作用于支撑辊的作用力 P_G、P_H、P_I、P_J、P_K、P_L的方向需要通过支撑辊的轴承上的摩擦圆半径 ρ、滚动摩擦力臂 m 进行确定：

$$\sin\alpha_G = 2\frac{\rho + m_3}{D_{10}}$$

$$\sin\alpha_L = 2\frac{\rho + m_3}{D_{10}}$$

$$\sin\alpha_H = 2\frac{\rho\cos\beta_H + m_5}{D_8}$$

$$\sin\alpha_I = 2\frac{\rho\cos\beta_I + m_5}{D_8}$$

$$\sin\alpha_J = 2\frac{\rho\cos\beta_J + m_5}{D_9}$$

$$\sin\alpha_K = 2\frac{\rho\cos\beta_K + m_5}{D_9}$$

因为 β 角很小，因此可以认为 $\cos\beta_H$、$\cos\beta_I$、$\cos\beta_J$、$\cos\beta_K \approx 1$，所以：

$$\sin\alpha_G = \sin\alpha_L = 2\frac{\rho + m_3}{D_7} \tag{2-50}$$

$$\sin\alpha_H = \sin\alpha_I = \sin\alpha_J = \sin\alpha_K = 2\frac{\rho + m_5}{D_7} \tag{2-51}$$

（8）确定各作用力的方向。若将作用力方向作为已知条件，结合力平衡公式，辊系各作用力大小计算公式如下：

$$P_A = P_{np}\frac{\sin(\varphi_A + \alpha_A - \nu)}{\sin2\varphi_A} \tag{2-52}$$

$$P_B = P_{np}\frac{\sin(\varphi_A - \alpha_A + \nu)}{\sin2\varphi_A} \tag{2-53}$$

$$P_C = P_A\frac{\sin(\varphi_D + \alpha_D - \alpha_A)}{\sin(\varphi_C + \alpha_C + \varphi_D + \alpha_D)} \tag{2-54}$$

$$P_D = P_A\frac{\sin(\varphi_C + \alpha_C + \alpha_A)}{\sin(\varphi_C + \alpha_C + \varphi_D + \alpha_D)} \tag{2-55}$$

$$P_E = P_B\frac{\sin(\varphi_F - \alpha_F - \alpha_B)}{\sin(\varphi_E - \alpha_E + \varphi_F - \alpha_F)} \tag{2-56}$$

$$P_F = P_B\frac{\sin(\varphi_E - \alpha_E + \alpha_B)}{\sin(\varphi_E - \alpha_E + \varphi_F - \alpha_F)} \tag{2-57}$$

$$P_G = P_C\frac{\sin(\varphi_H - \alpha_H + \alpha_C)}{\sin(\varphi_G + \alpha_G + \varphi_H - \alpha_H)} \tag{2-58}$$

$$P_H = P_C\frac{\sin(\varphi_G + \alpha_G - \alpha_C)}{\sin(\varphi_G + \alpha_G + \varphi_H - \alpha_H)} \tag{2-59}$$

$$P_{\mathrm{I}} = P_{\mathrm{DE}} \frac{\sin(\varphi_{\mathrm{J}} - \alpha_{\mathrm{J}} + \nu_3)}{\sin 2\varphi_{\mathrm{I}}} \tag{2-60}$$

$$P_{\mathrm{J}} = P_{\mathrm{DE}} \frac{\sin(\varphi_{\mathrm{I}} - \alpha_{\mathrm{I}} + \nu_3)}{\sin 2\varphi_{\mathrm{I}}} \tag{2-61}$$

$$P_{\mathrm{K}} = P_{\mathrm{F}} \frac{\sin(\varphi_{\mathrm{L}} - \alpha_{\mathrm{L}} + \alpha_{\mathrm{F}})}{\sin(\varphi_{\mathrm{K}} + \alpha_{\mathrm{K}} + \varphi_{\mathrm{L}} - \alpha_{\mathrm{L}})} \tag{2-62}$$

$$P_{\mathrm{L}} = P_{\mathrm{F}} \frac{\sin(\varphi_{\mathrm{K}} + \alpha_{\mathrm{K}} - \alpha_{\mathrm{F}})}{\sin(\varphi_{\mathrm{K}} + \alpha_{\mathrm{K}} + \varphi_{\mathrm{L}} - \alpha_{\mathrm{L}})} \tag{2-63}$$

同时有合力公式：

$$P_{\mathrm{DE}} = \sqrt{P_{\mathrm{D}}^2 + P_{\mathrm{E}}^2 - 2P_{\mathrm{D}}P_{\mathrm{E}}\cos(180 - 2\nu_1)} \tag{2-64}$$

$$P_{\mathrm{HI}} = \sqrt{P_{\mathrm{I}}^2 + P_{\mathrm{H}}^2 - 2P_{\mathrm{I}}P_{\mathrm{H}}\cos(180 - \varphi_2)} \tag{2-65}$$

$$P_{\mathrm{KJ}} = \sqrt{P_{\mathrm{J}}^2 + P_{\mathrm{K}}^2 - 2P_{\mathrm{J}}P_{\mathrm{K}}\cos(180 - \varphi_2)} \tag{2-66}$$

2.3.3 轧机传动力矩

二十辊轧机上部辊系由传动的第二中间辊 4 及辊 6 驱动，辊 4 的传动力矩为 M_4，辊 6 的传动力矩为 M_6，所需总传动力矩为 M，则：

$$M = 2(M_4 + M_6) \tag{2-67}$$

根据传动辊 4 上的力矩平衡条件，传动力矩 M_4 为：

$$M_4 = P_{\mathrm{C}}\left(\frac{D_4}{2}\sin\alpha_{\mathrm{C}} + m_2\right) + P_{\mathrm{G}}\left(\frac{D_4}{2}\sin\alpha_{\mathrm{G}} + m_3\right) + P_{\mathrm{H}}\left(\frac{D_4}{2}\sin\alpha_{\mathrm{H}} + m_5\right) \tag{2-68}$$

将式（2-47）~式（2-51）代入式（2-68），经整理后得：

$$\begin{aligned} M_4 = {} & P_{\mathrm{A}} \frac{P_{\mathrm{np}}a + (P_{\mathrm{A}} + P_{\mathrm{B}})m_1}{P_{\mathrm{A}} + P_{\mathrm{B}}} \times \frac{D_4}{D_1} + P_{\mathrm{D}} \frac{P_{\mathrm{I}} + P_{\mathrm{J}}}{P_{\mathrm{D}} + P_{\mathrm{E}}} \times \frac{D_5}{D_7}(\rho + m_5) + \\ & P_{\mathrm{D}} \frac{P_{\mathrm{I}} + P_{\mathrm{J}}}{P_{\mathrm{D}} + P_{\mathrm{E}}} m_5 + (P_{\mathrm{A}}m_1 + P_{\mathrm{C}}m_2 + P_{\mathrm{D}}m_4)\frac{D_4}{D_2} + P_{\mathrm{G}}(\rho + m_3)\frac{D_4}{D_7} + \\ & P_{\mathrm{H}}(\rho + m_5)\frac{D_4}{D_7} + P_{\mathrm{C}}m_2 + P_{\mathrm{G}}m_3 + P_{\mathrm{D}}m_4 + P_{\mathrm{H}}m_5 \end{aligned} \tag{2-69}$$

根据传动辊 6 上的力矩平衡条件，传动力矩 M_6 为：

$$M_6 = P_{\mathrm{F}}\left(\frac{D_4}{2}\sin\alpha_{\mathrm{F}} + m_2\right) + P_{\mathrm{L}}\left(\frac{D_4}{2}\sin\alpha_{\mathrm{L}} + m_3\right) + P_{\mathrm{K}}\left(\frac{D_4}{2}\sin\alpha_{\mathrm{K}} + m_5\right) \tag{2-70}$$

同样，将式（2-47）~式（2-51）代入式（2-68），并经整理后得：

$$\begin{aligned} M_6 = {} & P_{\mathrm{B}} \frac{P_{\mathrm{np}}a + (P_{\mathrm{A}} + P_{\mathrm{B}})m_1}{P_{\mathrm{A}} + P_{\mathrm{B}}} \times \frac{D_4}{D_2} + P_{\mathrm{E}} \frac{P_{\mathrm{I}} + P_{\mathrm{J}}}{P_{\mathrm{D}} + P_{\mathrm{E}}} \times \frac{D_5}{D_7}(\rho + m_5) + \\ & P_{\mathrm{E}} \frac{P_{\mathrm{I}} + P_{\mathrm{J}}}{P_{\mathrm{D}} + P_{\mathrm{E}}} + (P_{\mathrm{B}}m_1 + P_{\mathrm{F}}m_2 + P_{\mathrm{E}}m_4)\frac{D_4}{D_2} + P_{\mathrm{L}}(\rho + m_3)\frac{D_4}{D_7} + \end{aligned} \tag{2-71}$$

$$P_K(\rho + m_5)\frac{D_4}{D_7} + P_F m_2 + P_L m_3 + P_E m_4 + P_K m_5$$

将 M_4 及 M_6 代入式（2-67）并整理得：

$$\begin{aligned} M = {} & 2P_{np} a\frac{D_4}{D_1} + 2(P_A + P_B)m_1\left(\frac{D_4}{D_1} + \frac{D_4}{D_2}\right) + \\ & 2[(P_C + P_F)m_2 + (P_D + P_E)m_4]\left(1 + \frac{D_4}{D_2}\right) + \\ & 2(P_G + P_L)\left[m_3\left(1 + \frac{D_4}{D_7}\right) + \rho\frac{D_4}{D_7}\right] + \\ & 2(P_H + P_I + P_J + P_K)\left[m_5\left(1 + \frac{D_4}{D_7}\right) + \rho\frac{D_4}{D_7}\right] \end{aligned} \quad (2\text{-}72)$$

式中，第一项为轧制力矩；第二项为消耗在工作辊与第一中间辊之间的滚动摩擦力矩；第三项为消耗在第一中间辊与第二中间辊之间的滚动摩擦力矩；第四项为消耗在两侧的支撑辊与第二中间辊之间的滚动摩擦力矩，以及克服支撑辊背衬轴承中的摩擦所需的力矩；第五项为消耗在中间的两个支撑辊与第二中间辊之间的滚动摩擦力矩，以及克服支撑辗背衬轴承中的摩擦所需的力矩。

从式中可以看出，由于二十辊轧机辊系层次多，辊与辊之间的滚动摩擦力矩及背衬轴承的摩擦力矩占总力矩的比例较大。计算表明，摩擦力矩占总力矩的 25%～50%。随着轧件厚度的减小，轧制力矩占总力矩的比例也变小，轧制薄的轧件比轧制厚的轧件，轧制力矩所占比例小。

2.3.4　主电机功率计算

多辊冷轧机，由于每道次轧制时间较长，而间歇时间相对较短，因此不需要进行均方根力矩计算，按电动机发热量确定电动机容量。只需根据传动轧机所需力矩，以及轧机的转数计算出主电动机功率。

主电机功率可以由下式求得：

$$N = \frac{M\omega}{\eta} = \frac{2\pi}{60} \times \frac{Mn}{\eta} = 0.1047\frac{Mn}{\eta} \quad (2\text{-}73)$$

式中　N——主电机功率，kW；

M——轧机传动力矩，kN · m；

ω——角速度，s^{-1}；

n——轧辊转速（传动轴），r/min；

η——主传动装置传动效率（<1）。

思　考　题

2-1　为什么极薄带轧制要用多个辊？

2-2　极薄带轧制的工作辊直径如何确定？

2-3　可轧制的极薄带厚度极限如何确定？

2-4 多辊轧制中的板型调整方式有何特点?
2-5 多辊轧制中轧辊的驱动方式有何特点?
2-6 极薄带轧制过程中的润滑方式有何特点?
2-7 极薄带轧制过程中的张力控制方式有何特点?

参考文献

[1] 李耀群. 多辊轧机冷轧技术 [M]. 北京：冶金工业出版社，1978.
[2] 德国钢铁工程师协会. 冷轧带钢生产 [M]. 武汉钢铁设计研究院技术情报科，等译. 北京：机械工业出版社，1979.
[3] 王廷溥. 轧钢工艺学 [M]. 北京：冶金工业出版社，1980.
[4] 罗伯茨 W L. 多辊轧机冷轧技术 [M]. 王廷溥，等译. 北京：冶金工业出版社，1985.
[5] 日本钢铁协会. 日本冷轧带钢技术 [M].《日本冷轧带钢技术》编译组，译. 北京：冶金工业出版社，1985.
[6] 波卢欣. 多辊轧机轧制 [M]. 郭鸿运，等译. 北京：冶金工业出版社，1987.
[7] 贺毓辛. 冷轧板带生产 [M]. 北京：冶金工业出版社，1992.
[8] 潘纯久. 二十辊轧机及高精度冷轧钢带生产 [M]. 北京：冶金工业出版社. 2003.
[9] 赵家骏. 冷轧带钢生产问答 [M]. 北京：冶金工业出版社，2004.
[10] 刘相华，等. 极薄带轧制研究与应用进展 [J]. 机械工程学报，2017 (5) .

3 环件轧制设备

3.1 概　　述

盘环件轧制是生产无缝环件的主要方法，盘环件轧制设备可以根据环件的形式和用途，分别称为轧环机（轧轴承环、套、盘类环件等）、车轮轧机和齿轮轧机等。盘环件轧制设备的用途很多，像轴承环、齿圈、轮箍、回转轴承、法兰、航空器用环形部件、阀体、核反应堆部件等，都可以采用盘环件轧制方法生产。可轧制环件的金属种类众多，如碳素钢、低合金钢、工具钢、不锈钢、耐热合金、高强度和抗高温镍合金、钛合金、铝合金及其他一些非铁合金等。

通过改变轧辊形状及生产工艺，可以生产出多种横断面形状的盘环件。横断面形状为矩形的环件叫矩形断面环件，沿横断面周边上任一点所做切线交于断面之中的环件为异形断面环件，如图 3-1 所示。

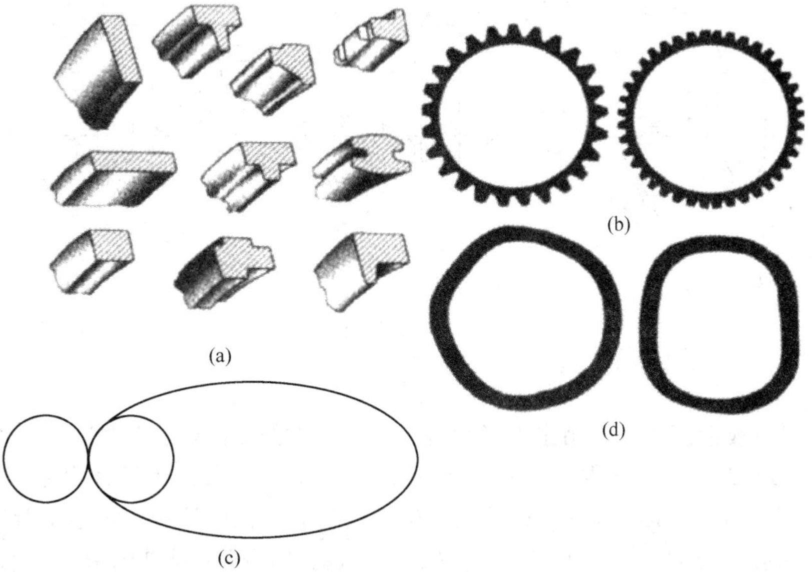

图 3-1　环件截面的种类

（a）典型截面；（b）齿轮；（c）铜带；（d）不规则环件

轧制盘环件的尺寸范围较大，外径在 75～16000mm、高度在 15～3000mm、质量在 0.4～82000kg 范围内的盘环件都可以采用轧制方法生产。其中，大约 90%的环件尺寸范围为：外径 240～980mm，高度 70～210mm，壁厚 16～48mm。经过改造的轧机还可以轧制壁厚与高度比为 16∶1 的盘类环件，以及高度与壁厚比为 16∶1 的筒类环件。

环件轧制成形是一个逐步变形的过程。在轧制过程中，金属的晶粒排列逐步与环件的周线相一致，因此得到的周向纤维致密均匀，而且在与环件横截面的外轮廓一直保持平行的状态下，沿周线扩展，最后形成与要求形状相接近的晶粒连接体，即环件。以该种成形方式得到的环件产品还可防止表面裂纹的产生。此外，由于轧环的生产具有效率高、尺寸精确，尤其是能显著降低材料消耗（一般材料利用率可达到90%）等许多的优点，所以轧环机得到了广泛的应用。

通常的环件轧制工艺是在生产开始时，将圆钢锯切或剪切成所需体积的钢坯，加热后用锻锤（压力机）拍扁，然后冲孔，再放置于轧环机上进行轧制。随着轧制过程中芯辊朝主轧辊方向的进给运动，毛坯壁厚减小，环件沿周向延伸，径向尺寸最终扩大到所需尺寸。图 3-2 是环件变形过程示意图。在工件的轴向（主轧辊对面）再布置一组轧辊，对工件施加轴向变形，控制环件的高度，协调轧辊和被轧环件的速度差，这种轧制方式为径向-轴向轧环过程，如图 3-3 所示。

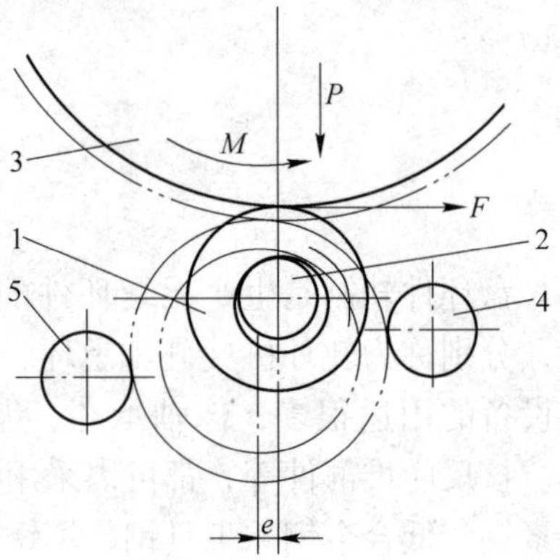

图 3-2 环件变形过程
1—工件；2—芯辊；3—主轧辊；4—导向辊；5—测量辊

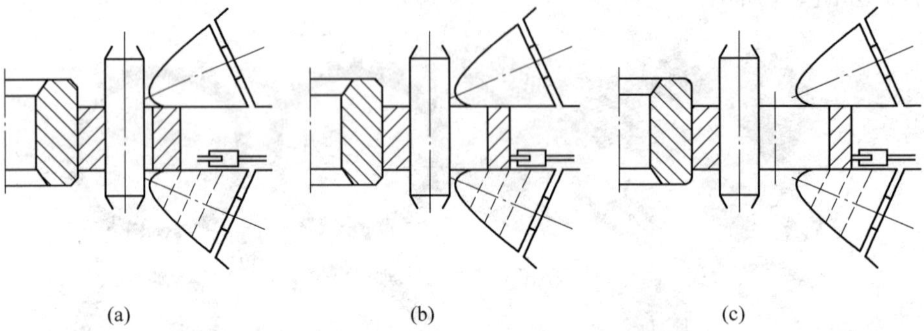

图 3-3 径向-轴向轧环过程
（a）轧制开始；（b）随动开始；（c）轧制结束

环件轧制与板带生产过程相比起步较晚，自 19 世纪火车车轮的大量使用才开始了轧环生产过程。1842 年英国人保曼（Bodmer）为曼彻斯特一家公司设计出第一台轧环机。1849 年由德国的 Alfred Krupp 率先试验火车车轮轧制生产，1853~1854 年制造出由他设计的轧环机。1854 年英国也有了火车车轮轧机，此时的轧环机主要是用来扩展毛坯的外径。到了 1864 年，俄罗斯的奥布霍夫工厂利用同样的工艺生产出了火车轮箍。当时铁路运输业的大力发展促进了车轮和轮箍的迅速发展，使得轮箍轧机的作用也有了显著的提高，这样轮箍就得到了进一步的校准和成形。到了 20 世纪初，用来控制高度的辅助轧辊的出现，基本上奠定了轧环机的模式。到了 20 世纪 60 年代用油压机来代替水压机，以及计算机的发展与先进的自控系统在轧环机上的应用，使得轧环机的性能、产品的精度得到了很大的提高，较小的环件生产率可达到 500~800 件/h。目前，随着技术的进一步发展，生产率已提高到 1200 件/h。今天，为更好地满足市场的需求，轧环机上配备了各种辅助设备，尽最大可能完善环件产品质量，提高市场竞争力。

目前，世界上主要开展轧环机设备研制和环件技术开发的国家有德国、美国、日本、英国、俄罗斯、中国等，其中德国在该领域的研发水平较高，其产品品种规格全、使用范围广。在我国，济南铸锻研究所在轧环机的研究和生产方面的工作较为全面。另外，还有国内其他锻压机械厂也有自己的产品。研究工作开展得较早、较深入的还有太原科技大学、武汉理工大学等。许多环件生产部门如马鞍山钢铁公司车轮厂、洛阳矿山机械厂、洛阳轴承厂以及太原重型机器厂等也做了大量的工作。

为了满足国内对大型环件，特别是航天航空工业对高温合金和钛合金大型环件的需求，我国在 20 世纪 80 年代中期开始开发重型数控径向-轴向轧环机。1990 年由济南铸锻研究所设计的 1800mm 数控径向-轴向轧环机研制成功。该机采用径向-轴向轧制原理，工件端面平直，棱角清晰；采用 CNC 和电液比例技术实现辗轧过程自动化；采用余量重新分配的控制系统，可以分别控制工件的外径、内径或中径尺寸，减少由于坯料超差所产生的废品。该轧机的轧制精度高，外径公差±3mm，高度公差±2mm。

此后，我国又陆续研制成功 3000mm、2000mm、800mm CNC 轧环机，CNC 系统的软硬件也在不断完善和发展。目前，国内拥有轧环机 100 多台，最大辗扩直径为 5500mm。轧环机在大型化、数控化和系列化生产方面取得显著成绩。

3.2 轧环机的分类与技术参数

3.2.1 轧环机的分类

轧环机按不同方式分类如下：

（1）根据工件在轧制状态下的空间放置形式分类。按照该方法可以将轧环机分为卧式轧环机（图 3-4）和立式轧环机（图 3-5）两种类型。立式轧环机虽然能提供较大的轧制力，但由于外径受到空间高度的限制，应用范围相应受到限制。不过大多数中小型轧环机

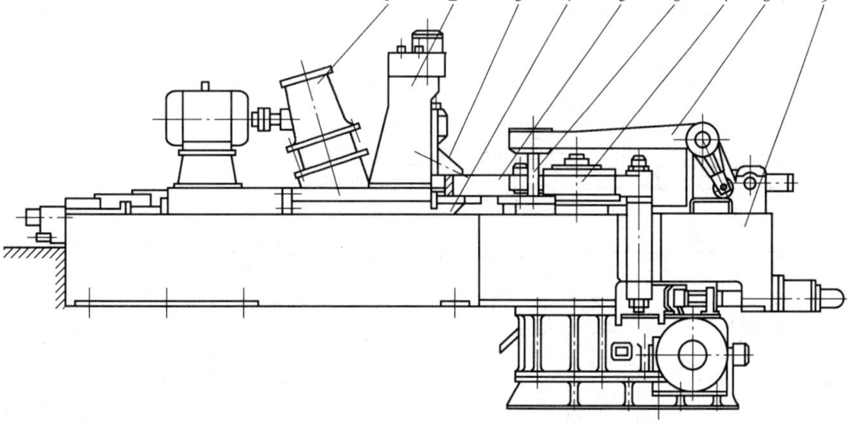

图 3-4 带端面锥辊的卧式轧环机

1—端面锥辊装置的传动机构；2—端面锥辊机架；3—上锥辊；4—下锥辊；5—工件；6—芯辊；7—主辊；8—支架；9—机身

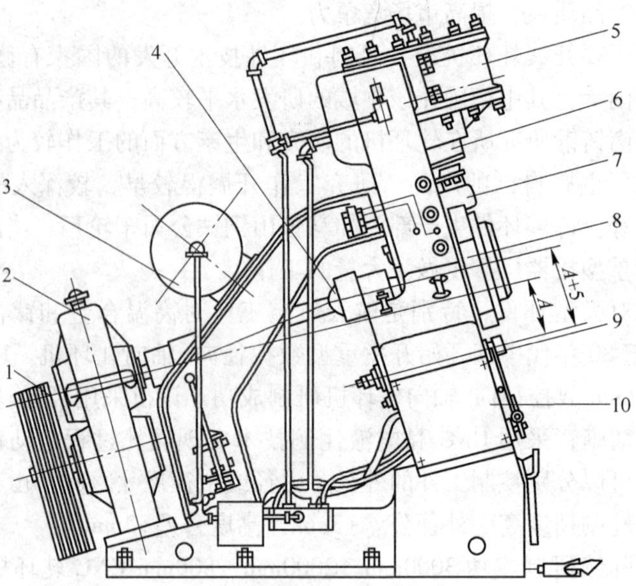

图 3-5 立式轧环机结构示意图

1—皮带轮；2—减速箱；3—汽罐；4—万向节；5—汽缸；6—活塞杆；7—滑块；8—驱动辊；9—芯辊；10—机身

因操作方便而采用立式轧环机，如生产中小型轴承圈的轧环机。而卧式轧环机如果配备有完善的支撑装置，轧环外径可不受任何限制，所以大型轧环机一般采用卧式。

（2）根据轧辊的空间位置分类。根据轧辊的空间位置，轧环机分为径向、径向-轴向及特殊用途轧环机。图 3-6 和图 3-7 是一台不带端面锥辊的径向卧式轧环机，此类轧环机只使用径向轧辊，只对工件施加径向压缩变形。

既有径向轧制又有轴向轧制的轧环机称为径向-轴向轧环机，如图 3-4 所示，该设备包含一组轴向轧辊和径向轧辊。单芯辊的径向-轴向轧环机现大都由计算机按程序控制，仅输入环、环坯、轧辊的尺寸及材料牌号等参数就可以进行自动轧制，环尺寸、机器状态均可在显示器上显示出来。

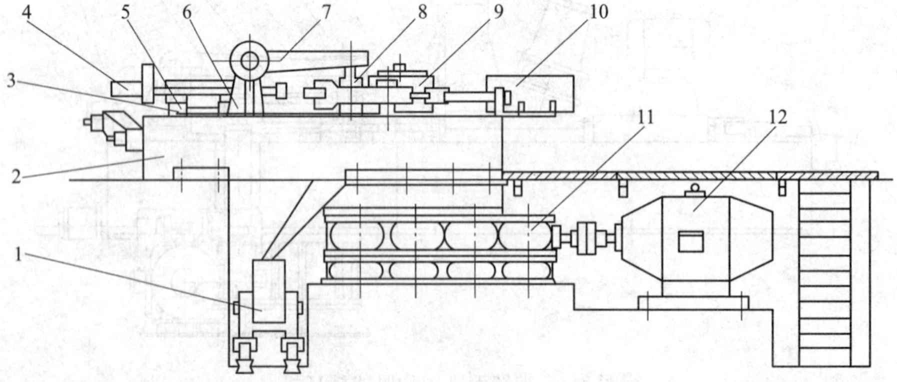

图 3-6 不带端面锥辊的卧式轧环机

1—落料箱；2—机身；3—支架摆动机构；4—检测机构；5—主缸；6—滑块；7—支架；8—芯辊；9—主辊；10—抱辊机构；11—减速箱；12—电机

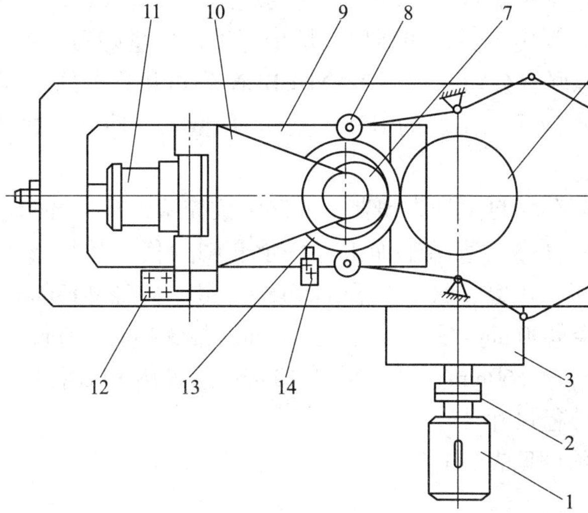

图 3-7　传动和控制机构工作原理图

1—电机；2—联轴节；3—减速箱；4—机身；5—抱缸；6—主辊；7—芯辊；8—抱辊；9—滑块；10—支架；11—主缸；12—挡块；13—工件；14—检测机构

（3）根据芯辊的数量分类。轧环机还可根据芯辊的数量分为单芯辊和多芯辊两种。

如图 3-8 所示的四轴多工位轧环机是一种台式多芯辊径向轧环机。该类轧环机都用在环件自动化生产线上。

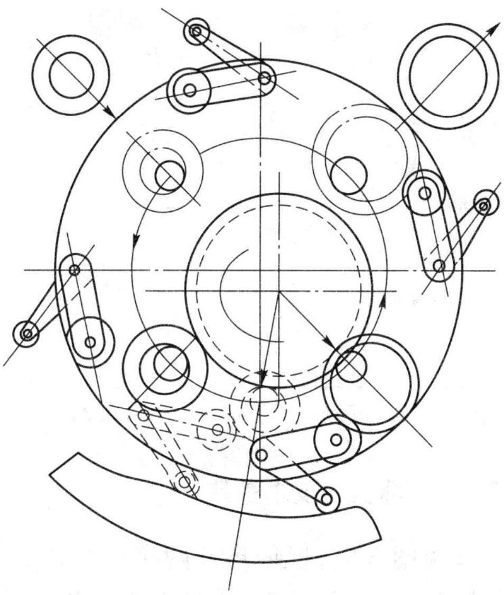

图 3-8　四轴多工位轧环机

台式多芯辊轧环机用于生产一些小的和中等尺寸的环件，外径最大为 500mm，最大质量为 40kg。这种轧机有一个相对于主轧辊偏心的回转台，其轧制力可达 320kN，4 个芯辊安装在回转台上连续旋转，旋转轴线的偏心距离取决于环件的厚度。KFRMW 是一种由瓦格纳公司改造的径向多芯辊轧环机，它的特点是配有测量和控制系统，与轧制恒壁厚环件的 KFRW 系列轧环机不同的是，这种轧环机既能使环壁厚均匀，又能使环径符合要求，避免由于环件尺寸上的误差，导致环直径的不均匀。班宁公司的 MIRA 系列轧环机和瓦格纳公司的 RWM 系列轧环机，都有一个主轧辊和两个各自用液压缸驱动的芯辊，一个芯辊主要用于装和取环件，另一个芯辊则用于轧制。瓦格纳公司的 HRW 系列轧环机也有两个芯辊，它主要用于轧制斜齿轮这一类有内法兰的环件。

（4）根据工件的轧制温度分类。根据工件的轧制温度，轧环机可以分为热轧和冷轧两种形式。随着经济的发展和技术水平的提高，环件冷轧的应用逐渐增加。冷轧能使工件最大限度地接近成品件，具有材料利用率高、切削加工量少、工件质量好等优点。目前，英国 FORMFLO 公司、俄罗斯轴承联合公司、德国 BANDUBEN 公司和日本的 KYOEI 精工公司的冷轧环机在生产中得到广泛应用。国产的 D55M 型和 JK 型系列冷轧环机使用效果也较好。

我国洛阳国投精密机械有限公司自主开发研制了 D56G 数控精密冷轧环机。该轧机设计新颖，技术指标先进，加工精度高，适用于加工以轴承套圈为代表的环形零件。D56G 系列目前生产 3 个品种，即 D56G60 型（最大外径 ϕ52mm，最小内径 ϕ15mm，最大宽度 20mm）、D56G70 型（最大外径 ϕ90mm，最小内径 ϕ30mm，最大宽度 25mm）、D56G140 型（最大外径 ϕ140mm，最小内径 ϕ60mm，最大宽度 40mm）。采用 PLC 控制，并以双光栅任意选择控制和测量环件内外径尺寸。

轧环机的分类及有关生产单位见表 3-1。

表 3-1 轧环机的分类

变形方向	单芯辊		多芯辊
	立式	卧式	卧式
径向	GMF 公司 （DFR 系列） UMIST 公司	瓦格纳公司 （MERW 系列） 班宁公司（H 系列） 济南铸锻研究所	瓦格纳公司 （KFRW 系列） 班宁公司 （RIWA 系列）
径向-轴向		瓦格纳公司 （RWM 系列） 济南铸锻研究所 三菱公司（MR 系列）	瓦格纳公司 （RAW 系列） 瓦格纳公司 （RIA 系列）
特殊用途		瓦格纳公司 （KW 系列） 班宁公司 （环-盘系列）	

注：瓦格纳公司和班宁公司现合并在德国曼内斯曼公司（Mannersman）。

3.2.2 轧环机的技术参数

参见图 3-9，根据环件的用途，轧制过程可以是闭式的，也可以是开式的。UMIST（曼彻斯特大学理工学院）的试验轧机就是这种类型的轧机，这种轧机的特点是芯辊可以上下运动，以利于环件在轧制前后的上料和下料。径向轧环机适用于轧制轴对称截面的环件。如果环件变形主要集中在环件周向的扩展上，利用闭式孔型轧制效果较好。德国一家生产原子反应堆部件的公司，就有一架径向轧制力可达 45MN 的轧环机，它可以生产外径 10m、高 4m 的原子反应堆堆芯。表 3-2 为济南铸锻研究所研制的 D52 系列径向轧环机的技术参数。表 3-3 为该所研制的 D53K 系列径向-轴向轧环机的技术参数。表 3-4、表 3-5 是 D51 系列立式和卧式轧环机的技术参数。

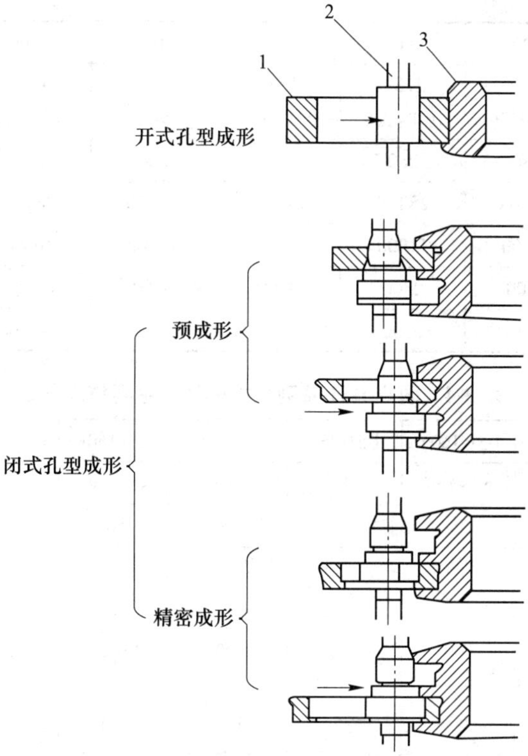

图 3-9 轧环变形过程的形式

1—工件；2—芯辊；3—成形辊

表 3-2 D52 系列径向轧环机技术参数

型 号		630	1000	1600	2000	3000
环尺寸/mm	外径	220～630	350～1000	400～1600	450～2000	500～3000
	高度	160	250	300	350	400
机器参数	径向轧制力/kN	500	800	1000	1250	2000
	轧制速度/m·s^{-1}	1.3	1.3	1.3	1.3	1.3
	驱动功率/kW	110	200	280	355	500
平面尺寸/mm	长度	5230	7500	9000	10000	12700
	宽度	1900	220	2500	3500	4100
	高度	2530	3600	3600	4000	4300

表 3-3 D53K 系列径向-轴向轧环机技术参数

型 号		800	1600	2000	3000	3500	4000	5000
环尺寸/mm	外径	350～800	400～1600	500～2000	500～3000	500～3500	500～4000	500～5000
	高度	60～300	60～300	80～500	80～500	80～500	80～700	80～750
轧制力/kN	径向	1250	1250	2000	2000	2000	2000	2500
	轴向	1000	1000	1250	1250	1600	1600	2000

续表 3-3

型　号		800	1600	2000	3000	3500	4000	5000
轧制速度 /$m \cdot s^{-1}$		1. 3/ 0. 4~1. 6	1. 3/ 0. 4~1. 6	1. 3/ 0. 4~1. 6	1. 3/ 0. 4~1. 6	1. 3/ 0. 4~1. 6	1. 3/ 0. 4~1. 6	1. 3/ 0. 4~1. 6
驱动功率 /kW	径向	280	280	500	500	630	630	630
	轴向	2×160	2×160	2×220	2×220	2×280	2×315	2×315
平面尺寸 /mm	长度	10000	11000	14500	15200	16000	18500	20000
	宽度	2500	2500	3500	3500	3500	4500	5500
	高度	3150	3300	4300	4300	4400	4400	5000

表 3-4　国产 D51 系列立式轧环机主要技术参数

型　号	D51-160	D51-160Y	D51-250	D51-350	D51-160K	D51-250K	D51-350K	D51-400
环件外径/mm	45~160	45~160	250	350	45~160	250	350	400
环件宽度/mm	35	35	50	85	50	85	120	100
环件材料强度极限/MPa	<95							
最大生产率 /件·h^{-1}	500	500	400	200	300	240	100	120
公称轧制力 /kN	50	60	98	155	113	196	310	180
滑块最大行程/mm	70	70	110	130	70	110	130	130
轧制速度 /$m \cdot s^{-1}$	2~2. 5	2~2. 5	2. 1	2. 2	1. 64	1. 63	1. 45	2
主轴转速 /$r \cdot min^{-1}$	120	120	80	62	92	62. 3	41	
主轧辊外径 /mm	360~380	360~380	500~520	680~700	360~380	500~520	680~700	680
压缩空气公称压力/MPa	0. 5							
自由空气理论消耗量 /$m^3 \cdot mn^{-1}$	0. 9		1. 8	1. 52	1	1. 6	1. 4	
芯辊中心高度/mm	670	670	875	1050	670	875	1100	
主轧辊与芯辊最小中心距/mm	185	185	265	365	185	265	365	370
电动机功率 /kW	18. 5	22. 5	37	75	30	55	90	75
外形尺寸 $L \times W \times H$ /mm×mm×mm	2200×1550×1850	2200×1550×1850	2890×1990×2400	4050×1800×3000	2350×1700×2100	3440×2000×2700	4595×2000×3370	3670×2650×3100
轧机总质量 /kg	2800	3000	6500	10000	3300	7200	12000	12500

表 3-5　国产 D51 系列卧式轧环机主要技术参数

型　号	D51-1200	D51-1300	D51-1500	D51-1800	D51-2000
环件外径/mm	500~1250	400~1420	500~1500	600~1800	700~2050
环件高度/mm	200	200	280	60~350	200
径向轧制力/kN	800	830	1200	1250	1200
轴向轧制力/kN				800	850
滑块行程/mm	500	840		630	520
轧制速度/m · s^{-1}	1. 59	1. 14	1. 5~1. 73	1. 25	3. 35~6. 35
主电机功率/kW	240	135	480	260	950
机床质量/t		27		80	157

德国的瓦格纳公司（Wagner）和班宁公司（J. Banning）是两家从事技术开发与技术应用的公司，他们提供的轧环机径向轧制力为 250~5000kN，轴向轧制力为 200~3150kN，外径范围为 170~7000mm。日本三菱机器制造公司生产的 MR 系列轧环机与德国这两家公司生产的轧环机尺寸范围及机器类型一样。德国的 MWM 公司提供生产轴承环的轧环机。美国的格鲁特尼（GMF）和特福模两家公司提供专门生产航空工业用的薄壁异型环件的轧环机，他们生产的 DFR 系列立式轧环机，径向力可达 907. 2kN，轧辊开口度可达 1830mm，环件高度达 1040mm，外径在 200~2000mm 范围内的椭圆度可达到±0. 75mm。表 3-6 为瓦格纳公司 RAW 系列径向-轴向轧环机技术参数，表 3-7 是班宁公司轧环机技术参数。

表 3-6　瓦格纳公司 RAW 系列径向-轴向轧环机技术参数

坯料规格		25/20	32/25	50/40	80/63	125/100	160/125	200/125	315/200	500/315
环件尺寸/mm	外径	800	1000	1400	2000	3000	4000	5000	6000	7000
	高度	30~170	30~220	40~350	40~460	50~580	50~650	50~740	60~870	100~1160
环重/kg		160	250	630	1250	3150	4000	6300	10000	12500
轧制力/kN	径向	250	320	500	800	1250	1600	2000	3150	5000
	轴向	200	250	400	630	1000	1250	2500	2000	3150
驱动功率/kW	径向	50	75	110	160	250	320	400	630	1000
	轴向	2×38	2×55	2×75	2×110	2×150	480	480	630	800
轧制速度/m · s^{-1}		0. 4~1. 6	0. 4~1. 6	0. 4~1. 6	0. 4~1. 6	0. 4~1. 6	0. 4~1. 6	0. 4~1. 6	0. 4~1. 6	0. 4~1. 6
平面尺寸/mm	长度	9000	10000	11000	13000	15000	17000	20000	24000	26000
	宽度	2500	2700	3000	3500	4300	4500	4800	5500	6500

表 3-7　德国班宁公司轧环机技术参数

坯料规格	H25 V20	H40 V32	H63 V50	H80 V63	H100 V80	H125 V100	H160 V125	H200 V160	H250 V200	H315 V250
径向轧制力/kN	250	400	630	800	1000	1250	1600	2000	2500	3150
轴向轧制力/kN	200	320	500	630	800	1000	1250	1600	2000	2500

续表 3-7

坯料规格	H25 V20	H40 V32	H63 V50	H80 V63	H100 V80	H125 V100	H160 V125	H200 V160	H250 V200	H315 V250
径向驱动功率/kW	75	110	160	200	250	315	400	500	630	800
轴向驱动功率/kW	75	110	160	200	250	315	400	500	630	800
轧制速度/$m \cdot s^{-1}$	0.4~1.6									
最小坯料外径/mm	150	180	210	240	270	300	330	360	390	420
坯料内径/mm	90	110	130	150	170	190	210	230	250	270
最大坯料高度/mm	250	350	450	500	550	600	650	700	750	800
锥辊最大间距/mm	260	360	460	510	560	620	670	720	770	820
环最小高度/mm	30	40	40	40	40	50	50	50	60	60
环外径/mm	170~800	200~1200	230~1600	260~2000	290~2500	320~3000	350~3500	380~4000	410~5000	440~6000

3.3　环件轧制过程的力能计算

环件种类较多，在这里只介绍矩形截面环件轧制的力能参数计算。

3.3.1　环件轧制力的计算

环件轧制仍属纵轧的范畴，但又具有特殊性，可以认为环件轧制是一种特殊纵轧，因此环件轧制力的计算也是基于一般的纵轧理论，考虑了环件轧制的特点。

轧制力是指环件对轧辊作用力的合力，只有在简单轧制下此合力的方向才是垂直的，普通轧制中压下螺丝下测得的力是轧制力的垂直分量。

一般通称的轧制力是指环件和轧辊接触区内轧制单位压力与单位摩擦力的垂直分量之和，但是单位摩擦力和轧制力相比其值很小，在工程计算中常忽略不计，且以平均值的形式表示：

$$P = P_c F \tag{3-1}$$

式中　P——轧制力；

P_c——平均单位压力；

F——环件和轧辊的接触面积，即接触表面积在垂直于 P 力方向的水平投影。

3.3.1.1　接触面积的计算

在接触面积的计算中应该考虑环件轧制特点。环件径向轧制的特点是两个轧辊直径的不同，即传动的驱动辊直径大于从动的芯辊直径。

在轧辊为圆柱形情况下，环件和轧辊的接触面积可用下式表达：

$$F = BL \tag{3-2}$$

式中　B——环件宽度，即环件的轴向高度；

L——环件和轧辊的接触弧长，即接触弧在垂直于 P 力方向的投影长度。

3.3.1.2 环件轧制时平均单位压力 P_c 的确定

影响平均单位压力 P_c 的因素很多，除金属材料固有的性能（化学成分，组织状态）外，还有热力条件的影响因素，即变形温度、变形速度和变形程度（或加工硬化）。

影响金属应力状态的因素有轧辊尺寸、环件尺寸、接触摩擦、外区及张力等。

根据以上这些因素，确定平均单位压力的公式可表达为：

$$P_c = n_\sigma n_b \sigma_s \tag{3-3}$$

式中 σ_s——考虑热力学条件影响的单向应力状态下的瞬时屈服强度，即金属的变形抗力；

n_b——考虑环件宽度影响的系数；

n_σ——考虑中间主应力、外摩擦、外区、外力影响的应力状态系数。

（1）应力状态系数 n_σ 的确定：

$$n_\sigma = \beta n_{\sigma1} n_{\sigma2} n_{\sigma3} \tag{3-4}$$

式中，β 为考虑中间主应力影响的应力状态系数，取值范围为 1~1.15，对环件轧制来说，忽略宽展，可看作平面变形，β=1.15；$n_{\sigma1}$ 为考虑外摩擦影响的应力状态系数，环件轧制的特点是小压下量多道次轧制，环件与轧辊接触弧长 L 与环件的平均厚度 h_c 之比小于 1，环件与轧辊的外摩擦对 P_c 影响很小，故可忽略不计 $n_{\sigma1}$；$n_{\sigma2}$ 为考虑外区影响的应力状态系数，它是考虑环件的入口断面和出口断面上纵向应力分布不均对变形抗力的影响，常用 A. И. 采利可夫经验公式来确定：

$$n_{\sigma2} = \left(\frac{L}{h_c}\right)^{-0.4} \tag{3-5}$$

由试验可得在 $0.05 < \frac{L}{h_c} < 1$ 范围内该式足够精确。$n_{\sigma3}$ 为考虑外力影响的应力状态系数。环件轧制时没有纵向张力，尽管由于压下使环坯延伸，致使与变形区相对的环坯另一边形成应力状态，呈现塑性弯曲，反过来又对变形区的两端产生挤推力，但这种情况只有在 $L/h_c \gg 1$ 时才会出现，因此可以不考虑 $n_{\sigma3}$ 的影响。

（2）环件宽度影响系数 n_b 的确定：

$$n_b = \frac{1 + \frac{3b_c - L_0}{3b_c} \frac{\mu L}{2h_c}}{1 + \frac{\mu L}{2h_c}} \tag{3-6}$$

$$L_0 = L(1 - A - 4A^2 + 4A^3)$$

$$A = \alpha / 4\mu$$

式中 b_c，h_c——分别为轧件的平均宽度、厚度；

α——咬入角；

μ——摩擦系数。

平均单位压力的确定是比较复杂的问题，影响的因素太多，在使用一些经验公式时，对具体不同的轧机条件，轧制工艺、环件自身条件，应对一些参数进行修正来满足自己的要求。

3.3.2 轧环机传动轧辊所需力矩的计算

根据环件轧制工艺和轧环机结构的不同，传动轧辊所需总力矩的计算方法也应有所差异，但只要掌握了基本原理，就可以解决不同的问题。

轧制时作用在电动机轴上的总力矩 M_z 是由轧制力矩、附加摩擦力矩、空转力矩和动力矩组成，即

$$M_z = \frac{M}{i} + M_f + M_k + M_d \tag{3-7}$$

式中 M——轧制力矩；

M_f——传至电动机轴上的摩擦力矩；

M_k——空转力矩；

M_d——动力矩，轧辊运转速度不均匀时，各部件由于有加速或减速所引起的惯性力所产生的力矩；

i——电动机到轧辊的速比。

这四部分中，$\frac{M}{i} + M_f + M_k$ 成为静力矩，M 是有效力矩，$M_f + M_k$ 是无效力矩，推算到电动机轴上的轧制力矩之比值称轧机的传动效率 η_0。

$$\eta_0 = \frac{M/i}{M/i + M_f + M_k} \tag{3-8}$$

3.3.2.1 轧制力矩的计算

轧制力矩可以根据环件对轧辊的压力、能耗、摩擦力等来计算。

A 径向轧制力矩计算

轧制力矩计算方法有多种，下面介绍两种。

(1) 采利柯夫计算方法。大多数环件轧机的结构特点是驱动辊直径大，芯辊直径小；驱动辊为传动辊，芯辊为从动辊。根据一般轧制理论，环件对驱动辊和芯辊的压力 P 大小相等，方向相反，作用在一条直线上。由于芯辊从动，从动辊轧制力矩应等于零，考虑到芯辊辊颈外摩擦的影响，所以 P 力的方向是通过芯辊与接触弧上的合力作用点 B 且切于芯辊辊颈摩擦圆的出口侧的直线方向，如图 3-10 所示。

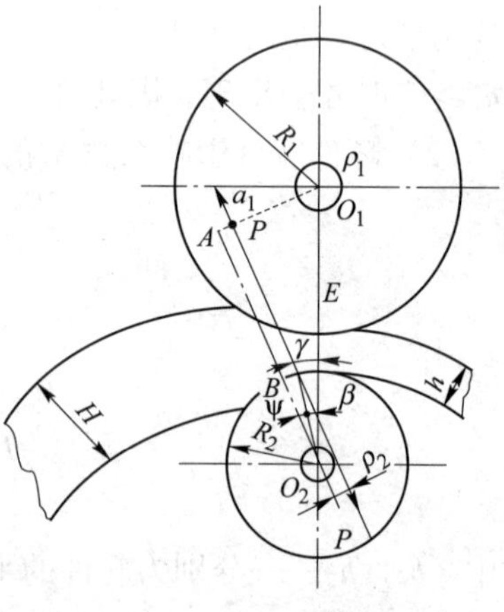

图 3-10 环件轧制过程中轧制力作用点与作用方向示意图

由图 3-10 可知，驱动辊的轧制力矩可表示为

$$M = Pa_1 + P\rho_1 = P(a_1 + \rho_1) \tag{3-9}$$

$$a_1 = AO_1 - \rho_2$$

式中 a_1——P 力对驱动辊中心的力臂；

ρ_1——驱动辊辊颈的摩擦圆半径；

AO_1——自 O_1 点向通过芯辊中心 O_2 与力 P 方向平行的直线的垂线；

ρ_2——芯辊辊径摩擦圆半径。

在$\triangle O_1AO_2$中

$$AO_1=(R_1+R_2+h)\sin\gamma$$

式中 R_1——驱动辊半径；

R_2——芯辊半径；

h——某道次后的环件径向厚度；

γ——P力方向线与两轧辊中心连线间夹角，$\gamma=\beta+\psi$。

所以有

$$a_1=(R_1+R_2+h)\sin(\beta+\psi)-\rho_2$$

则：

$$M=P[(R_1+R_2+h)\sin(\beta_1+\psi_1)-\rho_2+\rho_1] \quad (3\text{-}10)$$

式中 β——两个轧辊中心连线与环件对芯辊的合力作用点半径间的夹角；

ψ——力P的作用方向与环件对芯辊的合力作用点半径间的夹角。

（2）简化法。对驱动辊传动，芯辊从动的轧环机，考虑轧辊辊颈摩擦，环件作用于芯辊上的合力作用线必切于芯辊辊径的摩擦圆，如图3-11所示，传动驱动辊所需的力矩M可由式（3-9）求出。

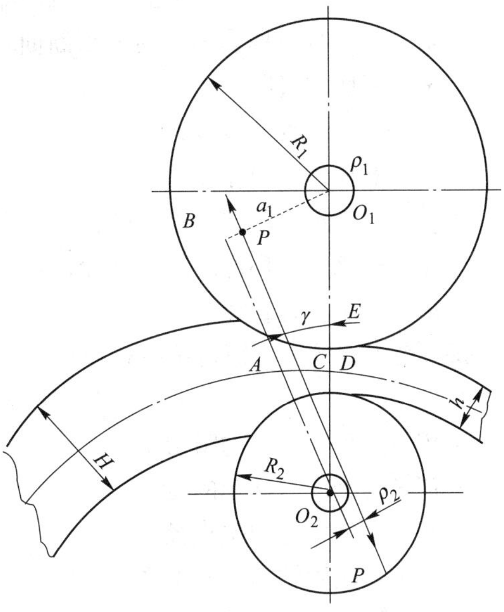

图3-11 环件轧制过程中轧制力与力臂的简化分析

虽然此公式的出发点和采利柯夫公式相同，但在此公式的进一步推导中作了一些假定和简化。

一般热轧方坯时力臂系数取0.5，即考虑合压力通过接触弧中点同时也通过变形区中心，即通过C点，$CD=0.5L$，另外由于实际上γ很小，则假定$\tan\gamma=\sin\gamma$。

在$\triangle O_1BO_2$中：

$$\sin\gamma=\frac{a_1+\rho_2}{R_1+R_2+h}$$

在$\triangle O_2AD$中

$$\tan\gamma=\frac{0.5L+\rho_2/\cos\gamma}{R_2+0.5h}$$

因为γ很小，即$\cos\gamma\approx1$，所以

$$\tan\gamma=\frac{0.5L+\rho_2}{R_2+0.5h}$$

则

$$\frac{a_1+\rho_2}{R_1+R_2+h}=\frac{0.5L+\rho_2}{R_2+0.5h}=\frac{L+2\rho_2}{2R_2+h}$$

$$a_1=\frac{R_1+R_2+h}{2R_2+h}(L+2\rho_2)-\rho_2$$

故

$$M = P\left[\frac{R_1 + R_2 + h}{2R_2 + h}(L + 2\rho_2) - (\rho_2 - \rho_1)\right] \tag{3-11}$$

B 轴向轧制力矩的计算

对径-轴向轧环机，轴向轧制力矩在总力矩中也是重要的一部分。轴向轧制为便于计算，将锥辊视为圆柱辊，则轴向轧制便类似于一般纵轧理论，可参照纵轧理论来求出。

C 矫正力矩 M_w的计算和抱辊阻力矩 M'的计算

轧制过程中，环件并不是正确的圆形，需要通过抱辊装置对环件的塑性弯曲进行矫正。

因此便有了矫正力矩 M_w和抱辊阻力矩 M'。为便于分类，把它们一并放在轧制力矩这一部分。矫正力矩 M_w的表达式为：

$$M_w = \frac{8M_0R_1}{D_{max} + D_{min}}\left[\left(\frac{D_{max} - h}{D_{min} - h}\right)^2 - \left(\frac{D_{min} - h}{D_{max} - h}\right)^2\right] \tag{3-12}$$

式中 M_0——塑性弯曲力矩，对矩形断面环件 $M_0 = 0.25\sigma_s bh$；

σ_s——屈服极限；

b——环件轴向宽度；

h——环件径向厚度；

D_{max}——该道次环件的最大外径；

D_{min}——该道次环件的最小外径；

R_1——驱动辊直径。

每一个抱辊的阻力矩可按下式计算：

$$M' = P'\mu d'/2 \tag{3-13}$$

式中 M'——每个抱辊的阻力矩；

P'——金属对抱辊的压力；

d'——抱辊的轴颈直径；

μ——抱辊轴承的摩擦系数。

总的抱辊阻力矩可根据抱辊的数量而定。

3.3.2.2 附加摩擦力矩 M_f计算

附加摩擦力矩 M_f是指当环件通过轧辊时，在辊颈处与轧机传动机构中所产生的摩擦力矩，它不包括空转摩擦力矩，即轧机无载荷时传动轧辊所需之力矩，所以附加摩擦力矩 M_f可由下式表达：

$$M_f = \frac{M_{f1}}{i} + M_{f2} \tag{3-14}$$

式中 M_{f1}——轧辊辊颈处的摩擦力矩；

M_{f2}——轧机传动机构中的摩擦力矩。

A 轧辊辊颈处的摩擦力矩 M_{f1}

M_{f1}的计算和轧制力矩 M 计算关系密切，前面两个轧制力矩计算公式已经将其考虑进去了。

B 轧机传动机构中的摩擦力矩 M_{f2}

M_{f2}可根据传动机构的传动效率确定

$$M_{f2} = \left(\frac{1}{\eta} - 1\right)\frac{M + M_{f1}}{i} \tag{3-15}$$

式中 i——由电动机至轧辊的传动比；

η——传动机构的传动效率。

前面的 η_0是整个轧机的传动效率，如果知道某轧机的 η_0，则可参考近似计算 η。对新设计的轧机要根据轧机的传动形式，按每种部件（如齿轮箱、传动轴）的效率 η_1、η_2、…、η_n连乘确定，或者单独计算（要考虑该部件至电动机轴的传动比）后相加，传动机构的效率可表示为：

$$\eta = \frac{M + M_{f1}}{i} \Big/ \left(\frac{M + M_{f2}}{i} + M_{f2}\right) \tag{3-16}$$

3.3.2.3 空转力矩 M_k计算

空转力矩 M_k是指轧机无载荷时传动轧机所需的力矩，也是按传动机构的重量和轴承中的摩擦圆半径进行计算。

$$M_k = \sum M_n = \sum \frac{G_n \mu_n d_n}{2 i_n} + M'_k \tag{3-17}$$

式中 G_n——某一转动件的质量；

μ_n——某一转动件在轴承中摩擦系数；

d_n——某一转动件的轴颈直径；

i_n——某一转动件与电机间的传动比；

M'_k——考虑飞轮时的飞轮与空气的摩擦损失。

当有飞轮时，飞轮与空气的摩擦损失，可用下列经验公式计算

$$M'_k = \frac{60N}{2\pi n}$$

$$N = 0.74 v^{2.5} D^2 (1 + 5b) \times 10^{-5}$$

式中 v——飞轮轮缘的圆周速度，m/s；

D——飞轮外径，m；

b——飞轮轮缘宽度，m；

n——飞轮的转速，r/min。

对于某一已掌握空转力矩在总力矩中比例的轧机，可按经验确定其大小。

3.3.2.4 动力矩的计算

动力矩 M_d按下式计算：

$$M_d = J\frac{d\omega}{dt} = \frac{GD^2}{4}\frac{d\omega}{dt} \tag{3-18}$$

式中 GD^2——各转动件推算到电动机轴上的飞轮力矩；

$\frac{d\omega}{dt}$——电动机的角加速度，由电动机类型和操作状况确定。

当轧制总力矩得出后，便可按照板带轧制选择电动机功率的方法来计算电动机功率。

以上是简单的、带有普遍意义的力能参数计算方法。在实际计算过程当中，研究人员用滑移线法、上限元法、有限元法等工程法对不同种类的环件轧制进行了分析及计算。

3.4 轧环机的工作原理

轧环机的主要结构包括机座、主滑块、主轧辊及抱辊装置、轴向轧辊装置和主传动等几部分，依靠轧辊的旋转与压下对轧件进行轧制。图 3-12 为我国某机器厂使用的一台径向-轴向轧环机，其工作原理如下：

机座 1 通过地脚螺栓固定在基础上，主轧辊 3 装在与机座相连接的上机座过桥 2 中，主轧辊由两台交流调速电动机 4 经过减速机 5 驱动，减速机通过地脚螺栓固定在基础上，主轧辊通过联轴器 6 连接减速机。径向轧制便可在主轧辊和芯辊之间进行。

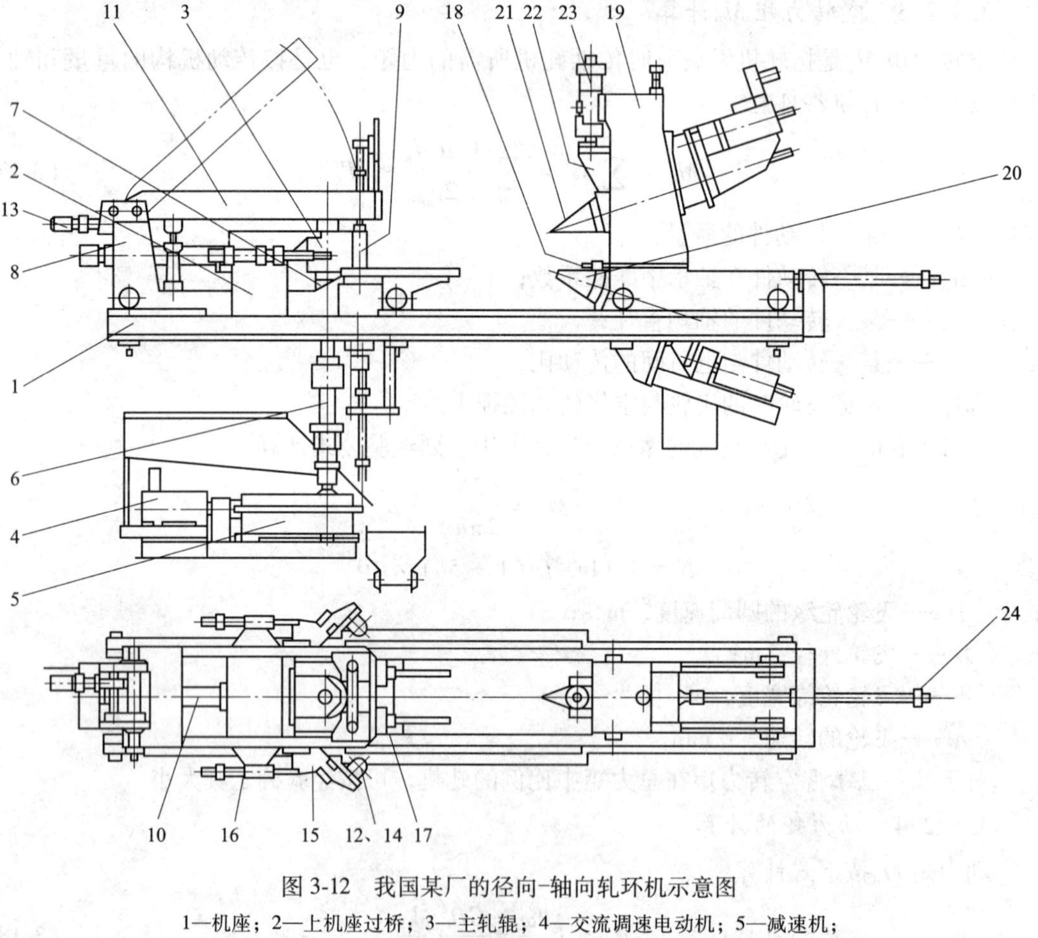

图 3-12 我国某厂的径向-轴向轧环机示意图

1—机座；2—上机座过桥；3—主轧辊；4—交流调速电动机；5—减速机；6—联轴器；7—轧辊箱；8—芯轴滑座；9—芯轴；10—径向压下油缸；11—支架臂；12—定心头；13—芯轴摆动装置；14—定心辊；15—定心臂；16—定心液压缸；17—轧制工作台；18—测量装置；19—轴向立柱；20—下锥辊；21—上锥辊；22—轴向滑座；23—轴向液压缸；24—液压缸

为了快速更换轧辊，两端支撑的主轧辊装在一个可更换的轧辊箱 7 中。芯辊装在一个箱体中，这个箱体所在的主滑块又叫芯辊滑座，主滑块可在机座导轨的水平滚轮上运动，机座导轨两侧还布置有垂直滚轮来限位。该主滑块装有 4 个带青铜滑块的导向座，可沿垂直轴线调整到要求的间隙。芯辊用液压控制升降，调节高度。芯辊支架装在主滑块上，在轧制过程中，用于支撑芯辊。轧机在上料下料时，支架臂 11 与装在其前端的芯辊上部支撑装置和芯辊上部支撑液压调节装置一起向上摆动，芯辊上部与支架脱开。

定心装置在轧制时，既要使环件处于定心位置，又要控制环件的椭圆度。它由定心臂 15、装在定心臂上的可更换的定心头 12 及套在定心头上的定心辊 14 组成，定心辊的定位由各自的定心液压缸 16 来控制。

轴向立柱 19 用于安装两个锥形轧辊，下锥辊 20 装在立柱中，上锥辊 21 装在轴向滑座 22 中。轴向滑座可在轴向立柱中垂直移动，这样上锥辊可以通过压下来完成轴向轧制。轴向液压缸 23 平衡轧制力并完成压下动作。两个锥辊分别由一台直流变速电机和圆柱齿轮减速机驱动。轴向立柱像主滑块一样在机座导轨的水平滑轮上和垂直滑轮之间运动。在轴向立柱上装有 4 个带青铜滑块的导向座，可沿垂直轴线调整到要求的间隙。轴向立柱在机座导轨上的运动由液压缸 24 来控制，并通过测量辊给出的信号，随着轧制过程中变大的环径而相应移动。

3.5 卧式轧环机的主要结构

3.5.1 卧式轧环机的结构方案

卧式轧环机的常见结构方案有 5 种，如图 3-13 所示。卧式轧环机 5 种结构方案的结构特点和用途列于表 3-8。

表 3-8 卧式轧环机结构方案的特点及用途

方案	结构特点				优缺点				用途
	轧辊支撑		A	B	环件直径	轧机总刚度	轧辊受力情况	结构复杂程度	
	主轧辊	芯辊							
a	悬臂	悬臂		芯辊外侧	不受限制	最低	最差	最简单	生产宽度小、变形抗力小、尺寸精度低的环件
b	悬臂	非悬臂	芯辊外侧	芯辊外侧	受限制	较低	较差	较简单	生产轴承套圈之类的环件
c	悬臂	非悬臂	主轧辊外侧	主轧辊外侧	不受限制	较低	较差	稍复杂	生产轴承套圈之类的环件
d	非悬臂	非悬臂	芯辊外侧	芯辊外侧	受限制	较低	好	稍复杂	生产一般合金钢宽度较小的环件
e	非悬臂	非悬臂			不受限制	较高	好	复杂	生产各种合金钢中等宽度的断面尺寸精度高的环件

注：A—芯辊支撑臂安放位置；B—加压缸安放位置。

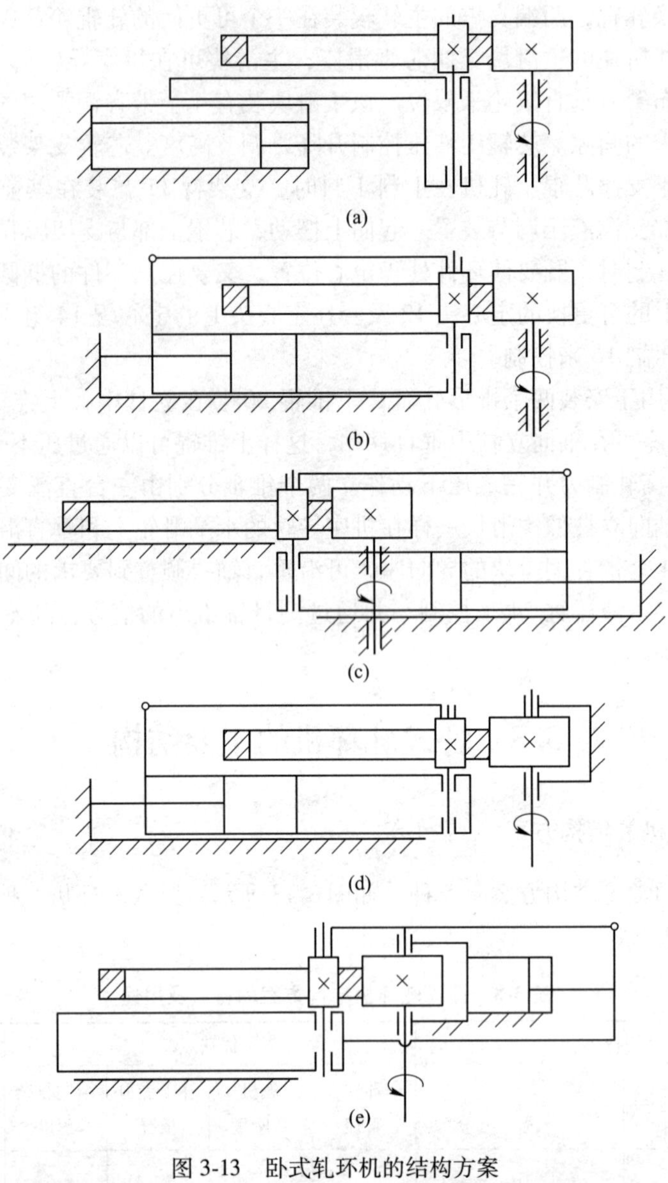

图 3-13 卧式轧环机的结构方案

（a）两辊均为悬臂；（b）主动辊悬臂，被动辊支撑，其支座在被动辊外侧；
（c）同（b），但被动辊支座在主动辊外侧；（d）两辊支撑，支座在被动辊外侧；
（e）两辊支撑，支座在主动辊外侧，加压缸在两支座之间

对照图 3-13 和表 3-8 可以看出，图 3-13（a）所示的结构最简单，悬臂的两个轧辊受力情况最不好，底座在轧制时产生弯曲变形，因而轧机的总刚度最低。所以这种轧环机只能生产断面尺寸精度要求不高、变形抗力小且宽度小的环件。

图 3-13（b）、（c）、（d）属于中间状态。

图 3-13（e）所示的结构复杂，效果较好。它的主要优点是加压缸放在总轧制力作用线附近，上下各部件所承受的载荷和由此而产生的变形比较均匀。因此这种轧环机轧制出的环件厚度和圆柱度的精度均较高，其次是底座不承受轧制载荷。但是如果用于生产变形

抗力大且宽度大而厚度小的环件，可能会存在以下问题：在轧制时，由于应力回线较长，而且是空间的，因此受力的部件变形较大，有的零件在水平面内和垂直面内都产生弯曲变形，这就降低了轧环机的总刚度。这不仅不利于轧制宽而薄的和变形抗力大的环件，而且也增加了加压缸的能耗。如果加大受力部件的截面尺寸，可以提高刚度，但这样会增加相应部件的质量，使设备变得大而笨重。

3.5.2 卧式轧环机的主要构成

3.5.2.1 机座

机座是卧式轧环机的主要部件，通常采用铸钢件，其结构类似两条连在一起的滑轨。通常，由于机座要承受较大的纵向拉力，所以应具有较高的强度和刚度。

3.5.2.2 主滑块

主滑块的结构如图3-14所示。主滑块6用钢板焊接而成，要求有较大的刚度，既可支撑芯辊1，又可承载主油缸4和芯辊支架2。主油缸的柱塞7固定在主轧辊3的辊座上。上料后，将支架端部放下，与芯辊的上部锥面紧密配合，并通过锁紧装置使芯辊支架与芯辊不脱开。

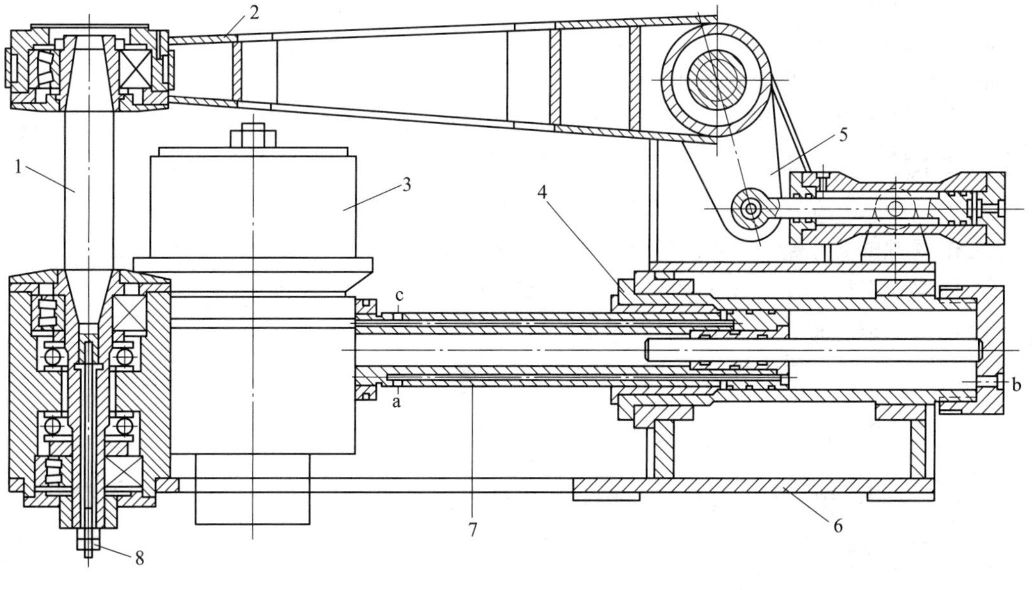

图3-14 主滑块结构

1—芯辊；2—芯辊支架；3—主轧辊；4—主油缸；
5—锁紧装置；6—主滑块；7—柱塞；8—螺母

当轧环机正常工作时，油泵打出的液压油，从柱塞上的a口进入主油缸；同时经b口由充液箱通过充液阀向主油缸内大量充油，使主滑块空程快速前进。当芯辊接触到环件后，系统的油压逐渐升高，充液箱的油流停止进入主油缸。此时，主滑块带动芯辊开始对环件加力，轧制也开始进行。

芯辊上下端部均设有滚动轴承支撑，可随同环件一起旋转。将下部的螺母8旋下便可更换芯辊。

3.5.2.3 定心装置

定心装置又叫抱辊装置，由一对可以随动的抱辊组成。为了满足轧制时对环件的正确导向与尽可能减小环件椭圆度的要求，对定心装置在运动速度、定心力和减小椭圆度方面提出如下要求：

(1) 开始轧制时，定心辊要能较快地接近环件，当离环件较近时，能以慢速与环件接触。

(2) 轧制过程中，定心辊能以设定的定心力与环件接触，以消除环件左右晃动，起到良好的导向作用。随着环件直径增大，定心辊能缓慢地向外退让，其速度是可调的。如果在轧制过程中，环件出现剧烈晃动而超过设定的定心力，或者生产人员对定心辊的运动速度及定心辊设定的定心力控制不当时，定心辊还能自动退让，以保护机械设备不致受损。

(3) 轧制接近终了时，定心辊的速度和定心力均可按生产人员的意图进行微调，以便获得尽可能圆的环件。定心辊的运动轨迹应当有利于得到椭圆度小的环件。

(4) 轧制终了后，定心辊能以较高的速度张开，以便迅速卸下轧好的环件。

定心装置通过数控系统控制，可自动调整定心辊的位置以及施加定心力的大小。

定心装置有多种方案和措施，动作原理除能满足上述要求外，定心辊还要有一个最佳位置，如图3-15所示，即在轧制过程中，定心辊和主轧辊与环件外圆相接触的3个点，应恰好形成一个理想的几何圆，且圆心正好位于两定心辊的中心线上。从图中可以看到，定心辊中心的运动轨迹与轧环机中心线的夹角为45°，且定心辊的行程在轧环机中心线上的投影长度为：

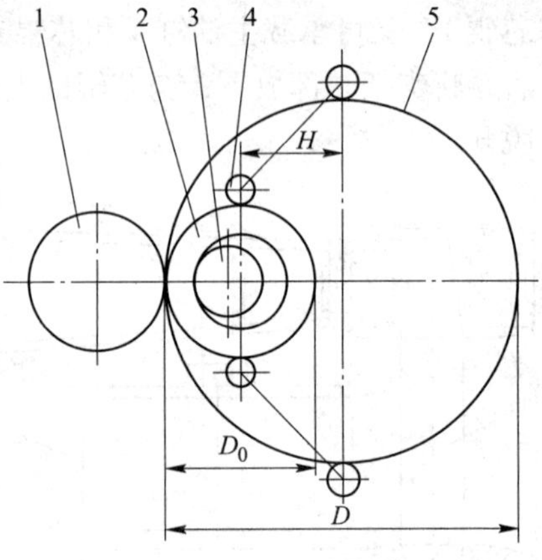

图3-15 定心辊的最佳位置
1—主轧辊；2—坯料；3—芯辊；4—定心辊；5—成品轧件

$$H = (D - D_0)/2$$

式中 H——定心辊的行程在轧环机中心线上的投影长度；

D——成品环件外径；

D_0——环件毛坯外径。

3.5.2.4 轧辊

轧环机的轧辊包括主轧辊、芯辊、导向辊及测量辊等。辊的作用不同，所以使用的材料和结构形式亦不同。

A 主轧辊

主轧辊的结构形式如图3-16所示，其中a是基本型，b、c、d三种是改进型。常用的结构尺寸见表3-9。

常用的轧辊材料为5CrMnMo或5CrNiMo（也可以用GCr15SiMn），硬度为HRC45~50。

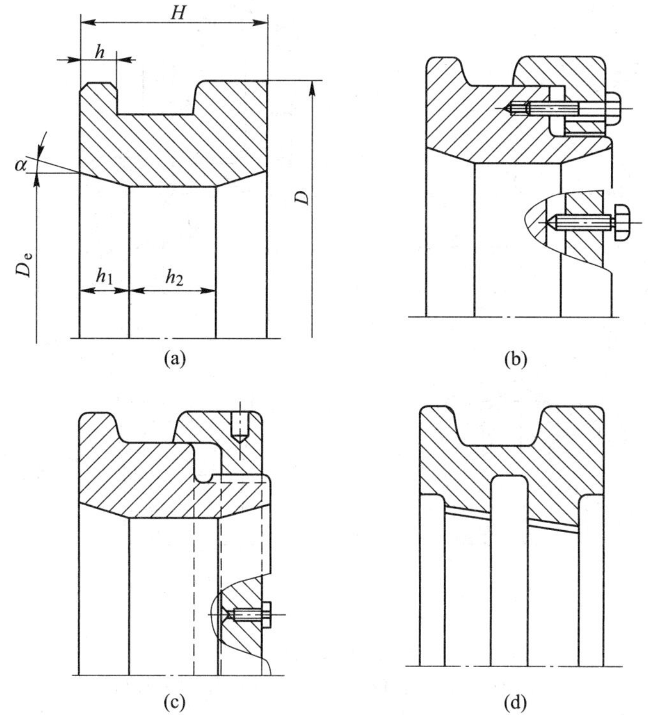

图 3-16 主轧辊的结构形式

（a）基本型；（b）~（d）改进型

表 3-9 轧环机主轧辊的常用结构尺寸 （mm）

轧环机规格	D	D_e	H	h	α	h_1	h_2
160	360	280	85	≥12	15°		
250	450/420	320	100	≥16	15°	26	48
350	690	500	180	25+0.5	15°±5°	55	70

B 芯辊

芯辊处于环件内，冷却条件很差，所以要求芯辊材料有较好的耐热疲劳性。常用的材料有 3Cr2W8V（也可以用 5CrMnMo、5CrNiMo），硬度为 HRC43～48。芯辊的结构形式和尺寸见图 3-17 和表 3-10。

表 3-10 轧环机芯辊的主要结构尺寸 （mm）

轧环机规格	D	H	β
160	70/55	125/80	8°/10°
250	75/60	145/90	8°
350	130	355	8°

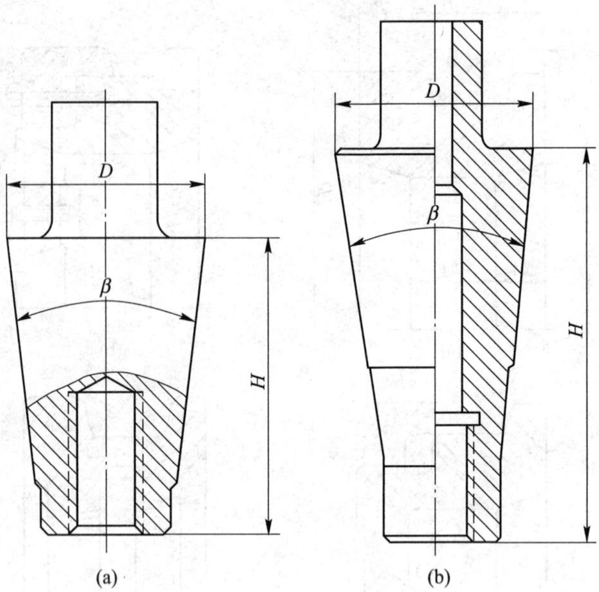

图 3-17 芯辊的结构形式

（a）160 或 250 轧环机用；（b）250 或 350 轧环机用

C 导向辊和测量辊

导向辊和测量辊的结构形式如图 3-18 所示，常用的材料为 GCr15 或 5CrMnMo 等，热处理硬度为 HRC45～50。

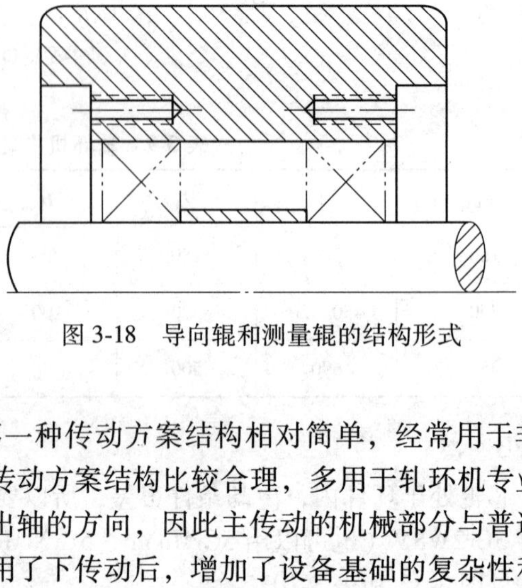

图 3-18 导向辊和测量辊的结构形式

3.5.2.5 主传动

通常，卧式轧环采用水平传动，因此必须将传动方向变换为垂直方向。采用下传动的结构较为复杂，增加了设备和基础的造价。

图 3-19 是两种常用传动方案示意图。第一种传动方案结构相对简单，经常用于非专业生产厂家小批量生产的自制设备。第二种传动方案结构比较合理，多用于轧环机专业制造厂批量生产的设备。由于下传动改变了输出轴的方向，因此主传动的机械部分与普通圆柱齿轮减速器相比，要复杂一些。特别是采用了下传动后，增加了设备基础的复杂性和工程量，从而增加了设备的总投资。

3.5.2.6 轧环机控制系统

图 3-20 是 D51-160A 型轧环机的控制系统，该系统采用喷射式喷嘴结构的背压发生装置，结构简单，灵敏可靠，使用寿命长。

新型的轧环机则采用 CNC 和电液比例技术实现辗轧过程自动化，包括对加工余量重新分配的控制系统，从而可以精确地控制工件的外径、内径或中径尺寸，能够更好地适应坯料质量的变动，轧制精度可达外径公差±3mm，高度公差±2mm。

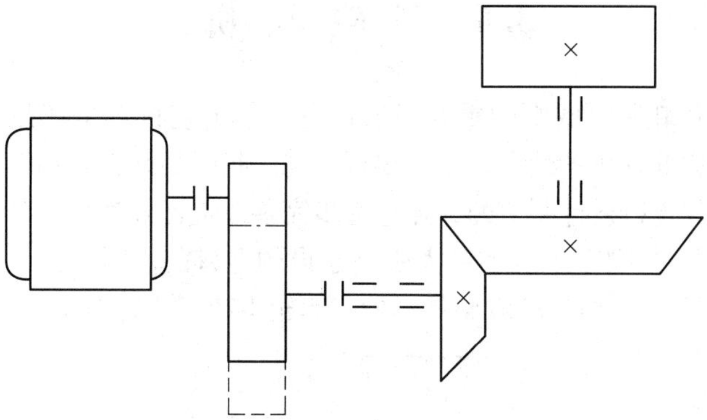

(a)

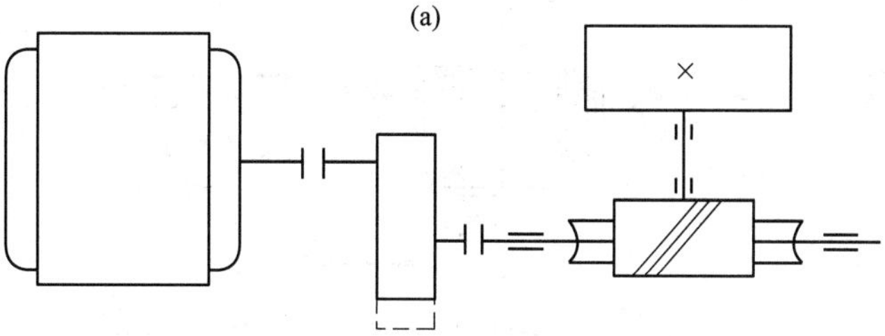

(b)

图 3-19　卧式轧环机的下传动方案示意图

（a）圆柱齿轮减速器和大圆锥齿轮传动；（b）蜗轮蜗杆传动

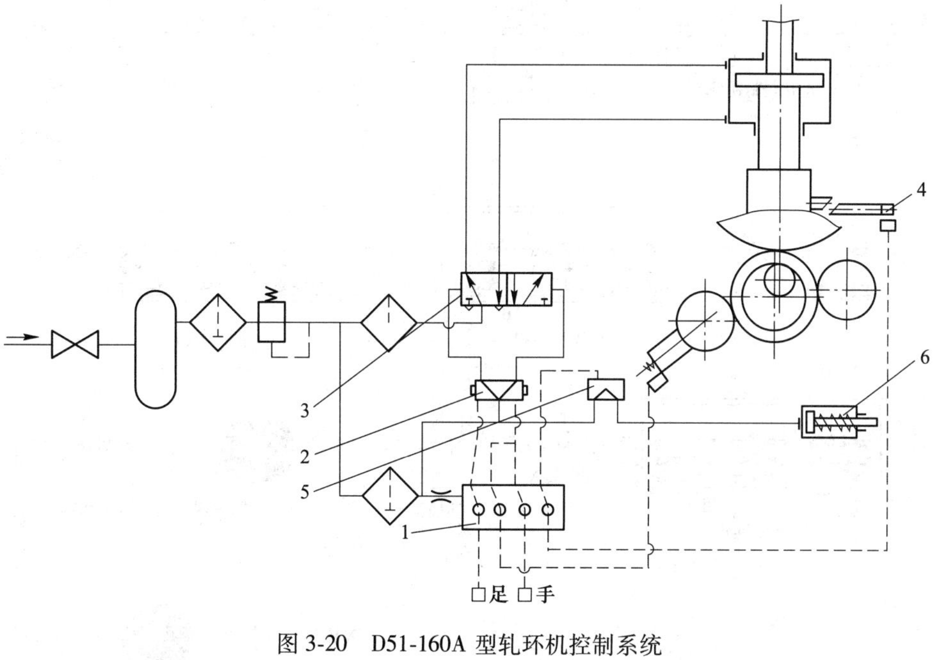

图 3-20　D51-160A 型轧环机控制系统

1—信号发生器；2，5—气动放大器；3—二位四通阀；
4—单向脉冲发生器；6—卸料缸

3.6 车轮轧机

车轮轧制是盘环件轧制领域中的重要组成部分，其工艺特点是产品批量大，质量要求高，工艺流程复杂，因此轧机的装备水平也要求较高。我国某钢铁公司车轮厂的主要设备是我国于20世纪60年代自行设计制造的，经过逐步完善改造已经达到了较高的生产水平。某重机厂的车轮生产线是在1997年从加拿大引进建设的。目前，国内已经能够生产高速铁路机车所需要的最大直径和单重的1250整体车轮。车轮生产工艺流程如图3-21所示。

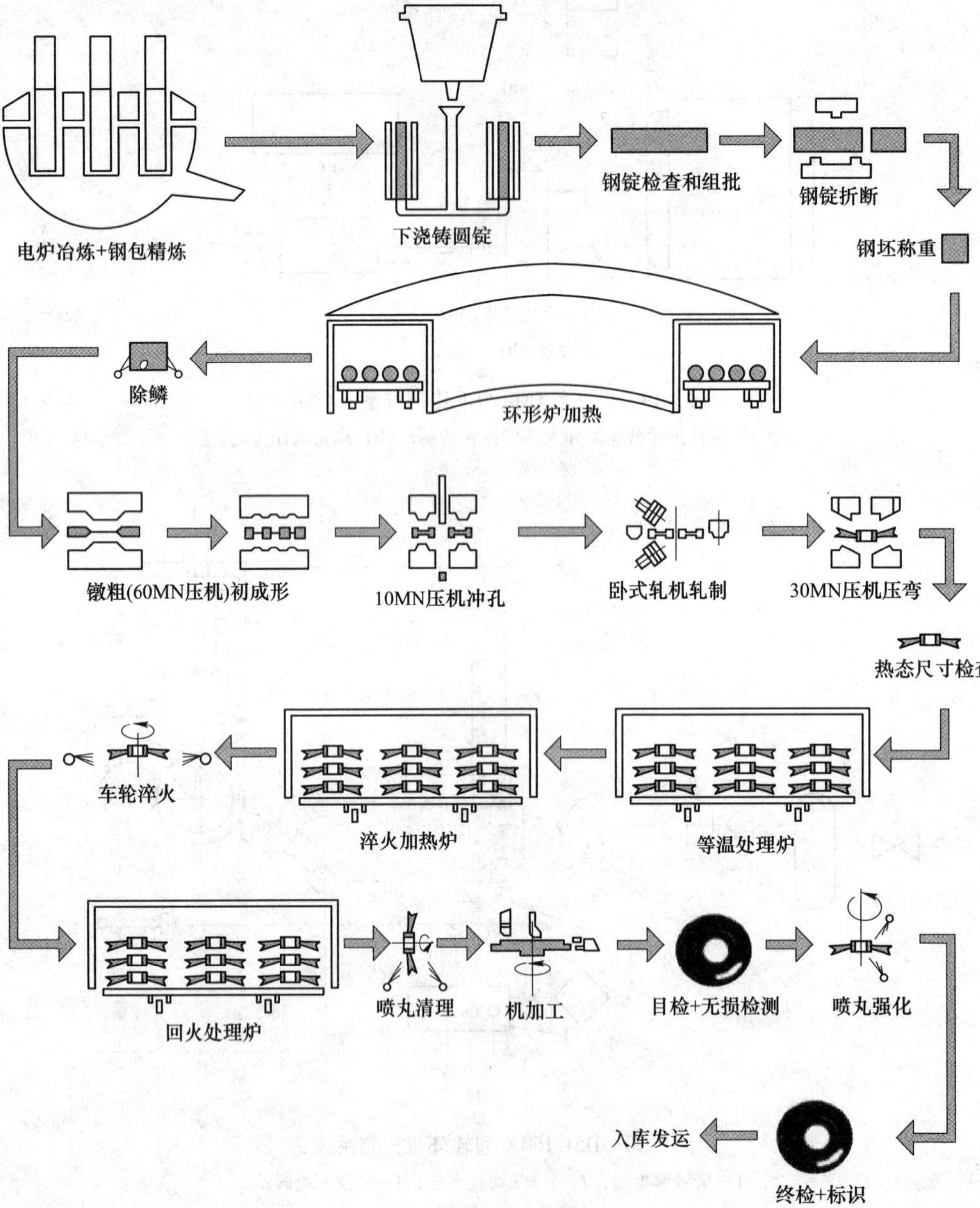

图3-21 车轮生产工艺流程图

3.6.1 车轮轧机的工作原理

用车轮轧机轧制车轮，是把轮坯放置在轧机各个部位上的各种不同断面的轧辊间进行连续轧制，见图 3-22 和图 3-23。车轮在轧制过程中，各个轧辊在轮坯各部分轧制时间不一样车轮轮辋及紧靠轮辋的辐板部分是车轮最主要的部分，轧制加工也集中在这些地方。轧制结束后，车轮应达到符合要求的形状和必需的强度。

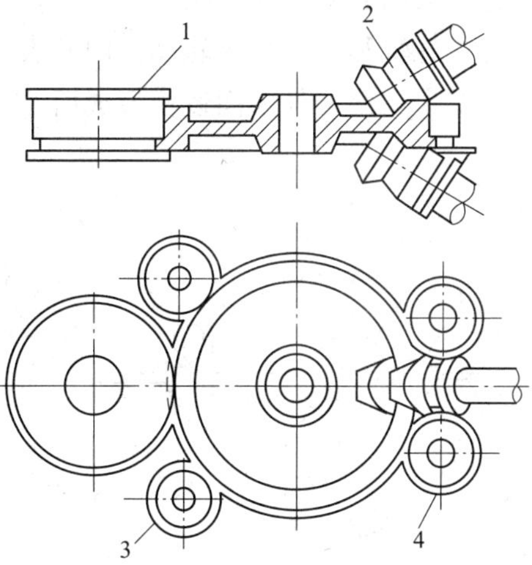

图 3-22 水平放置轮坯时轧辊的配置
1—主轧辊；2—斜辊；3—导辊；4—压紧辊

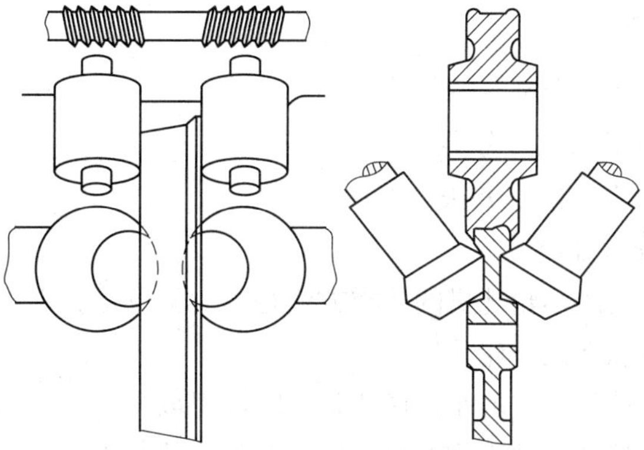

图 3-23 垂直放置轮坯的轧辊配置

车轮轧机是一种专用设备，结构复杂，上面所装的轧辊、导辊、压紧辊，以不同的角度配置在不同的平面上，根据不同的要求分别运动。轮坯在轧机上与各辊之间的关系也不同，图 3-22 是水平放置轮坯的轧机，图 3-23 是垂直放置轮坯的轧机。这两种轧机都配置有两个斜辊，和轮坯中心线倾斜一个角度，这两个斜辊用来轧制轮坯的内表面。在水平放置轮坯的轧机上，轮辋的宽度可由复杂断面的斜辊来确定。在垂直放置轮坯的轧机上，轮辋的宽度可由圆柱或圆锥辊来确定。这两种轧机都有一个主轧辊用以轧制轮面和轮缘。在水平放置轮坯的轧机上，还有两个压紧辊和两个导辊，导辊保持被轧轮坯处于工作位置，而压紧辊与主轧辊共同完成轮面和轮缘的成形。

图 3-24 示出了轧制开始和轧制终了的两个位置。轧制开始时，两个斜辊和装在轧机上的轮坯上下表面接触，和轮辋的内表面接触。电机启动后，两个斜辊开始转动，并从内侧向外开始辗轧，轮外表面由主轧辊和压紧辊车轧制，内外表面的摩擦力使得轮坯开始旋转，而每旋转一圈，轮坯内径扩大一次，外表面逐步形成所要求的轮缘形状。

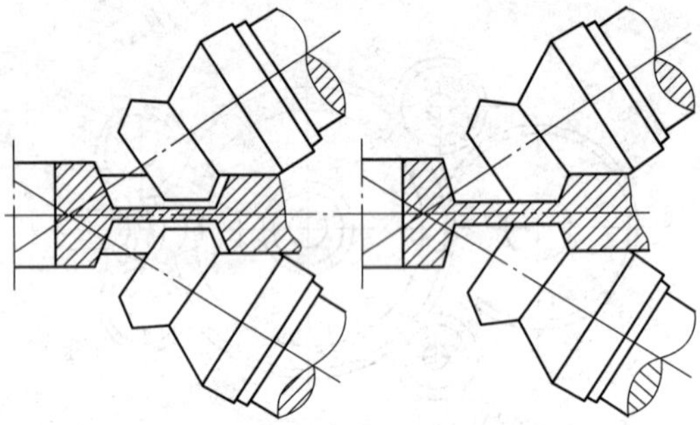

(a) (b)

图 3-24 轧制过程中斜辊与工件的作用
（a）轧制开始；（b）轧制完成

3. 6. 2 车轮轧机的分类

车轮轧机可以按以下三个基本特征分类：

（1）按工件在轧机上的位置分类；

（2）按工件在轧机上的固定方法分类；

（3）按工作辊的外形分类。

与轧环机类似，常用的车轮轧机的分类方法是第一种方式，即按照工件的位置将车轮轧机分为卧式车轮轧机和立式车轮轧机。

卧式车轮轧机的工件与轧辊的布置形式是，除斜辊以外，所有辊子都与工件处于同一平面。斜辊的中心线与轮坯转动面成一定角度，并处在轧机纵向中心线的垂直面上，而且装有带斜辊和空转压紧辊的工作机架。卧式车轮轧机的特点是，机座位置较低，操作方便，易于轧制大直径车轮。图 3-25 是卧式车轮轧机简图。

立式车轮轧机的轧辊布置形式是，除斜辊以外，所有辊子都处于同一垂直平面。两个斜辊的中心线与垂线成等角，都处在一个水平面上。立式车轮轧机的特点是，机座位置较高，工作机架不移动。图 3-26 是立式车轮轧机简图。

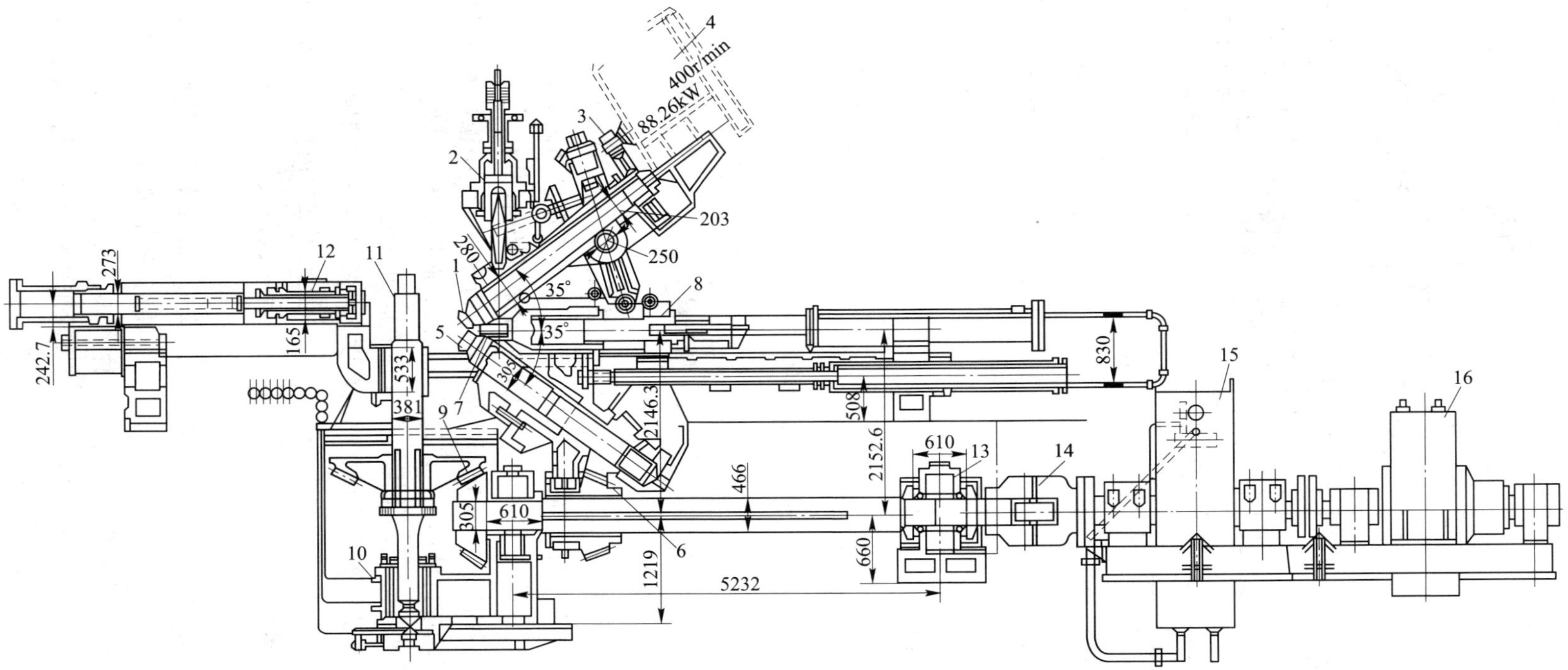

图 3-25　卧式车轮轧机简图

1—上斜辊；2—上斜辊压下缸；3—上斜辊圆柱齿轮传动装置；4—电动机；5—下斜辊；6—下斜辊锥齿轮传动装置；7—压紧辊；8—滑压压下装置；9—立轴锥齿轮传动装置；10—立轴止推轴承；11—立轴；12—导辊液压缸；13—水平轴支架；14—联轴节；15—减速器；16—主电机

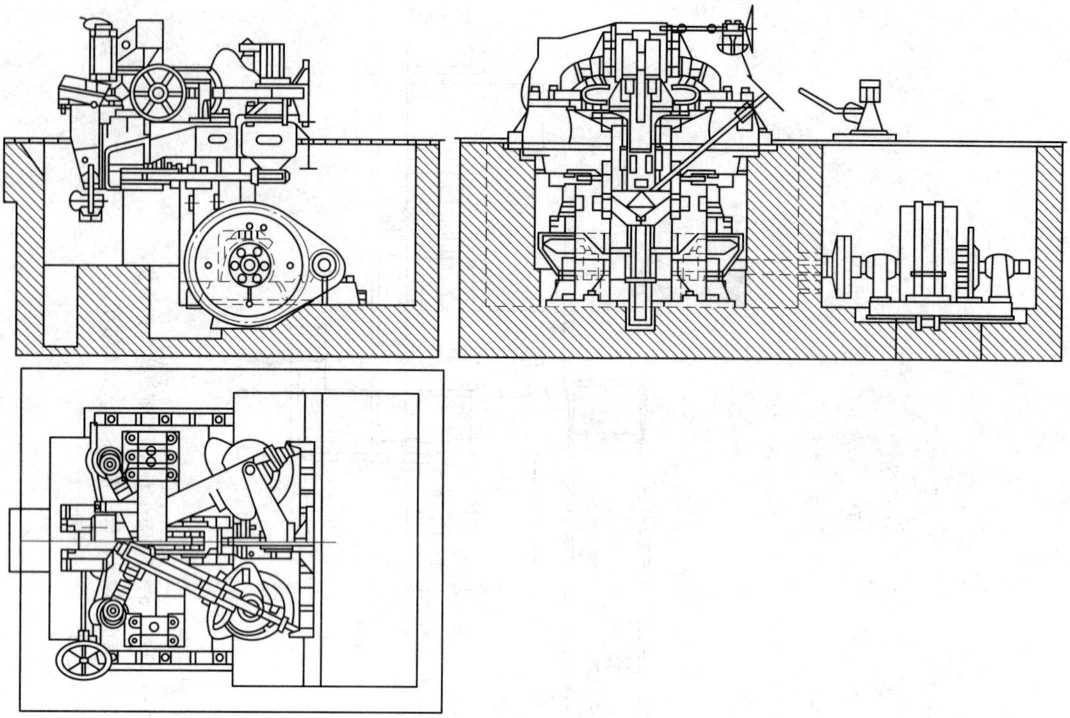

图 3-26 立式车轮轧机简图

3.7 齿 轮 轧 机

齿轮轧机也是一种轮盘类轧机，其工作原理是用带齿的轧制工具在轮坯上轧制齿廓，轧制齿轮的生产率和材料利用率都很高，产品质量好，易于实现自动化生产。

齿轮轧制可以分为热轧、冷轧和冷精轧，热轧齿轮是将坯料的边缘加热，然后进行轧制，可以轧制出直齿轮、斜齿轮、锥齿轮和螺旋齿轮及链轮。对于小模数齿轮可以用冷轧方式轧制。冷精轧是对齿轮进行精加工，以改善齿轮的表面粗糙度和精度。

齿轮轧机也有立、卧两种形式，轧辊的数量有单辊和双辊。图 3-27 是卧式单辊齿轮热轧机的传动原理图。由于齿轮轧制要求较高的精度，所以轧辊应作精确的对滚运动。工件的顶紧、轧辊的进给和感应加热器的进退等动作均由液压实现。齿坯外缘加热到开轧温度时（采用自动测温）主轧缸自动进给。在轧轮对面有一倒角滚轮，以轧出齿顶两侧的倒角。

齿坯边缘的加热多采用高频或中频感应加热器，其功率和频率参数见表 3-11。

齿轮的冷精轧可以作为滚齿、热轧、冷轧、粉末冶金和精锻齿轮的后续齿形精整工序。齿轮冷精轧机有自由冷精轧和强制冷精轧两种形式，前者轧辊与工件之间为自由滚动，而后者在轧辊和工件之间设置分度挂轮或标准齿轮作强制分度，从而提高对误差的纠正能力。

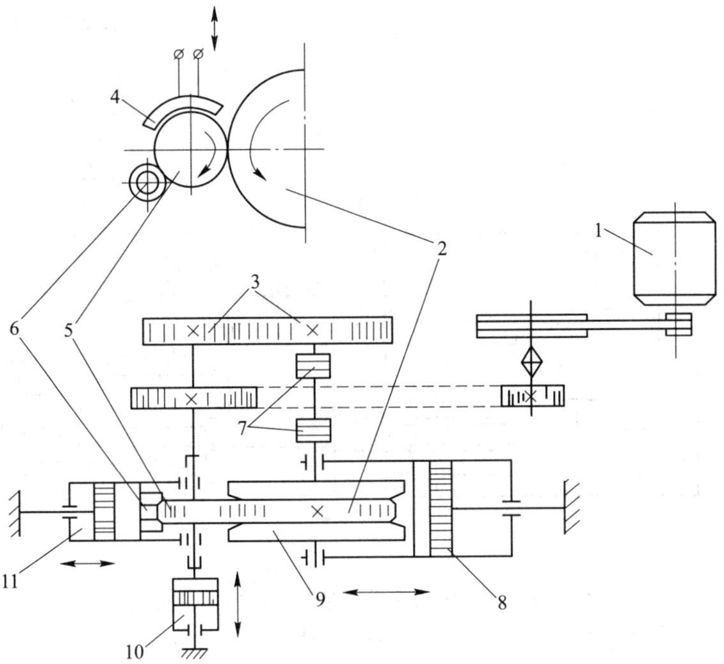

图 3-27 卧式单辊齿轮热轧机的传动原理图

1—主电机；2—轧辊；3—分度挂轮；4—感应加热器；5—工件；
6—倒角滚轮；7—十字轴节；8—主轧缸；9—挡料板；
10—工件顶紧缸；11—支撑缸

表 3-11 齿坯边缘感应加热设备的技术参数

工件尺寸	模数/m	2~3	3~7	7~10
	齿宽/mm	10~20	10~20	10~20
	外径/mm	80~150	80~150	80~150
加热设备	功率/kW	200	200	200
	频率/Hz	8000	2500	1000

齿轮冷精轧机有单辊、双辊和三辊 3 种形式。单辊轧机结构简单，但是工件的轴承受单向压力，要求定位轴有较高的强度；双辊和三辊轧机的工件受力状态好，工效和纠差能力较高。图 3-28 所示的是三辊卧式齿轮冷精轧机的传动系统图。

齿轮轧机的工件装卡应保证在轧制时不打滑，并且装卸较为方便。图 3-29 和图 3-30 所示为一种胀开式夹紧机构。当拉紧拉杆时，带齿的卡爪胀开，从而将工件卡紧。

近年来，我国的一些厂家设计制造了滑轮轧机，其结构形式与齿轮轧机类似。滑轮轧机的轧制过程是：利用对厚钢板边缘加热、辊切、扩张和整形等塑性变形工序，使之形成滑轮的形状。由于工件的尺寸较大，滑轮轧机的机架采用门式结构，使用煤气喷嘴进行局部加热，随着工件的旋转，将其边缘加热均匀。当轧件的边缘达到轧制温度时，用切分辊将其切开，然后用成形辊轧制成形。

采用轧制方法生产的滑轮强度高，耐磨性好，可以方便地改变产品规格，生产成本低，能够很好地替代铸造滑轮。

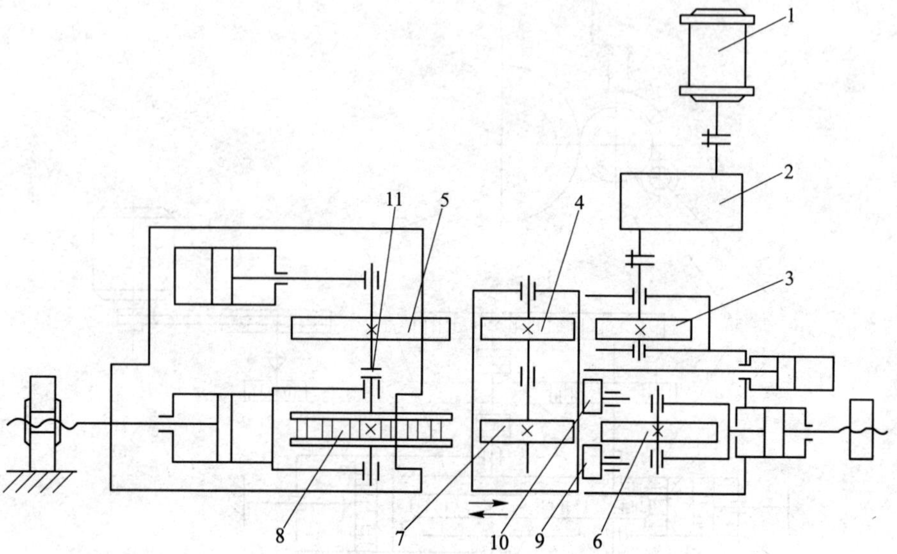

图 3-28 三辊卧式齿轮冷精轧机的传动系统图

1—电动机；2—减速器；3—传动分度轮；4—工件分度齿轮；5—轧辊分度齿轮；6—光轧辊；7—工件；8—轧辊；9，10—侧轧辊；11—十字滑块

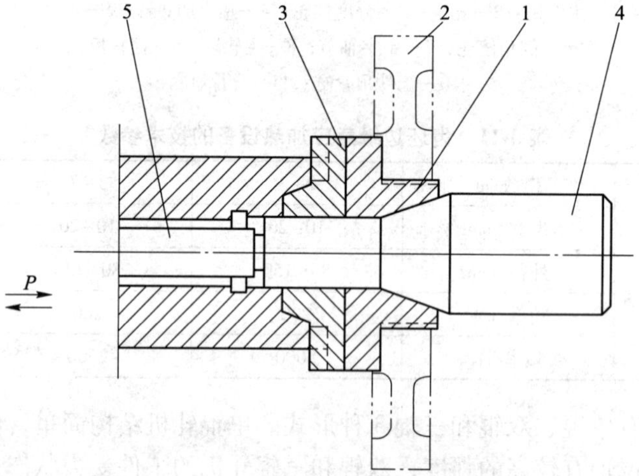

图 3-29 胀开式夹紧机构

1—带齿卡爪；2—工件；3—连接盘；4—支撑芯轴；5—拉杆

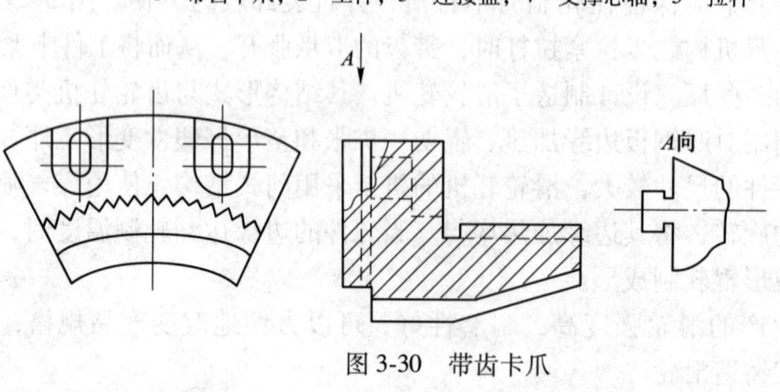

图 3-30 带齿卡爪

思 考 题

3-1 环件轧制和板带轧制中不同变形特点有哪些?

3-2 环件轧制的主工作辊、芯辊直径如何确定?

3-3 环件轧制过程中的直径与进给量之间的关系如何确定?

3-4 环件轧制中环件宽度的控制有何特点?

3-5 环件轧制中的抱辊系统有何作用?

参 考 文 献

[1] Johnson W, Mamalis A G. Inteniational Matals Reviews, 1979 (4) .

[2] Johnson W, Needham G. Int. J. Mech. Sci. , 1968 (10): 95~113.

[3] Erden Eruc, Rajiv Shivpuri. Tools Manufact. Int. J. Mech. Sci. , 1992, 32 (3) : 379~398.

[4] 席夫林 M Ю, 等. 车轮和轮箍轧制 [M]. 冶金部情报所书刊编译室译. 北京: 中国工业出版社, 1965.

[5] 华林, 黄兴高, 朱春东. 环件轧制理论和技术 [M]. 北京: 机械工业出版社, 2001.

[6] 邹家祥. 轧钢机械 [M]. 北京: 冶金工业出版社, 2000.

[7] 日本塑性加工学会. 压力加工手册 [M]. 江国屏, 等译. 北京: 机械工业出版社, 1984.

[8] 中国机械工程学会锻压学会. 锻压手册 [M]. 北京: 机械工业出版社, 1993.

[9]《锻压技术手册》编委会. 锻压技术手册 [M]. 北京: 国防工业出版社, 1989.

[10] 华林 . 轧环机工作参数理论设计 [M]. 锻压机械, 2000 (2).

[11] 殷耀 . 辗环机在工作中出现环件爬辗问题的解决方法 [J]. 锻压机械, 1995 (3).

[12] 张吉光. 数控辗环机最佳辗轧工艺路线的确定 [J]. 锻压机械, 1995 (5).

[13] 李斌. 国外冷辗环机特点分析 [J]. 锻压机械, 1997 (2).

[14] 侍慕超. 90 年代初国内外锻压机械的发展概况 [J]. 锻压机械, 1996 (2).

[15]《锻工手册》编写组. 锻工手册 (第七分册) [M]. 北京: 机械工业出版社, 1975.

[16]《机械工程手册 电机工程手册》编辑委员会. 机械工程手册 (第七分册) [M]. 北京: 机械工业出版社, 1982.

[17] 华林, 钱东升, 邓加东, 等 . 超大型环件轧制理论与技术 [J]. 锻压技术, 2018 (7).

4 楔横轧设备

4.1 概　　述

楔横轧在日本称为回转锻造。在19世纪楔横轧的生产方法就被提出来，人们希望用该方法加工阶梯轴类零件。从20世纪60年代开始，这一技术首先由捷克用于生产，随后英国、日本、苏联及中国等都引进了该项技术。随着工业的发展和技术进步，楔横轧技术逐渐发展成熟，成为加工阶梯形轴类机械零件的主要生产方法。目前，世界上最大的三辊楔横轧机为 ϕ1060mm 轧机，可加工零件尺寸为 ϕ100mm × 700mm，生产效率为 6～10 件/min。

我国的楔横轧技术从20世纪70年代初开始应用，各种形式的楔横轧机都有使用。目前，国内拥有60多台楔横轧机，其中以二辊分体式楔横轧机的数量最多，其最大轧辊直径为 ϕ1200mm。

楔横轧技术可以用于热轧，也可以用于冷轧。与锻造比较，生产率提高4倍以上；材料利用率大于90%；轧辊寿命高达40000～120000件；可以生产上百种轴类零件；加工工件的直径可以从几毫米到100mm以上，长度可达630mm以上。由于楔横轧工艺具有产品质量好、生产效率高、少切屑、无切屑的特点，因此已经成为大批量轴类零件生产中重要的加工方式，广泛应用于汽车、拖拉机、摩托车和五金工具行业中各种台阶轴、连杆、球头销和扳手等零件的生产。

楔横轧工作原理如图4-1所示，在两个或三个平行布置（无送进角，工件轴向不前进）的轧辊或平板上安装凸起的楔形变形工具，轧辊或平板相对轧件转动或搓动，所产生的摩擦力使轧件转动。

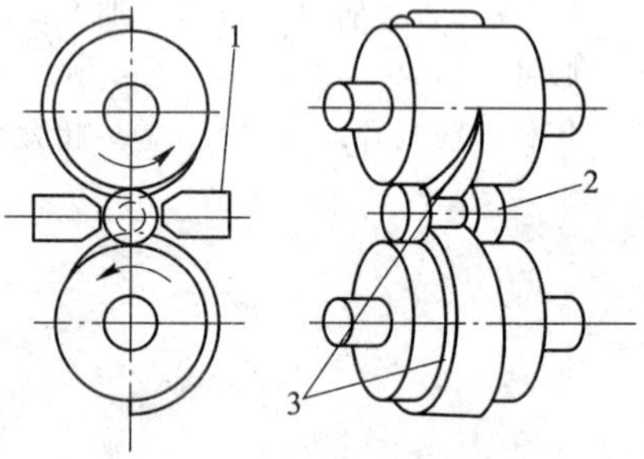

图4-1　楔横轧工作示意图

1—导板；2—轧件；3—带楔形模的轧辊

其间，变形楔楔入轧件中，使其受到连续压缩变形，轧件的直径减小，长度增加，形成所要求的零件形状。轧辊每旋转一周，轧出一件产品，因此生产效率很高。其生产方式可以是单件生产，也可以是连续生产。连续生产的过程中，轧件根据轧辊的回转节奏做轴向送进，轧出的轧件由剪切机剪断后送入料仓。由于楔横轧生产的产品精度由楔形工具来保证，受工艺和人为因素的影响很小，所以，只要楔形工具的型面设计合理，即能够保证生产出高精度的产品。

楔横轧技术的特点主要有：

（1）能直接生产形状复杂、尺寸精确的阶梯轴类产品，并且可以轧制出纵向沟槽、花键等。

（2）金属消耗低，仅为2%~5%，在一些情况下材料利用率接近100%。

（3）产品质量好，由于金属流线连续，提高了零件的综合力学性能。

（4）生产效率高，一般轧制周期为3~25s，小时产量能达到10~1000件。

（5）工具寿命长，由于轧件与轧辊相对滚动，磨损量小，加之变形力小，所以工具寿命得以延长，一套工具可以生产5万~10万件产品。

（6）轧机结构简单，能量消耗少，生产成本低，经济效益好。

（7）轧制过程平稳，设备冲击振动小，劳动环境好。

（8）易于连续化、自动化生产。

与其他特种轧制过程相比，楔横轧技术的短处是轧机的模具加工困难，因为工具形状复杂，易变形。通常采取的方法是将模具分割成扇形块加工然后采用表面强化方法来提高模具寿命。此外，模具的设计和轧机的调整试轧也较为复杂，因此楔横轧技术主要适用于大批量机械零件的生产。

4.2 楔横轧机的形式与技术参数

楔横轧机的类型可以根据楔形工具的形式和设备总体布置形式来划分。

4.2.1 按工具形式分类

如图4-2所示，楔横轧机按照工具形式分为辊式、平板式和单辊弧形板式3种类型，其中辊式楔横轧机又有二辊和三辊两种。

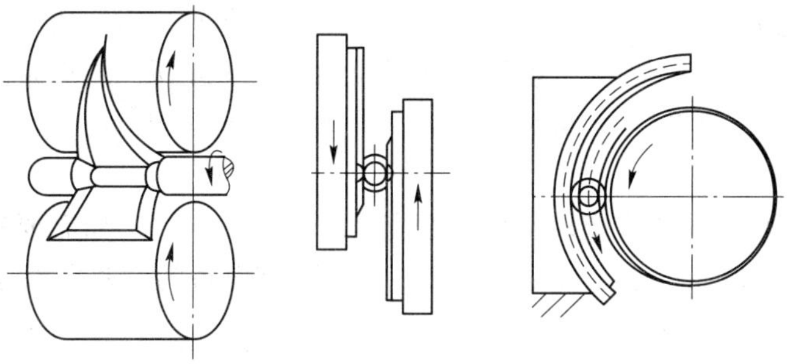

(a) (b) (c)

图4-2 楔横轧机的主要类型

（a）辊式；（b）平板式；（c）单辊弧形板式

各种形式的楔横轧机有不同的优缺点及相应的适用范围，主要在以下几个方面综合评价其特点：

（1）生产效率方面，辊式和单辊弧形板式楔横轧机的生产效率高于板式楔横轧机。由于板式楔横轧机的工具是往复运动，当轧机的速度过快时惯性负荷过大，因而轧制速度（频率）受到限制。

（2）轧机调整方面，在试轧过程中，轧机调整是十分重要的。辊式楔横轧机的调整方便、准确，而其他两类轧机的调整较为困难。单辊弧形板式楔横轧机的调整最为困难。

（3）模具加工方面，对于较短工件，辊式模具加工较为容易，而对于较长的工件，板式模具易于加工，单辊弧形板式的模具加工最为困难。

（4）设备结构方面，从轧机设备的结构角度比较，单辊弧形板式楔横轧机最为简单，因为只需要一个轧辊，这样，可以省去齿轮分配箱。其次为板式楔横轧机，板式轧机若采用液压传动，则结构可以大为简化，占地面积也小。辊式楔横轧机的机构最为复杂，其结构与二辊轧机相同。

（5）导板安装方面，二辊轧机易于安装导板，其他两种形式不能，因此轧制过程不易稳定，轧制精度不易保证。但是，从轧件与轧辊之间的速度差比较，辊式轧机最大，板式轧机次之，单辊弧形板式轧机最小。

由于辊式楔横轧机具有结构简单、紧凑、操作使用方便等优点，因此发展较为成熟。辊式楔横轧机又分为二辊和三辊两种类型。与三辊楔横轧机相比，二辊楔横轧机上下料方便，设备简单，生产效率高，但是，与钢管斜轧过程类似，由于轧制过程中存在曼内斯曼效应，工件心部的金属容易产生组织疏松，因此这种轧机适于生产直径较小的轴类零件。而三辊楔横轧机则适用于难变形金属、重要的以及大直径的轴类零件的轧制。

4.2.2 按设备布置形式分类

辊式楔横轧机除了有二辊和三辊两种类型外，还可以根据机架形式、传动装置的布置和辊系的设置形式来分类。

按照设备的总体布置，辊式楔横轧机有分体式和整体（机床）式两种类型。

4.2.2.1 分体式楔横轧机

分体式楔横轧机的工作机座与传动部分分开设置，有的结构形式与穿孔机类似，其主要优点是：机架强度高，刚性大，使用可靠以及调整维护方便；缺点是轧机机座、万向接轴、齿轮机座以及电动机分开布置，设备质量大，占地面积多，车间的设备布置较为困难。

分体式楔横轧机适用于生产尺寸大、精度要求不高的工件，如需要进一步机加工的轴类零件坯料。图 4-3 所示的是二辊分体式楔横轧机，该设备的主要技术参数如下：

轧辊直径/mm	450~520
轧辊转速/r · min^{-1}	7.5，10，15
轧件直径/mm	10~30
轧件长度/mm	≤450
轧制力/kN	150
最大扭矩/kN · m	60
电机功率/kW	30
电机转速/r · min^{-1}	1450
轧机质量/t	5

该设备将电动机安装在齿轮机座上面，减少了占地面积。由于楔横轧机的轧制速度低，电机功率较小，所以可以这样布置。为了进一步减轻轧机质量，节省占地，该设备将减速机和齿轮箱合在一起。但是这种联合减速箱的设计制造要复杂一些，由于不能选用标准减速器，因此设备的造价并没有节省。

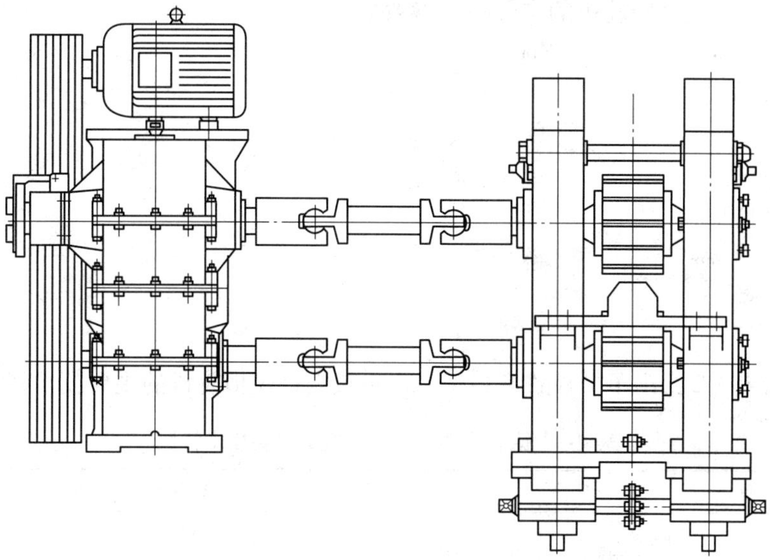

图 4-3 采用联合齿轮箱的二辊分体式楔横轧机

4.2.2.2 整体式楔横轧机

整体式楔横轧机将传动系统，包括电动机、减速器、齿轮箱和工作部分都设置在一个机座上，因此设备结构紧凑，占地面积小，轧制精度高，适用于生产小尺寸、高精度的轴类机械零件。

图 4-4 是一台 UL-35 型整体式楔横轧机的工作原理图。长棒料毛坯 1 被放在受料台架 2 上，每次一根送给送料辊道 3，然后定时地送往感应加热器 4 中进行加热，控制机构 5 与 6 将坯料送到定尺台架上。坯料到位后，离合器 8 闭合，轧辊开始转动进行轧制。轧辊每转一圈轧出一个或一对产品。下料则是从下轧辊的侧面把轧好的轧件抛入集料箱内。轧辊转完一圈后，离合器 8 打开，轧辊停止转动，完成一个轧制循环。

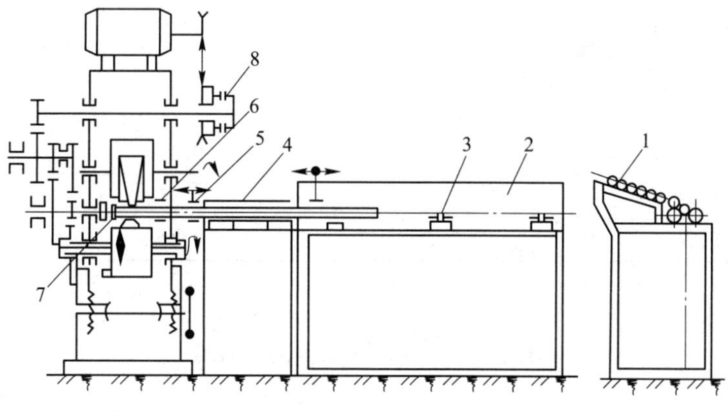

图 4-4 UL-35 型整体式楔横轧机工作原理示意图

1—长棒料毛坯；2—受料台架；3—送料辊道；4—感应加热器；
5，6—控制机构；7—导板装置；8—离合器

UL-35 型整体式楔横轧机的主要技术参数如下：

轧辊中心距/mm	600
轧辊转速/r·min^{-1}	10，11，13，15
棒料直径/mm	14~40
棒料长度/mm	2500~4000
轧件最大长度/mm	320
轧件最大直径/mm	40
电机功率/kW	55
轧机质量/t	9.4

表 4-1 和表 4-2 给出了平板式和单辊弧形板式两种楔横轧机的主要技术特性。

表 4-1 德国平板式楔横轧机的主要技术特性

机 型 型 号	UWQ40	UWQ80	UWQ100
轧件最大直径/mm	40	80	100
轧件最大长度/mm	400	630	630
轧板工作行程/mm	1600	2500	2500
轧板最大移动速度/mm·s^{-1}	350	180	180
轧板宽度/mm	520	800	800
轧板长度/mm	1700	2700	2700
活塞最大推力/kN	12.5	32	32
设备质量/t	11.5	60	60

表 4-2 苏联单辊弧形板式楔横轧机的主要技术特性

机 型 型 号	C3136	C3138	C3139
轧件最大直径/mm	25	50	80
轧件最大长度/mm	250	400	550
最大生产率/件·h^{-1}	1800	960	720
轧辊名义直径/mm	400	630	800
电动机功率/kW		58	100
轧辊转速/r·min^{-1}		32，25	25
轧制力/kN	10	25	63
设备质量/t	4.8	9.5	18.5

4.3 楔横轧机的结构

楔横轧机的主要构成包括主机座、轧辊调整机构、主传动送料装置和电控系统。二辊楔横轧机的工作机座、轧辊调整机构、主传动送料装置和电控系统。二辊楔横轧机的工作机座如图 4-5 所示。

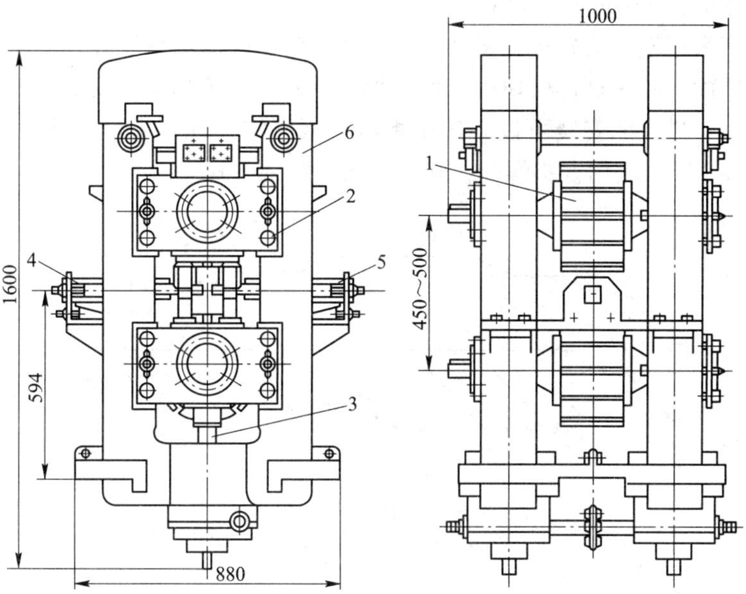

图 4-5　二辊楔横轧机的工作机座

1—轧辊辊系；2—轧辊轴向调整机构；3—轧辊径向调整机构；
4，5—导板装置；6—机架部件

4.3.1　主机座

主机座由左、右机架，上、下轧辊和轧机底座与连杆组成。机架通常为焊接闭式结构，大型楔横轧机的机架则采用铸钢件。机架的结构形式有闭式、开式和侧开式等，如图 4-6 所示。

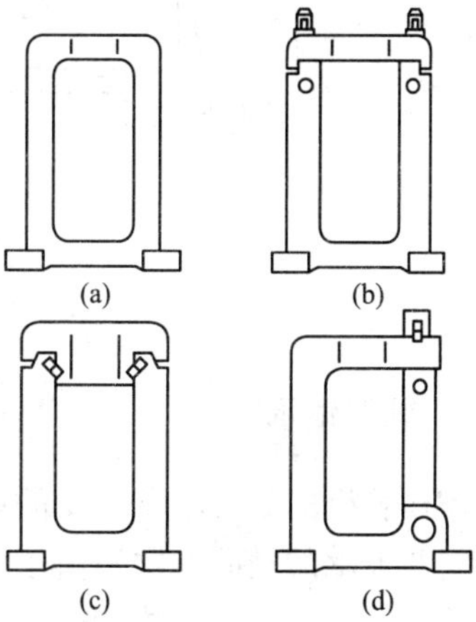

图 4-6　机架的结构形式

（a）闭式机架；（b）拉杆连接的开式机架；
（c）斜楔连接的开式机架；（d）侧开式机架

为了在轧制时保持工件的轴线位置不变，机器上设置了径向挡料装置。挡料装置由安装在挡料座上的挡料板及其压板、销轴和调整螺栓组成。挡料板的位置可以前后调整，以保证轧制时挡料板与工件有合适的间隙。

4.3.2　轧辊

轧辊安装在轴承座内，上、下轴承座之间用弹簧或液压缸分开，实现上轧辊的平衡。楔横轧机的轧辊工作条件十分恶劣，承受较高的轧制压力和轧制温度，又由于轧辊的直径差较大，因此轧辊的磨损亦很强烈，所以要求轧辊材料应有较高的硬度和强度。

常用的轧辊材料有：

热轧时用的：35CrMnSi、5CrMnMo、5CrNiMo、3Cr2W8V；

冷轧时用的：9CrSi、Cr12MoV、W18Cr4V；

热精轧时用的：W6Mo5Cr4V2Al、5W2Cr4V2。

楔横轧机多采用辊套式轧辊，将加工好的轧辊装上楔形模后装在轧辊轴上。楔横轧机的轧辊是分块装配式的。这样模块可以加工得小一些，利于加工和安装，模具损坏后易于局部更换和修补。模具的安装可以采用压板将模板固定在轧辊上的方式，如图 4-7 所示，亦可以采用图 4-8 所示的用方头螺栓在轧辊径向固定的方式。

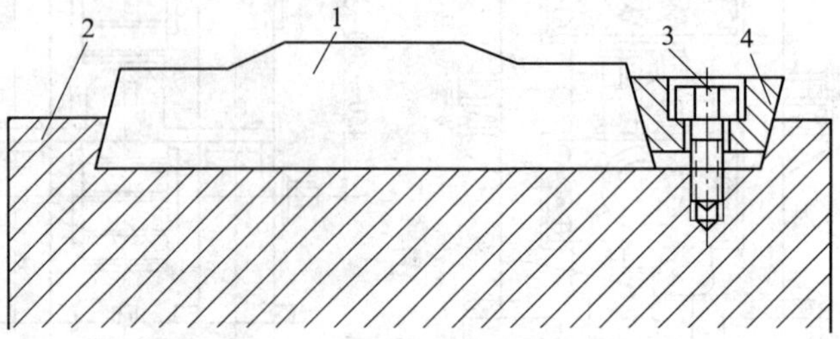

图 4-7 用压板固定模板

1—模板；2—轧辊；3—螺钉；4—压板

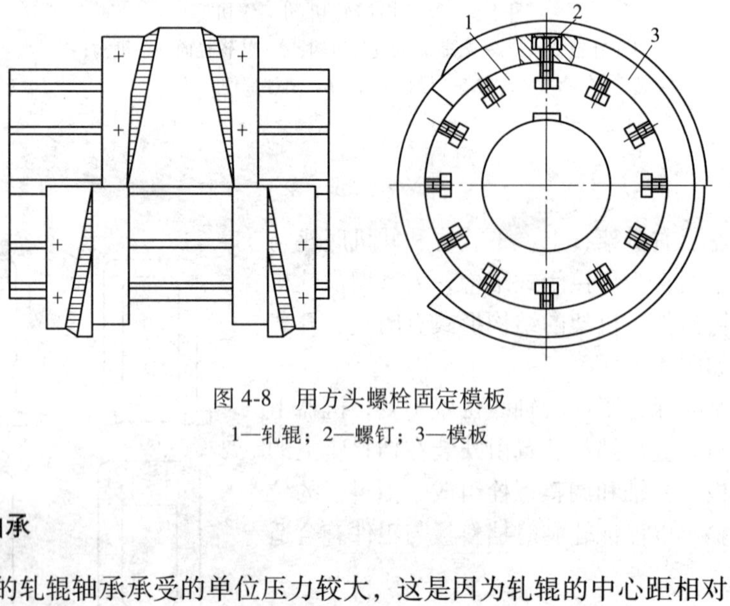

图 4-8 用方头螺栓固定模板

1—轧辊；2—螺钉；3—模板

4.3.3 轧辊轴承

楔横轧机的轧辊轴承承受的单位压力较大，这是因为轧辊的中心距相对于轧辊辊径较小，安装轴承的空间有限。由于楔横轧机的冲击载荷较大，所以多采用双列圆锥或圆柱滚子轴承。轧辊的装配方式如图 4-9 所示。

4.3.4 轧辊轴向调整机构

为了保证两个轧辊型模的轴向位置对中，楔横轧机的轧辊应该能够方便地进行调整，即使单孔型轧制也应该设置轴向调整机构。楔横轧机的轴向调整机构与普通二辊轧机的类似，主要有压板式、杠杆式、顶丝式、滑块式、拉杆式等调整机构。图 4-10 和图 4-11 所示的分别为顶丝式和 C 形压板式的轴向调整机构，其他形式的轴向调整机构可参见第 6 章辊锻设备的有关内容。

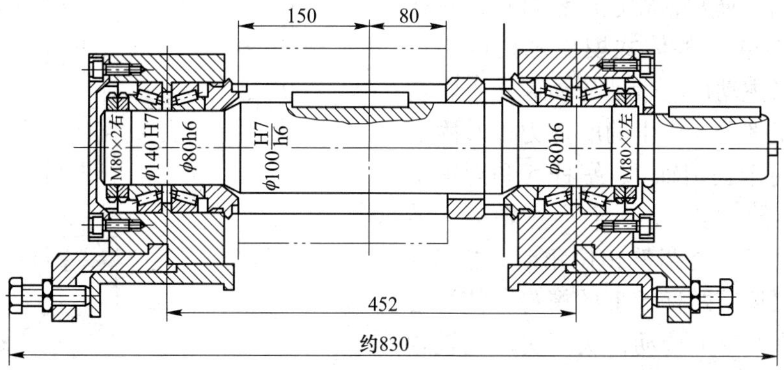

图 4-9 轧辊装配方式示意图

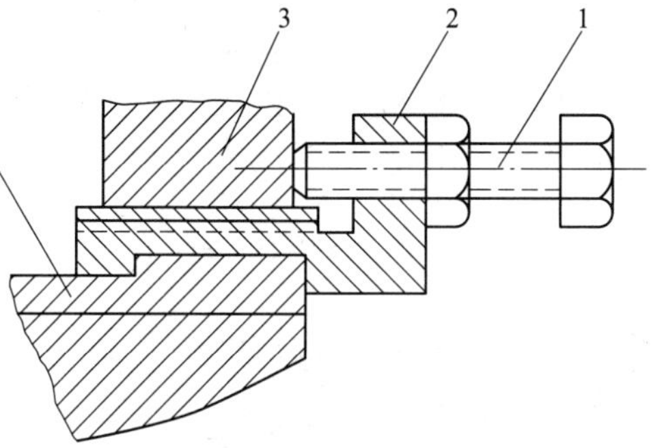

图 4-10 顶丝式轴向调整机构

1—调整螺钉；2—滑板；3—轴承盒；4—转鼓

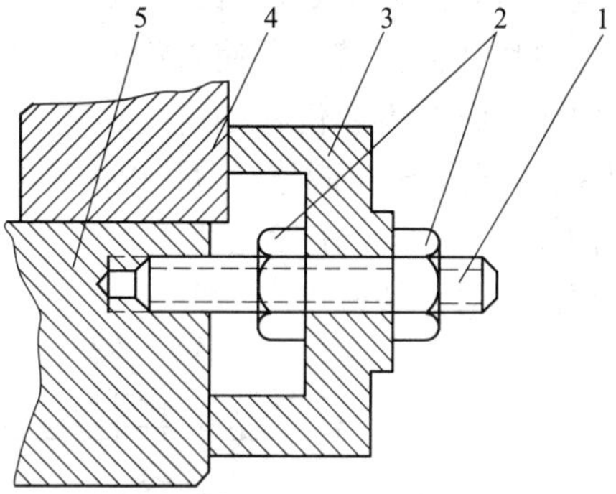

图 4-11 C 形压板式轴向调整机构

1—固定螺钉；2—调整螺母；3—C 形板；4—轴承盒；5—转鼓

4.3.5 轧辊径向调整机构

与普通轧机的压下装置类似，楔横轧机也需要设置轧辊径向调整机构。用以调整上下轧辊的辊缝。轧辊径向调整机构可以采用手动或电动两种方式经过蜗轮蜗杆机构进行操作。轧辊的平衡则采用弹簧来实现。轧辊辊缝的调节也可以通过改变模具的厚度来实现，以调整工件的轧制直径。对于轧辊调整量较小且动作不频繁的楔横轧机多采用手动调整方式。

4.3.6 传动系统

机床式楔横轧机的主传动系统由主电机、皮带轮、离合器与制动器和齿轮箱组成。

由于楔横轧机承受的冲击载荷较大，采用皮带传动对电机有一定的保护作用。离合器与制动器采用组合形式，以保证轧辊停在准确位置。图 4-12 是楔横轧机的皮带轮与离合器装置示意图。

齿轮箱用于将扭矩分配到两个轧辊上。为了减小设备质量，可以采用联合减速箱（图 4-13），箱体通常为分体式焊接结构。

此外，为了保证上、下轧辊的模具位置对称，在传动机构中需要设置轧辊相位（角度）调整机构。通常，相位调整机构设置在接手上，图 4-14 是整体式楔横轧机的相位调整装置。当主动齿轮带动从动齿轮 1 转动时，通过压紧螺栓 3 产生的摩擦力以及固定在齿轮上的两个长销轴 4、螺杆 5 和短销轴 6 将力矩传递给衬套 7，进而通过轴键 8 转动轧辊轴 2。当需要调整相位角时，松开 4 个压紧螺栓，调节螺杆 5 上的螺母，使衬套 7 相对于从动齿轮 1 转动，从而实现轧辊相位调整。

图 4-15 是在齿形联轴节上安装的相位调整机构，当需要调整相位时，转动丝杠 1 带动螺母滑块 2 向左移动，使右齿套的内、外齿套脱开，而左齿套仍在啮合。这样，可以实现单辊转动，相位调整好后，再恢复原位。

图 4-16 是安装在齿轮座上的分体式楔横轧机的相对调整机构。

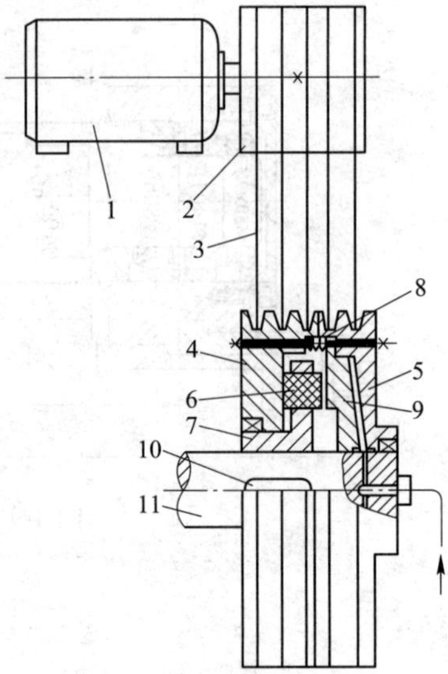

图 4-12 楔横轧机的皮带轮与离合器装置

1—电动机；2—小皮带轮；3—皮带；4—大皮带轮（左）；5—大皮带轮（右）；6—摩擦片；7—左离合器；8—弹簧；9—右离合器；10—键；11—传动轴

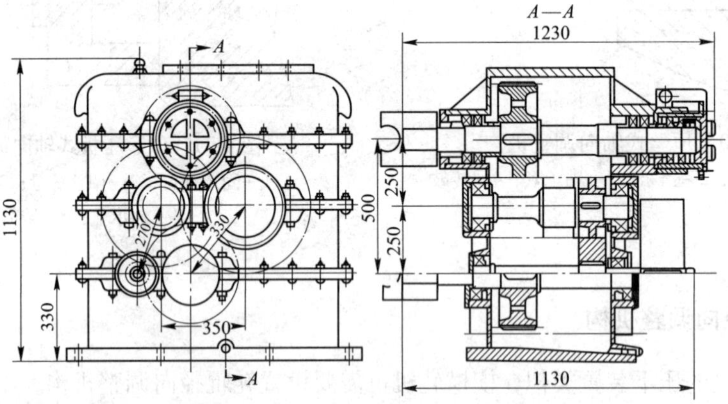

图 4-13 楔横轧机的联合减速箱

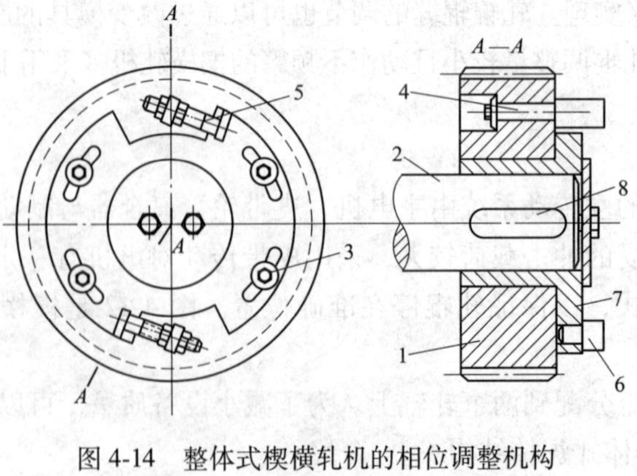

图 4-14 整体式楔横轧机的相位调整机构

1—从动齿轮；2—轧辊轴；3—压紧螺栓；4—长销轴；5—螺杆；6—短销轴；7—衬套；8—轴键

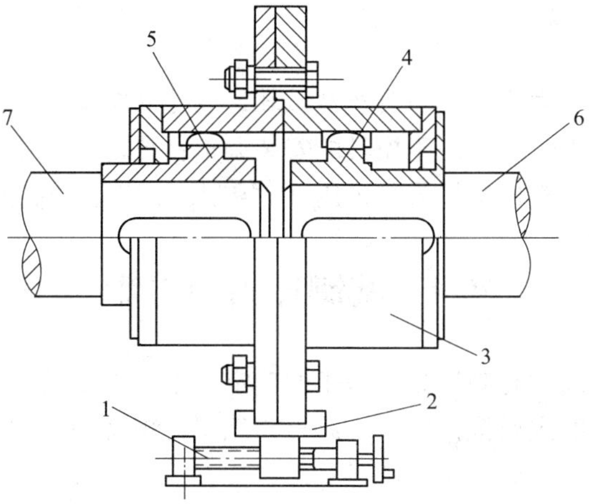

图 4-15 安装在主联轴器上的相位调整机构

1—丝杠；2—螺母滑块；3—内齿套；4—右外齿套；5—左外齿套；6—主动轴；7—从动轴

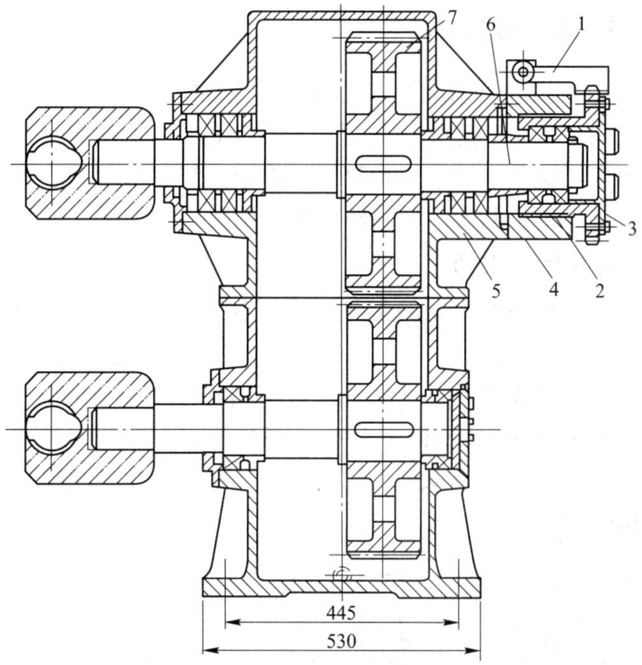

图 4-16 安装在齿轮座上的分体式楔横轧机的相位调整机构

1—防松杆；2—带外齿和外螺纹的衬套；3—带十字缺口的端盖；
4—带内螺纹的衬套；5—齿轮座箱体；6—齿轮轴；7—斜齿轮

4.3.7 送料装置

送料装置有两种形式：一种为单汽缸式，工件从加热炉出炉后，顺滑道进入送料支架，由汽缸推入轧模；另一种为双汽缸式，由汽缸、辊道和减速器组成，工件出炉后由辊道送进，经前汽缸推至送料支架，再由后送料汽缸推入轧模。

4.3.8 电控系统

由于楔横轧机是单件生产，且需要经常试轧，电控系统应保证轧辊的点动、单周、自动单周和连续运转的要求。点动用于模具的安装调整；自动单周用于单件的自动轧制，并与送料机构连锁。目前，楔横轧机大多采用 PC 控制，具备了较高的可靠性。

4.4 轧制压力与力矩

楔横轧轧辊与轧件间的轧制压力、力矩的确定是十分重要的，因为它们是机座中主要零部件强度与刚度计算的主要依据之一。此外，轧制力矩又是电动机功率计算的主要依据之一。

轧制压力、力矩的大小主要取决于轧辊与轧件间的接触面积及其空间位置，以及在这个接触面上的单位压力及其分布。所以在介绍本章内容时，按轧制接触面的数学模型、接触面积、单位压力、总压力和力矩这个顺序进行。

4.4.1 模具与轧件接触面的数学模型

楔横轧轧制过程中，模具与轧件的接触面是空间曲面，轧件变形是立体的，不均匀的，变形过程比较复杂。为了确定楔横轧过程中产生的力，确定该过程稳定进行的条件，确定能量参数，进行模具优化设计，以及进行轧件金属塑性变形机理研究，都需要知道轧制过程中模具与轧件接触面形状及它们在空间的位置。

4.4.1.1 接触面数学模型的建立

展宽成型轧制阶段是楔横轧成型的主要阶段，本节针对这一轧制阶段的轧制接触面进行分析。

在展宽成型阶段，模具顶圆高度不变，模具楔侧斜面逐渐展开（图 4-17）。在这一轧制阶段，坯料在模具楔侧斜面的作用下，半径方向压缩，长度方向延伸，且同时用楔的顶部精整已轧成的轧件直径。在展宽成型阶段，轧制接触面由与毛坯轴线平行的曲面 F_1 和倾斜曲面 F_2 两部分构成（图 4-18）。

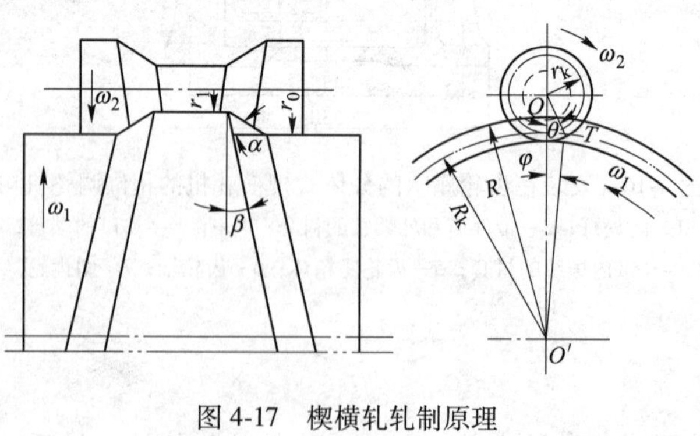

图 4-17 楔横轧轧制原理

可以看出，楔横轧变形区接触面是由模具的几何形状、轧制坯料的尺寸和它的压下程度来确定的。

已经知道模具与轧件接触界面由模具的原圆柱面接触面 ABN 和模具斜楔的螺旋面接触面 $BCMN$ 组成。建立笛卡尔直角坐标系。取轧件轴心线为 y 轴，z 轴垂直于轧件轴心线与模具轴心线所确定的平面（图 4-18）。

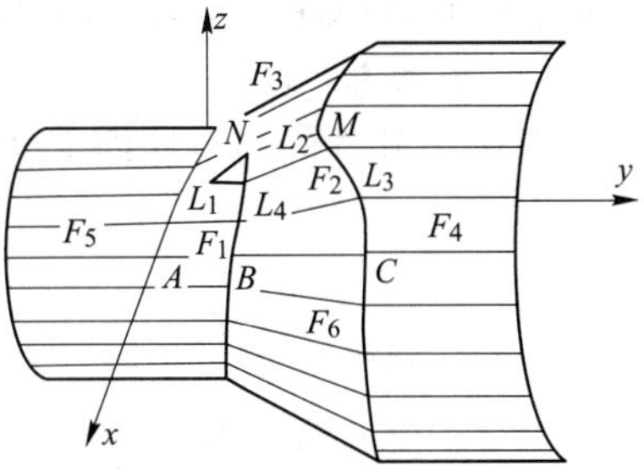

图 4-18 楔横轧轧制接触面图示

做如下假设：

（1）轧件作刚性转动，无扭转弯曲变形。

（2）轧件轧制前后的两个柱面保持理想的圆柱面，不发生局部隆起变形。

（3）轧件在转动一圈内滚动半径不变。

（4）忽略轧件、模具的弹性变形。

可以看出，接触面 F_1 即为模具顶圆柱面，应用空间解析几何知识，可列出其参数方程为

$$\begin{cases} x = R + r_1 - R\cos\varphi \\ z = R\sin\varphi \end{cases} \tag{4-1}$$

式中 R——模具顶圆半径，mm；

r_1——轧件轧后半径，mm；

φ——$\overline{TO'}$ 与 z 轴的夹角（图 4-1）。

根据几何学的定义：一直线与轴线斜交绕轴线做螺旋运动形成的轨迹曲面叫做斜螺旋面。又根据楔横轧模具斜楔的特点，模具斜楔面 F_2 即为斜螺旋面，这里称它为斜楔螺旋面。由此可列出其参数方程为

$$\begin{cases} x = R + r_1 - (R - t_m\sin\alpha)\cos\varphi \\ y = t_m\cos\alpha + R_k\tan\beta\varphi + \pi r_k\cos\varphi \\ x = (R - t_m\sin\alpha)\sin\varphi \end{cases} \tag{4-2}$$

式中 α——模具楔成形角；

β——模具楔展宽角；

r_k——轧件滚动半径，mm；

R_k——轧辊滚动半径（图 4-17），mm；

t_m——参数方程的参数。

由于确定模具与轧件接触面边界的需要，还需给出曲面 F_3 和 F_4 的方程。由下面的分析可以知道，曲面 F_3 也是一斜螺旋面。

曲面 F_6 为与轴线 Oy 斜交的直线 BC 绕轴线 Oy 做螺旋运动而形成的，因此，F_6 为螺旋面。曲面 F_3 与曲面 F_6 是两个形状完全相同的关于 Oy 轴线对称的两个曲面，所以曲面 F_3 也是一斜螺旋面，这里称其为轧件过渡螺旋面。其参数方程为

$$\begin{cases} x = (r_1 + t\sin\alpha)\cos\theta \\ y = t\cos\alpha + r_k\tan\beta\theta \\ z = (r_1 + t\sin\alpha)\sin\theta \end{cases} \tag{4-3}$$

式中 θ——$\overline{TO}$与 z 轴夹角（图 4-17）；

t——参数方程的参数。

同时可列出轧件的坯料柱面 F_4的参数方程为

$$\begin{cases} x = r_0\cos\theta \\ z = r_0\sin\theta \end{cases} \tag{4-4}$$

式中 r_0——坯料半径。

4.4.1.2 接触面边界求解

由式（4-1）和式（4-3）得模具顶圆柱面 F_1与轧件过渡螺旋面 F_3的交线 L_1参数方程为

$$\begin{cases} x = R + r_1 - R\cos\varphi \\ y = \left(\dfrac{R + r_1 - R\cos\varphi}{\cos\theta} - r_1\right)\cot\alpha + r_k\tan\beta\theta \quad (0 \leqslant \theta \leqslant \theta_1) \\ z = R\sin\varphi \end{cases} \tag{4-5}$$

由式（4-1）和式（4-2）的模具顶圆柱面 F_1与模具斜楔螺旋面 F_2的交线 L_4参数方程为

$$\begin{cases} x = R + r_1 - R\cos\varphi \\ y = R_k\tan\beta\varphi + \pi r_k\tan\beta \quad (0 \leqslant \theta \leqslant \theta_1) \\ z = R\sin\varphi \end{cases} \tag{4-6}$$

以上两式中 φ 为

$$\varphi = \arcsin\left[\left(1 + \frac{r_1}{R}\right)\sin\theta\right] - \theta$$

且 θ_1满足方程

$$r_1 - \frac{\sin\varphi_1}{\sin\theta_1}R + (\pi r_k + \varphi_1 R_k - \theta_1 r_k)\tan\alpha\tan\beta = 0 \tag{4-7}$$

上式中

$$\varphi_1 = \arcsin\left[\left(1 + \frac{r_1}{R}\right)\sin\theta_1\right] - \theta_1 \tag{4-8}$$

若 $\theta_1 > \theta_0$ 则取 $\theta_1 = \theta_0$。

其中

$$\theta_0 = \arccos\left[\frac{r_0^2 + r_1^2 + 2Rr_1}{2(R + r_1)r_0}\right] \tag{4-9}$$

θ_1与 α、β 的关系曲线如图 4-19 所示。

$$\frac{r_1}{r_0} = 0.6,\ r_k = \frac{r_0 + r_1}{2},\ \frac{r_0}{R} = 0.06$$

由式（4-2）和式（4-4）得模具斜楔螺旋面 F_2与坯料圆柱面 F_4交线 L_3的参数方程为

$$\begin{cases} x = r_0\cos\theta \\ y = \left(R - \dfrac{R + r_1 - r_0\cos\theta}{\cos\varphi}\right)\cos\alpha + R_k\tan\beta\varphi + \pi r_k\tan\beta \quad (0 \leqslant \theta \leqslant \theta_1) \\ z = r_0\sin\theta \end{cases} \tag{4-10}$$

式中

$$\varphi = \arctan\left(\frac{r_0\sin\theta}{R + r_1 - r_0\cos\theta}\right) \tag{4-11}$$

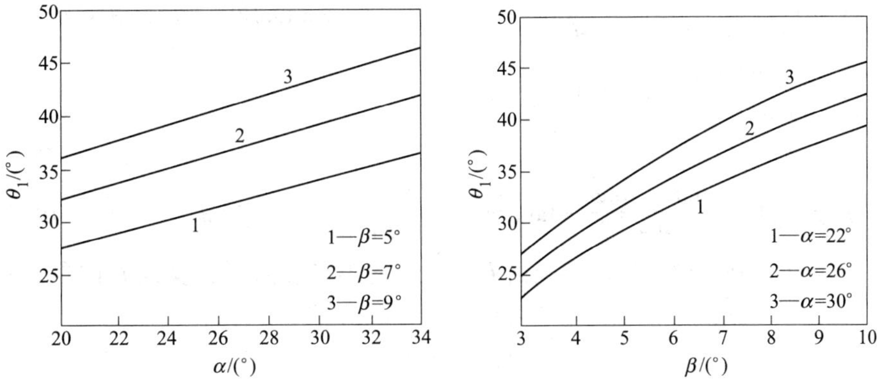

图 4-19 θ_1与 α、β 的关系曲线

θ_2满足于方程

$$(\pi r_k + \varphi_2 R_k - \theta_2 r_k)\tan\alpha\tan\beta - \frac{\sin\theta_2 + \sin\varphi_2 - \sin(\theta_2 + \varphi_2)}{\sin\varphi_2} r_0 = 0 \tag{4-12}$$

式中

$$\varphi_2 = \arctan\left(\frac{r_0\sin\theta_2}{R + r_1 - r_0\cos\theta_2}\right) \tag{4-13}$$

若 $\theta_2 > \theta_0$，则取 $\theta_2 = \theta_0$。

θ_2与 α、β 的关系曲线如图 4-20 所示。

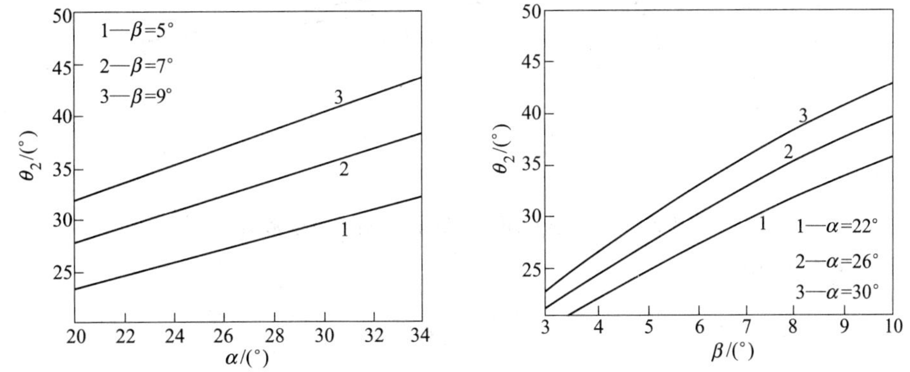

图 4-20 θ_2与 α、β 的关系曲线

$$\frac{r_1}{r_0} = 0.6,\quad r_k = \frac{r_0 + r_1}{2},\quad \frac{r_0}{R} = 0.06$$

由式（4-2）和式（4-3）得模具斜楔螺旋面 F_2与轧件过渡螺旋面 F_3交线 L_2的参数方程为

$$\begin{cases} x = \dfrac{\tan\varphi}{\tan\theta + \tan\varphi}(R + r_1) \\ y = \left[\dfrac{\tan\varphi}{(\tan\theta + \tan\varphi)\cos\theta}(R + r_1) - r_1\right]\cot\alpha + r_k\tan\beta\theta \quad (\theta_2 < \theta < \theta_1) \\ z = \dfrac{\tan\theta\tan\varphi}{\tan\theta + \tan\varphi}(R + r_1) \end{cases} \tag{4-14}$$

其中

$$f(\varphi) = 1 - \frac{\sin\theta + \sin\varphi}{\sin(\theta + \varphi)} + \tan\alpha\tan\beta\varphi + \frac{r_k}{R + r_1}\tan\alpha\tan\beta(\pi - \theta - \varphi) = 0 \tag{4-15}$$

若 $\theta_1 = \theta_2 = \theta_0$，则有模具斜楔螺旋面 F_2 与轧件过渡螺旋面 F_3 的交线 L_2 的参数方程为

$$\begin{cases} x = r_0\cos\theta_0 \\ y = r_0\sin\theta_0 \end{cases} \tag{4-16}$$

4.4.2 模具与轧件接触面积

楔横轧在典型轧制展宽区的接触面由两部分组成，圆弧面 *ABN* 部分和直纹螺旋面 *BCMN* 部分，如图 4-18 所示。下面分别叙述求接触面积的方法。

4.4.2.1 直纹螺旋面面积

直纹螺旋面 *BCMN* 面是一个空间曲面，其面积直接计算起来比较复杂，但可以看出，这个曲面在 *y* 轴方向投影图的几何形状比较简单（图 4-21），由此可以较容易地计算出直纹螺旋面 *BCMN* 面积在 *y* 轴方向的投影面积，进而近似计算出螺旋面 *BCMN* 面积。

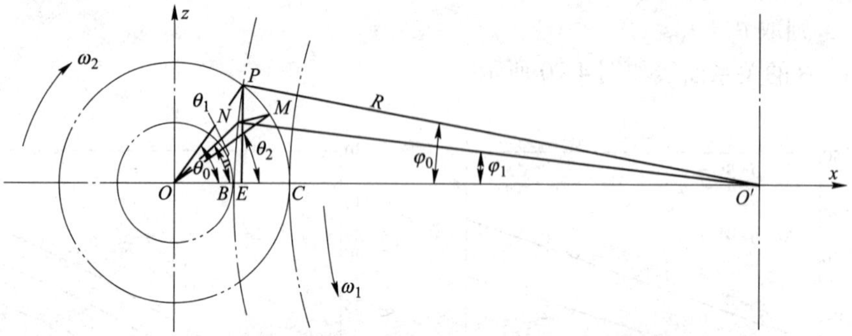

图 4-21 直纹螺旋面 *BCMN* 在 *y* 轴方向投影图示

扇形 *OCP* 的面积为

$$F_{OCP} = \frac{1}{2}r_0^2\theta_0 \tag{4-17}$$

扇形 *O'PB* 的面积为

$$F_{O'PB} = \frac{1}{2}R^2\varphi_0 \tag{4-18}$$

式中

$$\varphi_0 = \arcsin\left(\frac{r_0}{R}\sin\theta_0\right) \tag{4-19}$$

△*OEP* 的面积为

$$F_{OEP} = \frac{1}{2}r_0^2\sin\theta_0\cos\theta_0 \tag{4-20}$$

$\triangle O'EP$ 的面积为

$$F_{\mathrm{O'EP}}=\frac{1}{2}R^2\sin\varphi_0\cos\varphi_0 \tag{4-21}$$

由此可以得到扇形 OCP 和扇形 $O'PB$ 重叠部分 BCP 的面积

$$F_{\mathrm{BCP}}=F_{\mathrm{OCP}}+F_{\mathrm{O'PB}}-F_{\mathrm{OEP}}-F_{\mathrm{O'EP}} \tag{4-22}$$

将式（4-17）、式（4-18）、式（4-20）、式（4-21）代入上式得

$$F_{\mathrm{BCP}}=\frac{1}{2}r_0^2(\theta_0-\sin\theta_0\cos\theta_0)+\frac{1}{2}R^2(\varphi_0-\sin\varphi_0\cos\varphi_0) \tag{4-23}$$

设点 M、P、N 在坐标系 xOz 内的坐标分别为 $M(x_{\mathrm{M}},z_{\mathrm{M}})$、$P(x_{\mathrm{P}},z_{\mathrm{P}})$、$N(x_{\mathrm{N}},z_{\mathrm{N}})$，可近似得到 MPN 的面积

$$F_{\mathrm{MPN}}\approx\frac{1}{2}\begin{vmatrix}x_{\mathrm{M}} & z_{\mathrm{M}} & 1\\ x_{\mathrm{P}} & z_{\mathrm{P}} & 1\\ x_{\mathrm{N}} & z_{\mathrm{N}} & 1\end{vmatrix} \tag{4-24}$$

代入坐标值得

$$F_{\mathrm{MPN}}\approx\frac{r_0}{2}\{r_0\sin(\theta_0-\theta_2)-r_1(\sin\theta_0-\sin\theta_2)-R[\sin(\theta_2+\varphi_1)-\sin\theta_2]+R[\sin(\theta_0+\varphi_1)-\sin\theta_0]\} \tag{4-25}$$

由图 4-6 可以看出，直纹螺旋面 $BCMN$ 面积在 y 轴方向的投影面积为

$$F_{2y}\approx\frac{r_0^2}{2}[\theta_0-\sin\theta_0\cos\theta_0-\sin(\theta_0-\theta_2)]+\frac{1}{2}r_0r_1(\sin\theta_0-\sin\theta_2)+\frac{1}{2}Rr_0[\sin(\theta_2+\varphi_1)+\sin\theta_2]-\frac{1}{2}Rr_0[\sin(\theta_0+\varphi_1)-\sin\theta_0]+\frac{1}{2}R^2(\varphi_0-\sin\varphi_0\cos\varphi_0) \tag{4-26}$$

直纹螺旋面 $BCMN$ 的参数方程也可写成如下切线方程式

$$\frac{x-R-r_1}{\sin\alpha\cos\varphi}=\frac{y-R\cot\alpha-\pi r_{\mathrm{k}}\tan\beta-R_{\mathrm{k}}\tan\beta\varphi}{\cos\alpha}=\frac{z}{-\sin\alpha\sin\varphi}=t_{\mathrm{m}}-\frac{R}{\sin\alpha} \tag{4-27}$$

我们把模具斜楔螺旋面纯滚动点的轨迹称做纯滚动轨迹线，依照式（4-6）可得其参数方程

$$\begin{cases}x=R+r_1-R_{\mathrm{k}}\cos\varphi\\ y=R_{\mathrm{k}}\tan\beta\varphi+\pi r_{\mathrm{k}}\tan\beta\\ z=R_{\mathrm{k}}\sin\varphi\end{cases} \tag{4-28}$$

由此得

$$\frac{\mathrm{d}x}{\cos\beta\sin\varphi}=\frac{\mathrm{d}y}{\sin\beta}=\frac{\mathrm{d}z}{\cos\beta\cos\varphi}=\frac{R_{\mathrm{k}}\mathrm{d}\varphi}{\cos\beta} \tag{4-29}$$

由式(4-27)和式(4-29)可得直纹螺旋面 $BCMN$ 内纯滚动轨迹线上一点的两个切向量为

$$\boldsymbol{p}=\{\sin\alpha\cos\varphi,\cos\alpha,-\sin\alpha\sin\varphi\}$$

$$\boldsymbol{q}=\{\cos\beta\sin\varphi,\sin\beta,\cos\beta\cos\varphi\}$$

由此可得其法向量为

$$\boldsymbol{n}=\boldsymbol{p}\times\boldsymbol{q}=\begin{vmatrix}i & j & k\\ \sin\alpha\cos\varphi & \cos\alpha & -\sin\alpha\sin\varphi\\ \cos\beta\sin\varphi & \sin\beta & \cos\beta\cos\varphi\end{vmatrix}$$

整理后得

$$\boldsymbol{n}=\{\cos\alpha\cos\beta\cos\varphi+\sin\alpha\sin\beta\sin\varphi,\ -\sin\alpha\sin\beta\cos\beta\sin\varphi-\sin\alpha\cos\varphi\cos\beta\cos\varphi,\ \sin\alpha\cos\varphi\sin\beta-\cos\beta\sin\varphi\cos\alpha\} \tag{4-30}$$

由式（4-30）看出，直纹螺旋面 $BCMN$ 内逐点法向向量是随 φ 变化的，因此它的面积 F_2 与其在坐标轴 y 向投影面积 F_{2y} 的关系，不是简单的夹角余弦关系。但是根据楔横轧工艺的特点，模具半径较轧件半径大得多，为了近似求出轧制接触面积，这里做适当简化，近似认为直纹螺旋面 $BCMN$ 是一个平面，取 $\varphi=\varphi_1/2$，写成单位法向量形式

$$\boldsymbol{n}=\{\cos\gamma_x,\cos\gamma_y,\cos\gamma_z\} \tag{4-31}$$

式中

$$\gamma_x=\arccos\left(\frac{\cos\alpha\cos\beta\cos\frac{\varphi_1}{2}+\sin\alpha\sin\beta\sin\frac{\varphi_1}{2}}{\sqrt{\sin^2\alpha+\cos^2\alpha\cos^2\beta}}\right)$$

$$\gamma_y=\arccos\left(\frac{-\sin\alpha\cos\beta}{\sqrt{\sin^2\alpha+\cos^2\alpha\cos^2\beta}}\right)$$

$$\gamma_z=\arccos\left(\frac{\sin\alpha\sin\beta\cos\frac{\varphi_1}{2}-\cos\alpha\cos\beta\sin\frac{\varphi_1}{2}}{\sqrt{\sin^2\alpha+\cos^2\alpha\cos^2\beta}}\right)$$

根据式（4-26）和式（4-31）求出接触面直纹螺旋面 $BCMN$ 的面积 F_2 为

$$F_2\approx\frac{1}{2\sin\gamma_y}\{r_0^2[\theta_0-\sin\theta_0\cos\theta_0-\sin(\theta_0-\theta_2)]+Rr_0[\sin(\theta_2+\varphi_1)-\sin\theta_2]-Rr_0[\sin(\theta_0+\varphi_1)-\sin\theta_0]+r_0r_1(\sin\theta_0-\sin\theta_2)+R^2(\varphi_0-\sin\varphi_0\cos\varphi_0)\} \tag{4-32}$$

因此得接触面直纹螺旋面 $BCMN$ 的面积 F_2 在各坐标平面的投影面积为

$$\begin{cases}F_{2x}=F_2\cos\gamma_x\\F_{2y}=F_2\cos\gamma_y\\F_{2z}=F_2\cos\gamma_z\end{cases} \tag{4-33}$$

4.4.2.2 圆弧面面积

圆弧形接触面 ABN 的面积 F_1 可由下式积分得（图 4-18）

$$F_1=\int_0^{\varphi_1}[y_4(\varphi)-y_1(\varphi)]R\mathrm{d}\varphi \tag{4-34}$$

式中，$y_1(\varphi)$ 和 $y_4(\varphi)$ 由式（4-5）和式（4-6）确定，即

$$\begin{cases}y_1(\varphi)=(r\sim r_1)\cot\alpha+r_k\tan\beta\theta\\y_4(\varphi)=R_k\tan\beta\varphi+\pi r_k\tan\beta\end{cases}\quad(0\leqslant\theta\leqslant\theta_1) \tag{4-35}$$

式中

$$r=\frac{R+r_1-R\cos\varphi}{\cos\theta}$$

将式（4-35）代入式（4-34）并整理后得

$$F_1\approx\int_0^{\varphi_1}(\pi r_k\tan\beta+r_1\cot\alpha+R_k\varphi\tan\beta)R\mathrm{d}\varphi-\cot\alpha\int_0^{\varphi_1}rR\mathrm{d}\varphi-r_k\tan\beta\int_0^{\varphi_1}\theta R\mathrm{d}\varphi \tag{4-36}$$

将式（4-36）适当进行简化，将弧线（面）$\widehat{BN}$ 简化为直线（平面）$\overline{BN}$，这时有

$$\begin{cases} r = \dfrac{\cos\dfrac{\varphi_1}{2}}{\cos(\theta + \varphi_1/2)} r_1 \\ R\mathrm{d}\varphi \approx \mathrm{d}\left[\dfrac{r_1 \sin\theta}{\cos(\theta + \varphi_1/2)}\right] \end{cases} \tag{4-37}$$

将式（4-37）代入式（4-36），设 $\gamma_1 = \theta_1 + \dfrac{\varphi_1}{2}$ 积分并整理后得

$$F_1 \approx (\pi\gamma_k \tan\beta + \gamma_k \cot\alpha + \frac{1}{2}R_k\varphi_1\tan\beta)R\varphi_1 - \gamma_1\gamma_k\tan\beta\cos\frac{\varphi_1}{2}\left(\theta_1\tan\gamma_1 + \ln\cos\gamma_1 - \ln\cos\frac{\varphi_1}{2}\right) - \frac{1}{2}r_1^2\cos^2\frac{\varphi_1}{2}\left[\tan\gamma_1\sec\gamma_1 + \ln(\tan\gamma_1 + \sec\gamma_1) - \tan\frac{\varphi_1}{2}\sec\frac{\varphi_1}{2} - \ln\left(\tan\frac{\varphi_1}{2} + \sec\frac{\varphi_1}{2}\right)\right] \tag{4-38}$$

由此可得出弧形接触面 *ABN* 在各坐标系平面的投影面积为

$$\begin{cases} F_{1x} \approx F_1 \cos\dfrac{\varphi_1}{2} \\ F_{1z} \approx F_1 \sin\dfrac{\varphi_1}{2} \end{cases} \tag{4-39}$$

4.4.3 接触面上的平均单位压力

4.4.3.1 确定平均单位压力的基本方法

为计算轧制压力，需要先确定接触面上的单位压力分布，而楔横轧接触面上的单位压力及其分布是个相当复杂的问题，至今没有得到较理想的解决。

解决办法是简化问题，认为在接触面上的单位压力分布是均匀的，或者说仅研究接触面上的平均单位压力。目前，确定平均单位压力的方法很多，但基本方法有三种：理论计算、实际测定、应用经验公式或图表。

（1）理论计算法。建筑在理论分析基础之上。用计算公式确定单位压力或平均单位压力。这种方法虽说是一种较好的办法，但由于理论公式计算复杂，或是在分析时将问题作了过分简化，至今还未建立令人满意的理论公式。

（2）实测法。在轧机上放置专门设计的压力传感器，获得实测的轧制压力资料。由实测的轧制压力除以接触面积，得到平均单位压力。实测法的局限性很大，只有在相同的实验条件下应用，才能得到较为满意的结果，因而其应用范围受到限制。

（3）经验公式和图表法。根据大量的实测统计资料进行一定的数学处理，抓住一些主要影响因素，以建立起经验或图表。

4.4.3.2 滑移线法求平均单位压力

托姆列诺夫等利用滑移线的方法给出了横轧时接触面平均单位压力的封闭解。

在求解这个问题时作了如下的假设：

（1）轴向没有变形，看作圆柱平面应变问题；

（2）把轧辊与轧件的接触弧线近似看作直线；

（3）忽略摩擦力，并看作均布压力垂直作用于轧件。

这样简化后，轧件截面上滑移场如图 4-22 所示。其滑移线场由四部分组成：一个等腰三角形、两个扇形和一个曲线四边形。

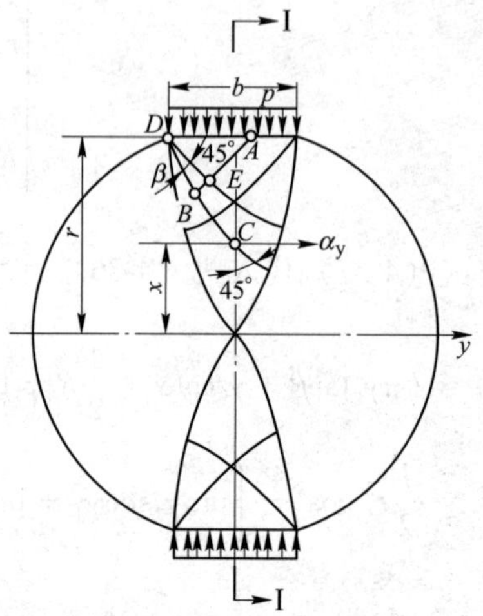

图 4-22　圆柱体压缩时的滑移线场

沿图 4-22 Ⅰ—Ⅰ 轴线剖开后，按静力学平衡条件 $\sum Y=0$ 可以得到

$$\int_0^r \sigma_y \mathrm{d}x = 0 \tag{4-40}$$

式中　σ_y——Ⅰ—Ⅰ断面上的水平应力；

r——坯料半径。

为了确定 σ_y，我们研究两个正交滑移线 AB 和 BC，如图 4-22 所示，按汉基第一定理得

$$\begin{cases}\sigma_A - \sigma_B = -2k\alpha_{AB} \\ \sigma_B - \sigma_C = +2k\alpha_{BC}\end{cases} \tag{4-41}$$

式中，σ_A、σ_B、σ_C分别为滑移线场中 A、B、C 三点的平均应力；k 为纯剪切的塑性变形阻力；α_{AB}、α_{BC}分别为滑移线上 A 点和 B 点、B 点和 C 点切线之间的夹角。

因为滑移线 BC 在 C 点的切线与Ⅰ—Ⅰ断面线成 45°，滑移线 EB 在 E 点的切线也与Ⅰ—Ⅰ断面线成 45°角，设滑移线 DE 与 DB 夹角为 β，那么

$$\alpha_{BC} = -\alpha_{EB} = -\alpha_{AB} = \beta \tag{4-42}$$

这样，方程式（4-41）就可以改写成

$$\sigma_A - \sigma_C = 2k(\alpha_{BC} - \alpha_{AB}) = 4k\beta \tag{4-43}$$

A、C 两点的平均应力还可以运用塑性方程式写成

$$\begin{cases}\sigma_A = p - k \\ \sigma_C = \sigma_y + k\end{cases} \tag{4-44}$$

根据式（4-43）、式（4-44）可以找出 σ_y的关系式

$$\sigma_y = p - 2k(1 + 2\beta) \tag{4-45}$$

将式（4-45）代入式（4-40）后得

$$\int_0^r [p - 2k(1 + 2\beta)]\mathrm{d}x = 0 \tag{4-46}$$

x 在 $(r - \frac{b}{2}) \sim r$ 区域内，σ_y为常数，其值为

$$\sigma_y = p - 2k$$

x 在 $0 \sim (r - \frac{b}{2})$ 区域内，σ_y为变量，其值为

$$\sigma_y = p - 2k(1 + 2\beta)$$

所以，式（4-46）可以写成

$$\frac{b}{2}(p - 2k) + \int_0^{r-\frac{b}{2}} [p - 2k(1 + 2\beta)]\mathrm{d}x = 0$$

$$p = 2k(1 + \frac{2}{R}\int_0^{r-\frac{b}{2}} \beta \mathrm{d}x) \tag{4-47}$$

式中 b——接触面宽度（图 4-22）。

为了积分上面方程，必须找出 $\beta=f(x)$ 这个函数关系式。为此下面介绍两种函数关系式的解题过程与结果。

4.4.3.3 鲁果夫斯基方法

鲁果夫斯基根据利曼方法，其反函数可以利用下列关系式表示：

$$\frac{2x}{b}=J_{p}(2\beta)+2\sum_{n=1}^{\infty}J_{2n+1}(2\beta)(-1)^{n+1} \tag{4-48}$$

式中 $J_{p}(2\beta)$——假想幅角为 2β 时的 p 阶贝塞尔函数。

根据鲁果夫斯基的建议，当 β 在 $0\sim\frac{\pi}{2}$ 范围内，精度为 2%时，式（4-48）可以近似用下列函数代替

$$\frac{2(r-x)}{b}=e^{1.6\beta} \tag{4-49}$$

两边取对数整理后得：

$$\beta=0.625\ln\frac{2(r-x)}{b} \tag{4-50}$$

将式（4-50）代入式（4-47）进行积分整理后得：

$$p=2k\left(1.25\ln\frac{2r}{b}+1.25\frac{b}{2r}-0.25\right) \tag{4-51}$$

这就是 $\frac{b}{2r}$ 值与 $\frac{p}{2k}$ 的关系式，用此关系式作成的曲线表示在图 4-23 上。

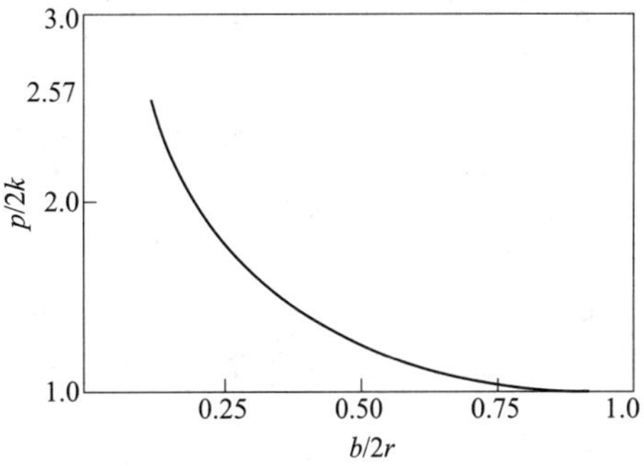

图 4-23 根据鲁果夫斯基公式作出 $\frac{b}{2r}$ 与 $\frac{p}{2k}$ 的关系曲线

当滑移线场的三角形顶点连接时，此时 $\beta=0$，$p=2k$ 代入式（4-49）后得

$$\left(\frac{2r}{b}\right)_{min}=1$$

这是 $\frac{2r}{b}$ 的下限值。

当 $\beta=\frac{\pi}{2}$ 时，可以求出 $\frac{2r}{b}$ 的上限值，即

$$p=2k\left(1.25\ln\frac{2r}{b}+1.25\frac{b}{2r}-0.25\right)=2k\left(1+\frac{\pi}{2}\right) \tag{4-52}$$

此时的单位压力数值相当于刚性锤头压入半空间的单位压力。

解式（4-52）得到 $\frac{2r}{b}$ 的上限值为

$$\left(\frac{2r}{b}\right)_{max}=8.5$$

就是说，鲁果夫斯基公式的应用范围为

$$1 \leqslant \frac{2r}{b} \leqslant 8.5 \tag{4-53}$$

当 $\frac{2r}{b} > 8.5$ 时，普兰德拉给出的计算单位压力公式为

$$p = 2ka\left(1 + \frac{\pi}{2}\right) \approx 5.14k \tag{4-54}$$

即近似等于常数 $5.14k$。

4.4.3.4 托姆列诺夫方法

托姆列诺夫提出 β 在 $0 \sim \frac{\pi}{4}$ 区域内，β 值的近似函数关系为

$$\beta = -0.535 + 0.6\eta - 0.065\eta^2 \tag{4-55}$$

式中，$\eta = \frac{2x}{b}$，当 β 在 $\frac{\pi}{4} \sim \frac{\pi}{2}$ 区域内，β 值的近似函数关系为

$$\beta = 0.15 + 0.2\eta - 0.007\eta^2 \tag{4-56}$$

托姆列诺夫根据式（4-55）、式（4-56）得到接触面上的单位压力。公式为

当 $\beta = 0 \sim \frac{\pi}{4}$，即 $\frac{2r}{b} = 1 \sim 3.64$ 时

$$p \approx 2k\left[0.5\frac{b}{2r} + 0.6\frac{2r}{b} - 0.04\left(\frac{2r}{b}\right)^2\right] \tag{4-57}$$

当 $\beta = \frac{\pi}{4} \sim \frac{\pi}{2}$，即 $\frac{2r}{b} = 3.64 \sim 8.4$ 时

$$p \approx 2k\left[1.3 - \frac{b}{2r} + 0.2\frac{2r}{b} - 0.004\left(\frac{2r}{b}\right)^2\right] \tag{4-58}$$

当 $\beta > 75.8°$，即 $\frac{2r}{b} > 8.4$ 时，单位压力仍按普兰德拉公式（4-54）确定。

表 4-3 中列出按托姆列诺夫公式（4-57）、式（4-58）计算的 $\frac{p}{2k}$ 与 $\frac{2r}{b}$ 的关系值。

表 4-3 托姆列诺夫公式计算的 β，$\frac{p}{2k}$ 与 $\frac{\sigma_y}{2k}$

$\frac{2r}{b}$	β/(°)	$\frac{p}{2k}$	$\frac{\sigma_y}{2k}$
1.00	0	1.0	0
1.60	15	1.17	0.35
2.44	30	1.43	0.61
3.64	45	1.80	0.75
5.42	60	2.08	0.92
8.15	75	2.54	1.8
12.40	90	2.57	—

已知 p 和 β 用式（4-45）可以计算 Ⅰ—Ⅰ 面上的 σ_y 值的大小，其结果列于表 4-1。

σ_y 值的计算结果表明：当 $\frac{2r}{b} = 1$ 时，$\beta = 0$，$\frac{p}{2k} = 1$，$\frac{\sigma_y}{2k} = 0$，即轧件中心的垂直应力

$\sigma_y=0$，在这种情况或者接近这种情况下，轧件中心不易产生疏松；当 $\frac{2r}{b}$ 增加时，β，$\frac{p}{2k}$ 与 $\frac{\sigma_y}{2k}$ 也增加，轧件中心的拉应力也随之增加，故轧件中心容易产生疏松。

按托姆列诺夫公式，当$\frac{2r}{b}=8.15$，即 $\beta=75°$时，在Ⅰ—Ⅰ断面上的垂直应力 σ_y的计算结果如图 4-24 所示。靠近接触表面为压应力。其最大值在接触表面到三角形滑移线场的顶点这段距离内。其压应力 σ_y为：

$$\sigma_y = 1.54 \times (2k)$$

距接触表面 1.82b 位置处的 σ_y为

$$\sigma_y = 0$$

轧件中心处产生的最大拉应力 σ_y为

$$\sigma_y = 1.08 \times (2k)$$

应力 σ_y的分布如图 4-24 所示。

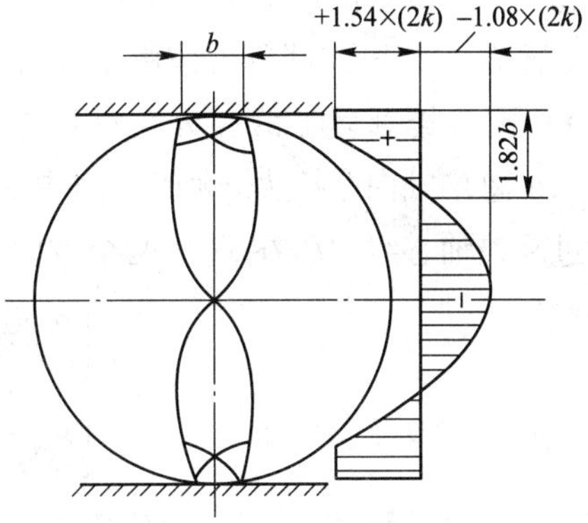

图 4-24　当$\frac{2r}{b}=8.15$（$\beta=75°$）时 σ_y的应力分布

普兰德拉得到的式（4-54）是按滑移线从接触表面转到自由表面上时，其滑移线旋转了一个$\frac{\pi}{2}$角度。实际上，横轧时自由表面并非平面而是轧件的表面，因而滑移线的回转角稍小于$\frac{\pi}{2}$。勃罗夫曼画出了它的滑移线，如图 4-25 所示。

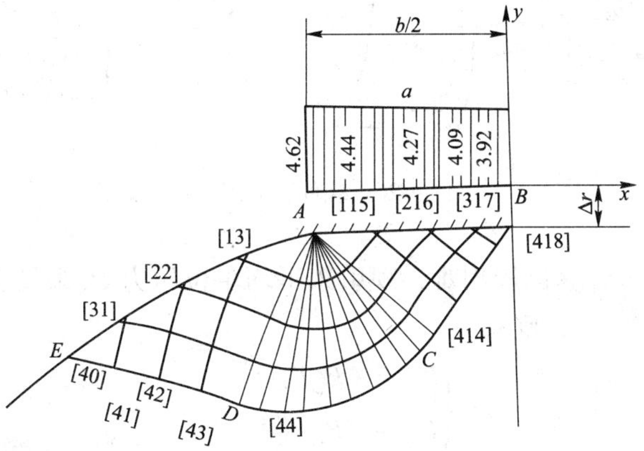

图 4-25　当$\frac{2r}{b}\approx0.25$时，从接触表面出来到轧件圆柱表面上的滑移线

由于滑移线的出口不在平面而在圆柱的表面，故单位压力稍有降低。通常在接触表面的中心比边缘降低得稍多一些，这是因为接触表面的中心比边缘距自由表面上滑移线回转角减少得更多一些的缘故。假设$\frac{2r}{b}\approx0.25$，靠近接触表面的金属被挤出，此时的单位压力为

$$p \approx (3.92 \sim 4.662)k$$

即接近于式（4-10）所计算的单位压力的 0.76~0.9 倍。

4.4.4 轧制压力与力矩的理论计算

4.4.4.1　轧制压力

轧件变形区接触面上的力由两部分组成：第一部分为作用于圆弧接触面 F_1 上的压力 P_1 及摩擦力 T_1，第二部分为作用于直纹螺旋面接触面 F_2 上的压力 P_2 及摩擦力 T_2。

A　圆弧接触面上的压力及摩擦力

如果忽略轴向摩擦力，则作用于接触面 F_1 上的压力 P_1 平行于 xOz 平面。P_1 的方向应该通过轧辊轴心线，P_1 在 x、z 两个方向的分力 P_{1x}、P_{1z} 为

$$\begin{cases} P_{1x} = \int_{F_1} p\cos\varphi \mathrm{d}F_1 \\ P_{1z} = \int_{F_1} p\sin\varphi \mathrm{d}F_1 \end{cases} \tag{4-59}$$

式中　p——接触面内一点的单位压力；

　　φ——p 与 x 轴的夹角（见图 4-26）。

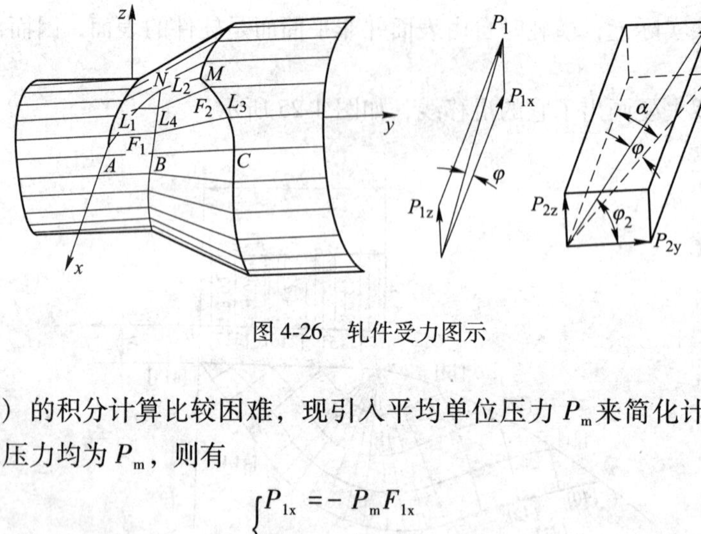

图 4-26　轧件受力图示

式（4-59）的积分计算比较困难，现引入平均单位压力 P_m 来简化计算，认为接触面内各点的作用压力均为 P_m，则有

$$\begin{cases} P_{1x} = -P_m F_{1x} \\ P_{1z} = -P_m F_{1z} \end{cases} \tag{4-60}$$

T_1 轧辊给轧件的摩擦力，它与 P_1 力垂直，则

$$\begin{cases} T_{1x} = \int_{F_1} \mu p_m \sin\varphi \mathrm{d}F_1 \\ T_{1z} = \int_{F_1} \mu p_m \cos\varphi \mathrm{d}F_1 \end{cases} \tag{4-61}$$

从理论上讲，接触面上各点的摩擦系数是不同的，它的确定无论在理论上还是在实验上都是很困难的，这里引入当量摩擦系数 μ_m，则有

$$\begin{cases} T_{1x} = -\mu_m p_m F_{1x} \\ T_{1z} = -\mu_m p_m F_{1z} \end{cases} \tag{4-62}$$

B 直纹螺旋接触面上的压力及摩擦力

作用于接触面 F_2上的压力 P_2的方向通过轧辊轴心线，P_2在 x、y、z：三个方向的分力 P_{1x}、P_{1y}、P_{1z}为

$$\begin{cases} P_{2x} = \int_{F_2} p\cos\varphi_x \mathrm{d}F_2 \\ P_{2y} = \int_{F_2} p\cos\varphi_y \mathrm{d}F_2 \\ P_{2z} = \int_{F_2} p\cos\varphi_z \mathrm{d}F_2 \end{cases} \tag{4-63}$$

式中，p 为轧制接触面内一点的单位压力；φ_x、φ_y、φ_z为 p 力作用点处轧制接触面 F_2的法线向量角。

这里同样引入平均单位压力 p_m来简化计算，认为接触面内各点的作用压力均为 p_m，则有

$$\begin{cases} P_{2x} = P_m\int_{F_2} \cos\varphi_x \mathrm{d}F_2 \\ P_{2y} = P_m\int_{F_2} \cos\varphi_y \mathrm{d}F_2 \\ P_{2z} = P_m\int_{F_2} \cos\varphi_z \mathrm{d}F_2 \end{cases} \tag{4-64}$$

积分得

$$\begin{cases} P_{2x} = -p_m F_{2x} \\ P_{2y} = p_m F_{2y} \\ P_{2z} = p_m F_{2z} \end{cases} \tag{4-65}$$

T_2为轧辊给轧件的摩擦力，则有

$$\begin{cases} T_{2x} = \int_{F_2} \mu p \sin\varphi \mathrm{d}F_2 \\ T_{2z} = \int_{F_2} \mu p \cos\varphi \mathrm{d}F_2 \end{cases} \tag{4-66}$$

式（4-66）积分比较困难，这里作适当简化，近似认为接触面 F_2中心点 P 与 x 轴的夹角为$\frac{\varphi_1}{2}$，简化后并积分得

$$\begin{cases} T_{2x} = -\mu_m p_m \sin\frac{\varphi_1}{2} F_2 \\ T_{2z} = -\mu_m p_m \cos\frac{\varphi_1}{2} F_2 \end{cases} \tag{4-67}$$

4.4.4.2 轧辊的驱动力矩

接触面 F_1上的摩擦力矩 M_1为

$$M_1 = \int_{F_1} \mu p R \mathrm{d}F_1 \tag{4-68}$$

式（4-68）简化后并积分得

$$M_1 = \mu_m p_m R F_1 \tag{4-69}$$

接触面 F_1 上的摩擦力矩 M_2 为

$$M_2 = \int_{F_2} \mu p R_p \mathrm{d}F_2 \tag{4-70}$$

式中 R_p——p 作用点处的轧辊半径。

将式（4-70）简化后，并近似认为 $R_p = R - \frac{r_0 + r_1}{2}$ 为常数，积分得

$$M_2 = \mu_m p_m \left(R - \frac{r_0 + r_1}{2}\right) \tag{4-71}$$

轧辊的驱动力矩

$$M = M_1 + M_2$$

代入各式得

$$M = \mu_m p_m \left[R(F_1 + F_2) - \frac{r_0 + r_1}{2} F_2\right] \tag{4-72}$$

4.4.5 大型楔横轧轧制力和轧制力矩有限元算法

有限元法是一种先进的数值方法，国际上有限元软件也很成熟，通用性强。本节介绍采用 LS-DYNA 有限元软件模拟楔横轧轧制过程得到用有限元法确定的楔横轧轧制力和轧制力矩，具有良好的可靠性和通用性。并根据工艺参数对轧制力和轧制力矩的影响规律，确定出在轧件直径最大、成形角最小、展宽角最大和断面收缩率较大等恶劣工况下，轧制力和轧制力矩的计算参数。

4.4.5.1 轧制力矩理论计算

采用 LS-DYNA 有限元软件模拟楔横轧轧制有限元输出结果，只给出轧辊和轧件各方向的力，而不直接输出轧制力矩，因此需要通过已知结果反推轧制力矩的大小。根据图 4-27 所示楔横轧轧制过程中轧辊的受力（即轧辊受轧件给予的正压力 P 和摩擦力 f）和有限元计算中得到的轧辊受力 F_x、F_y，得到如下关系式：

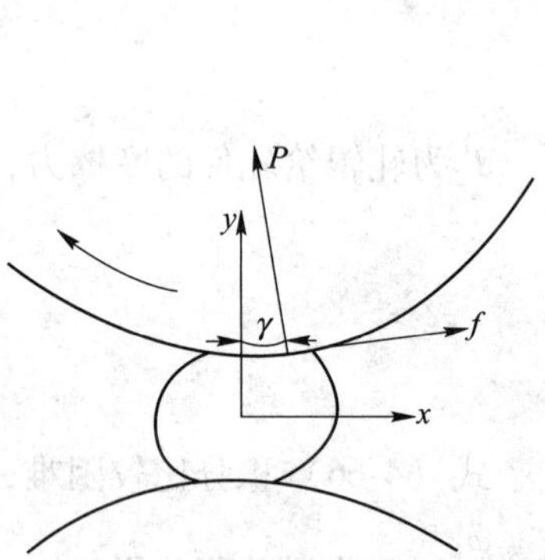

图 4-27 楔横轧轧辊受力图

$$\begin{cases} F_x = f\cos\gamma - P\sin\gamma \\ F_y = f\sin\gamma - P\cos\gamma \end{cases} \tag{4-73}$$

$$f = \mu P \tag{4-74}$$

式中，μ 为摩擦系数。由式（4-73）和式（4-74），可求出正压力 P

$$P = \sqrt{\frac{F_x^2 + F_y^2}{\mu^2 + 1}} \tag{4-75}$$

所以，作用于轧辊上的轧制力矩为：

$$T = 2 \times f \times \frac{D}{2} = \mu \sqrt{\frac{F_x^2 + F_y^2}{\mu^2 + 1}} \times D \tag{4-76}$$

式中，D 为轧辊直径。因此，求出 F_x、F_y 值即可计算出轧制力矩。

4.4.5.2　有限元计算模型的建立

楔横轧成形过程是一个很复杂的大弹塑性变形过程，既有径向压缩和轴向延伸，又存在横向扩展。它不但存在材料和几何非线性，而且其边界条件很复杂。建立有限元分析模型时，充分考虑了上述因素。因轧辊刚度较大，弹性变形较小可忽略，故将轧辊视为刚体；因轧件成形属连续局部大弹塑性变形过程，故可将轧件视为弹塑性体。楔横轧轧制中轴向力在轧件和轧辊上自相平衡。为了能分析轧制过程中轧件承受轴向力的变化规律，将轧件取一半，并在对称面上给予轴向位约束。轧辊与轧件的有限元模型如图 4-28 所示。

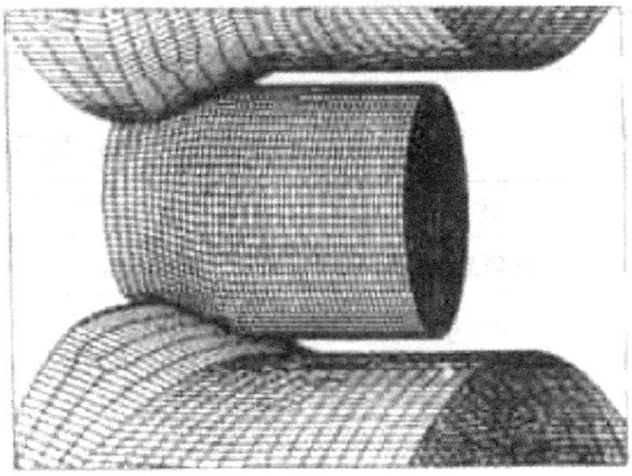

图 4-28　楔横轧有限元模型

4.5　应　用

目前楔横轧技术的生产应用已经从单机生产发展为机械零件的综合生产线，从而显著提高了产品产量和质量。例如，济南铸造锻压机械研究所利用 D47 型平板式楔横轧机组建汽车连杆、转向节精密锻造生产线。其核心设备包括程控消振电液模锻锤、平板式楔横轧机、热切边热校正双功能复合模具、成套锻造软件技术及连线技术。该生产线与进口的先进成套技术相比水平相当，某些性能及水平还有所提高。该线采用了新工艺、新设备、新模具，如采用楔横轧制坯，一模两件，效率高，毛坯精化，节材率高；主要设备从原理、结构、性能控制等方面都具有先进性，装机功率低（国外 55kW，该机 30kW），且消振；双功能复合模具简化了工艺，减少一台设备投资，提高了锻件质量。该线年生产能力为 80 万件，锻件重量误差±5%，节材 10%~25%，生产率提高 1 倍。

表 4-4 和表 4-5 分别列出了该所研制的 D46 型辊式楔横轧机和 D47 型平板式楔横轧机的主要技术参数。

表 4-4　D46 型辊式楔横轧机的主要技术参数

技术规格	D46-400	D46-500	D46-630	D46-800	D46-1000
轧辊中心矩/mm	400	500	630	800	1000
轧辊直径×长度/mm×mm	320×400	400×500	500×700	630×800	780×900
工件最大直径×长度/mm×mm	25×300	35×400	50×550	80×650	100×750
中心距调节量/mm	±10	±12	±15	±20	±30
轧辊连续转速/$r \cdot min^{-1}$	14~16~18	14~16	12~14	10~12	6~8

续表 4-4

技术规格		D46-400	D46-500	D46-630	D46-800	D46-1000
主电机功率/kW		15	22	30	75	100
外形尺寸/mm	长		1950	2282	2945	3420
	宽		1556	1850	2420	2828
	高		1900	2100	2630	3075
机器质量/kg			1000	16000	25000	40000

表 4-5　D47 型平板式楔横轧机的主要技术参数

技术规格		16×200	20×250	25×300	32×350	100×650
坯料最大直径/mm		16	20	25	32	100
轧辊直径×长度/mm×mm		320×400	400×500	500×700	630×800	780×900
工件最大直径×长度/mm×mm		25×300	35×400	50×550	80×650	100×750
中心距调节量/mm		±10	±12	±15	±20	±30
轧辊连续转速/$r \cdot min^{-1}$		14~16~18	14~16	12~14	10~12	6~8
主电机功率/kW		15	22	30	75	100
外形尺寸/mm	长		1950	2282	2945	3420
	宽		1556	1850	2420	2828
	高		1900	2100	2630	3075
机器质量/kg			1000	16000	25000	40000

又如，北京机电研究所研制开发的一体式整体结构的系列楔横轧机，设备的主要特点是：采用气动摩擦离合器和制动器，操作灵活可靠；利用偏心齿轮调节轧辊中心距，调整简单方便；模具相位角调整简便可行；采用 PC 机控制，具有计数和故障显示系统；可与其他锻压设备组成复合工艺和生产线，用于机械零件的精密成形和回转形加工。

思　考　题

4-1　楔横轧工作原理是什么？

4-2　在楔横轧轧制过程中，轧件成形需经历那几个阶段？

4-3　楔横轧阶梯轴模具设计主要工艺参数有哪些？如何确定？

4-4　楔横轧轧件常常会出现中心疏松和空洞现象，请分析出现这种缺陷的可能原因和解决措施分别是什么？

4-5　楔横轧轧件表面有时会出现裂纹和折皮，请分析出现这种缺陷的可能原因和解决措施分别是什么？

参 考 文 献

[1] 日本塑性加工学会. 压力加工手册［M］. 江国屏，等译. 北京：机械工业出版社，1984.

[2] 王廷溥. 轧钢工艺学［M］. 北京：冶金工业出版社，1980.

[3] 胡正寰. 斜轧与楔横轧［M］. 北京：冶金工业出版社，1985.

[4] 宋明正. 卧式平板楔横轧机［J］. 锻压机械，2000 (5)：26.

[5] 林法禹．特种锻压工艺［M］．北京：机械工业出版社，1991.
[6] 机械工业部机械研究院．国外压力加工概况及其发展趋势，1973（内部资料）．
[7] 机械工业部机械研究院．金属压力加工，1973（内部资料）．
[8] 李培武．塑性成形设备［M］．北京：机械工业出版社，1995.
[9] 中国机械工程学会锻压学会．锻压手册［M］．北京：机械工业出版社，1993.
[10]《锻压技术手册》编委会．锻压技术手册［M］．北京：国防工业出版社，1989.
[11] 郭长武．楔横轧成形轴类件新工艺［J］．金属成形工艺，1996（3）．
[12] 曹诗倬．钢窗手柄冷楔横轧工艺［J］．金属成形工艺，1996（1）．
[13] 权修华．冷楔横轧工艺试验研究［J］．锻压机械，1996（4）．
[14] 胡亚民．回转塑性成形技术的应用［M］．锻压机械，1996（6）．
[15] 沈瑞宏．链同步平板式楔横轧机［M］．锻压机械，1997（1）．
[16]［美］T. 阿尔坦，等．现代锻造——设备、材料和工艺［M］．陆索，译．北京：国防工业出版社，1982.
[17]《锻工手册》编写组．锻工手册（第七分册）［M］．北京：机械工业出版社，1975.
[18]《机械工程手册　电机工程手册》编辑委员会．机械工程手册（第七分册）［M］．北京：机械工业出版社，1982.
[19] 王运赣．锻压设备的计算机控制［M］．武汉：华中理工大学出版社，1988.
[20] 万胜狄．锻造机械与自动化［M］．北京：机械工业出版社，1983.
[21] 姜军生．楔横轧模具的安装与调试［J］．锻压技术，2002（2）．
[22] 束学道，胡正寰．大型楔横轧机轧制力和轧制力矩有限元算法［J］．轧钢，2003（6）：4~6.

5 旋压设备

5.1 概　述

旋压成形又称回转成形，其工艺过程（图 5-1）是使板材或壳体类工件作回转运动，辊轮作为工具进行的成形。在成形过程中辊轮逐渐将板材压成芯模的形状。回转成形工艺可分为两种，即只减小圆板坯料外径而不减小壁厚的普通旋压和不改变外径只减小板厚的强力旋压。

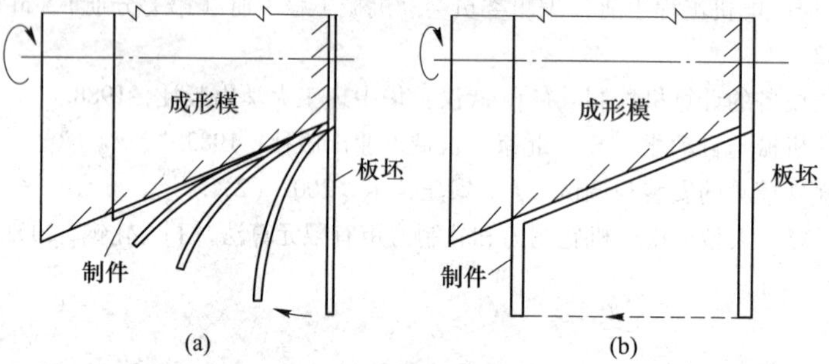

图 5-1　旋压成形原理

（a）普通旋压；（b）强力旋压

旋压技术是板金属加工的一个重要领域，它具有工艺设备简单、加工精度高、材料利用率和生产效率高、便于变换产品品种等优点。由于板材生产的发展，板加工作为一种高效生产技术得到了愈来愈广泛的应用。旋压技术是由车床上的手工擀压金属板发展起来的，首先将金属板夹持在车床上使其旋转，然后用擀棒逐渐地加以擀压，金属板一点一点地变形，最后成为回转体类的零件。这种工艺称为手工旋压。随着技术的发展和产品品种的扩大，自动旋压机代替了手工旋压的普通车床。目前，自动旋压机已成为具有多种功能的系列化机床产品。随着计算机应用的普及，数控自动旋压机已成为旋压技术发展的主流。

旋压件产品的范围十分广泛，大部分为机械零件，如各种形状的管件、汽车轮辋和轮辐、发动机壳体及进气和排气口等。其他如照明器具、家用器皿、电器产品和仪器仪表的壳体等的用量也很多。各种容器的封头大多也是用旋压技术生产的。旋压工艺可以根据工件和旋轮的运动方式加以分类，通常分为拉深旋压、剪切旋压（锥形变薄旋压）、筒形变薄旋压、收颈、胀形、切边、卷边翻边、压纹或压筋以及表面光整和强化等。

旋压工艺可以加工厚度在 20mm 以下的各种金属板材（表 5-1），最大的工件直径可达 3000mm 以上。旋压技术有许多优点，主要有：

（1）尺寸精确，表面质量好。旋压加工可以替代机械加工，其精度完全能够达到要求，在某些场合甚至超过机械加工精度。例如，在双金属复合旋压液压缸的生产中，旋压成形可以直接得到最终产品。直径150mm的容许公差可以在±0.05mm以内，表面粗糙度可以达到或超过普通机械加工的水平。

（2）力学性能高，产品质量好。由于旋压使得金属的晶粒沿流动方向再排列，并产生较强的加工硬化，因此材料的疲劳强度、屈服强度和抗拉强度均得到提高。

（3）工艺灵活，生产成本低。由于旋压工艺的工具简单，更换方便，因此能够很快地改变产品种类和规格，适宜小批量、多品种生产。

（4）材料利用率高，适应范围广。旋压加工的材料变形均匀，精度高，压余和切边少，因此材料利用率很高。旋压加工适用于各种材料，包括碳素钢、不锈钢、铝、铜等常用金属板材，也可以加工钛、锆、钨、钼等难变形金属和金、银等贵金属。对拼接的焊接件，如焊接钢管也能够加工。

表5-1　旋压机可以加工的板厚

机床类型	中心高度/mm	可成形的最大板厚/mm			
		铝	铜	碳素钢	不锈钢
手工旋压机	400	3～4	3	2	1.25
自动旋压机	400	8	5	3	2.5
	600	12	7	6	3
	1200	18	14	11	5
	1600	20	15	12	5.5

5.2　旋压设备的分类

旋压机的分类方法很多，这是由旋压产品的种类繁多所决定的。例如，旋压机可以根据加工方式分成手工旋压机和自动旋压机，根据材料的变形情况分为普通旋压机和强力旋压机等，根据产品的类型分为通用旋压机和专用旋压机等。自动旋压机的专业化生产已经很多，但是机型和规格尚没有标准化。

旋压机还可以按照工作压力的大小和旋轮数量来分类。按照设备能力，旋压机可以分为轻型旋压机（一个旋轮的旋压力小于100kN）、中型旋压机（一个旋轮的旋压力为100～400kN）和重型旋压机（一个旋轮的旋压力大于400kN）。按照旋压机的旋轮数量，旋压机有单旋轮、双旋轮和多旋轮等几种类型。表5-2给出了旋压机的主要类型。

表5-2　旋压机的主要类型

分类方法	旋压机的类型
按材料的变形情况分类	普通旋压机
	强力旋压机
	与其他加工工艺联合旋压
按主轴位置分类	卧式旋压机
	立式旋压机

续表 5-2

分类方法	旋压机的类型
按旋轮数量分类	单旋轮
	双旋轮
	三旋轮
	多旋轮
	无旋轮
按芯模相对工件位置分类	外旋压
	内旋压
按金属流动分类	正旋压
	反旋压
	正反旋压
按温度分类	冷旋压
	热旋压
按设备能力分类	轻型旋压机
	中型旋压机
	重型旋压机
按外形结构分类	机床型
	轧机型
	压力机型
	特殊型
按控制方式分类	手动旋压机
	仿形旋压机
	数控旋压机
	录返旋压机
按产品类型分类	筒形件旋压机
	锥形件旋压机
	异形件旋压机
	复合件旋压机
	通用旋压机
	专用旋压机

5.3 通用旋压机

由上节所述，旋压机可以分为通用旋压机和专用旋压机两大类，在结构上两者有较大的差异，因此可以将旋压机按照这两类来分别叙述。

在生产中大量使用的是通用自动旋压机，主要有卧式和立式两种形式。

5.3.1 卧式旋压机

通常使用的旋压机是卧式旋压机（图5-2）。卧式旋压机类似于卧式车床，故又称之为机床型旋压机。卧式旋压机主要由装卡芯模的主轴箱、安装旋轮的旋轮架、顶紧板料的尾座和床身等组成。由于旋压力远大于金属切削力，所以传动功率和各部分的结构强度要大于车床。特别是加大了旋轮对芯模的顶压力和纵向进给力，加大了旋轮架的滑动面，提高了机床的刚度，使其成为具有重型机械结构的金属压力加工设备。

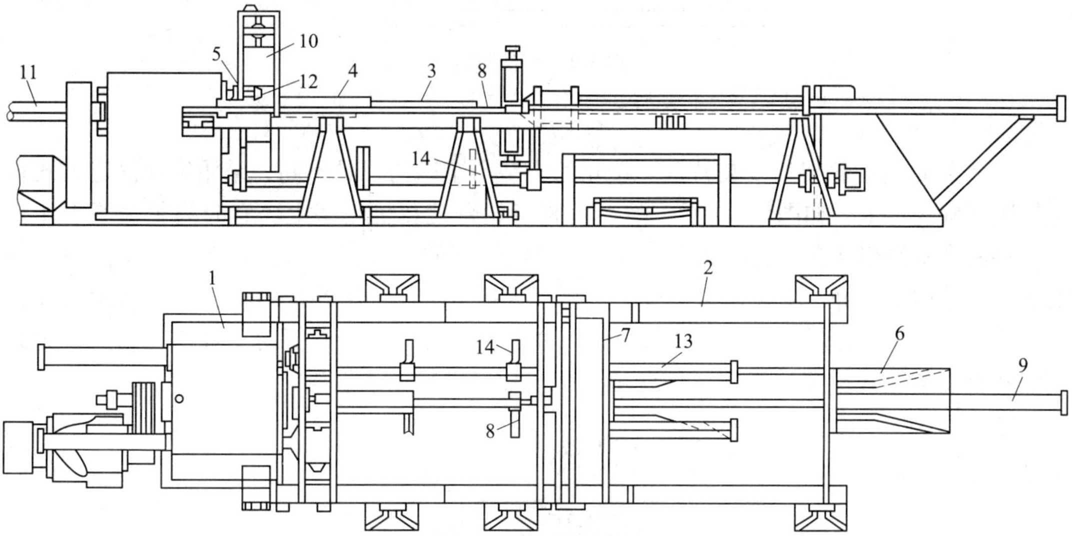

图5-2 卧式旋压机

1—主油箱；2—床身；3—芯棒；4—管坯；5—卡盘；6—尾座；7—横向支架；8—定心机构；9，11，13—油缸；10—旋轮架；12—旋轮；14—上料臂

与车床相比，通用自动旋压机结构上的主要特点是：

（1）芯模与主轴的安装特点。与车床相比，旋压机的旋压力很大，主轴要承担很大的轴向力和径向力。因此芯轴的安装要保证工件的稳定，通常是利用锥形体和法兰来安装芯轴。图5-3所示的是3种常用的安装方式，这些安装方式既能够承受足够的旋压力，又便于快速装卸芯模，以适应多品种、小批量的生产。

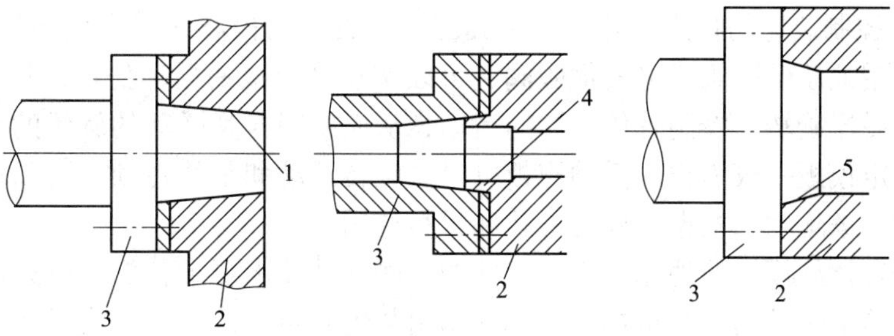

图5-3 主轴与芯模的安装方式

（a）第一种方式；（b）第二种方式；（c）第三种方式

1—锥体；2—芯模；3—主轴法兰盘；4—锥体（利用弹性变形）；5—短锥体

为了便于卸下成形后的旋压件，旋压机上装有顶件装置（图5-4）。一根安装在空心主轴上的顶杆，由液压缸推动，将旋压件从芯模上顶出。

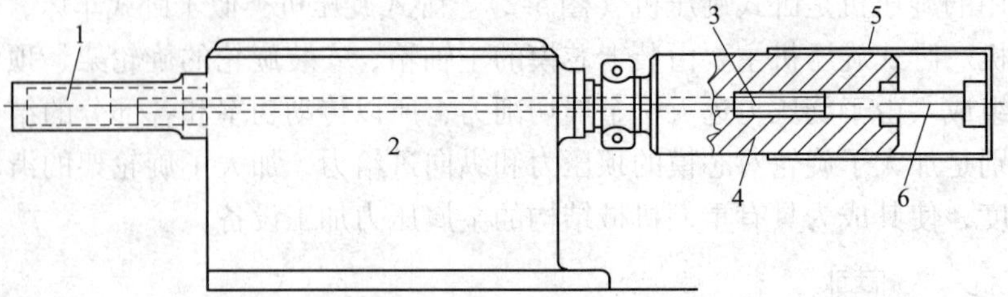

图5-4 顶件装置

1—油缸；2—主轴箱；3—顶杆；4—芯模；5—工件；6—顶料器

（2）旋轮与旋轮架的安装特点。旋轮的安装与车床的刀具不同，采用轴向固定方式将旋轮装在旋轮臂上，如图5-5所示，然后再将旋轮臂装在旋轮架上。有时为了提高工作效率，将两个旋轮串接在一起。图5-6所示的是旋轮臂的3种安装方式。图5-6（a）所示的安装方式结构刚性好，安装位置不变，适用于大批量生产。图5-6（b）、（c）所示安装方式的旋轮外伸量和倾斜度可调，适应性强。在有些场合，采用擀棒对工件进行精旋，为此可安装自动换轮（擀棒）装置，使各道工序按程序进行。

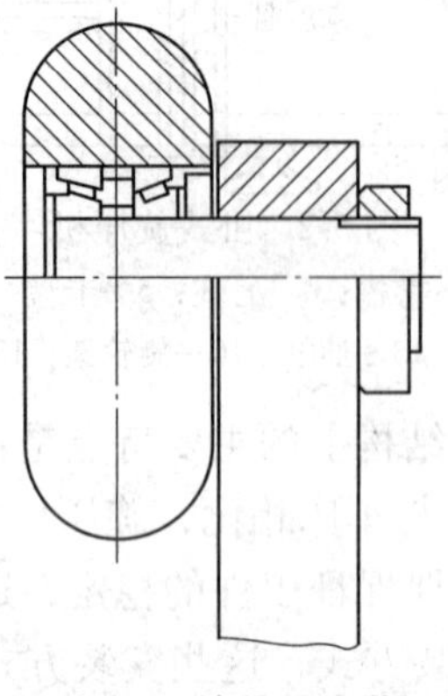

图5-5 旋轮的安装

（3）旋轮控制装置的特点。除了手工旋压外，旋轮的控制大多采用仿形装置来实现。该装置一般采用液压伺服阀或电液伺服阀，可以实现多道次的循环仿形旋压。如图5-7所示，活动模板慢慢旋转，控制着仿形器的运动，从而控制与其联动的旋轮的运动，直到旋轮的运动与固定模板一致为止。活动模板可以做旋转运动和平移运动，可以连续运动，也可以作周期性间歇运动，根据工件的形状和材料选用。

为了充分发挥旋压机的功能，满足工件的一些辅助技术要求，旋压机还可以配置一些辅助装置。如装卡工件的定心机构、工件的切边装置和卷边装置等。为了防止板料在拉深旋压初期起皱，需配置反推辊（图5-8），使板料逐步变形。一个形状复杂的工件从板料的安装定位和旋压成形，完成必要的辅助工序，直到卸下工件的全过程可以采用顺序控制。还可以采用更为先进的微型计算机进行程序控制，更方便地改变工艺顺序。

为了增强自动旋压机的功能，还可以增设其他辅助装置。例如，主轴的驱动采用无级变速器或调速电机，防止芯模受热膨胀的冷却装置，保持液压传动系统稳定的液压油温控装置等。

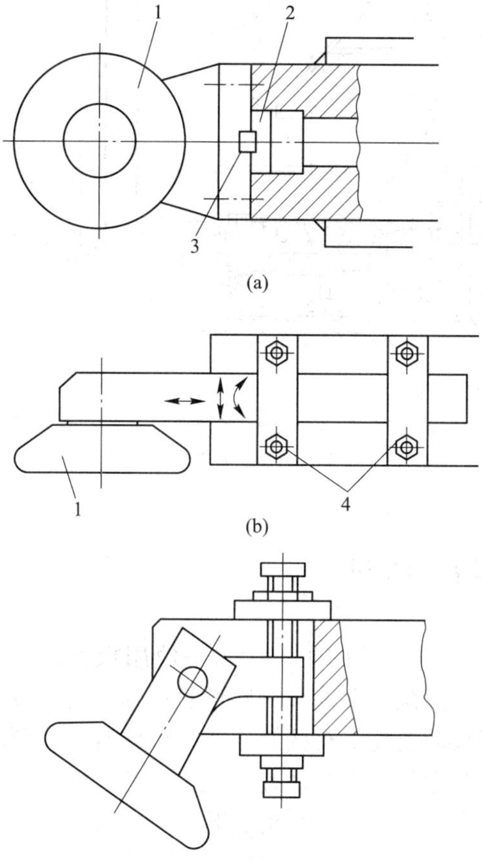

图 5-6　旋轮臂的安装方式
（a）第一种方式；（b）第二种方式；（c）第三种方式
1—旋轮；2—定心轴；3—定位键；4—压板

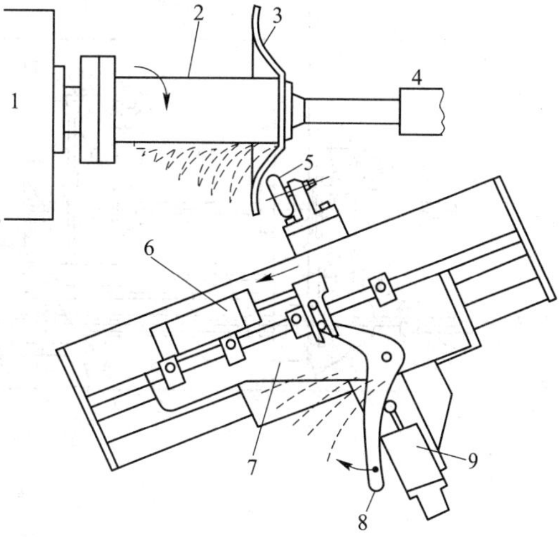

图 5-7　旋轮的仿形控制装置
1—主轴；2—芯模；3—工件；4—尾顶杆；
5—旋轮；6—油缸；7—固定模板；
8—活动模板；9—仿形器

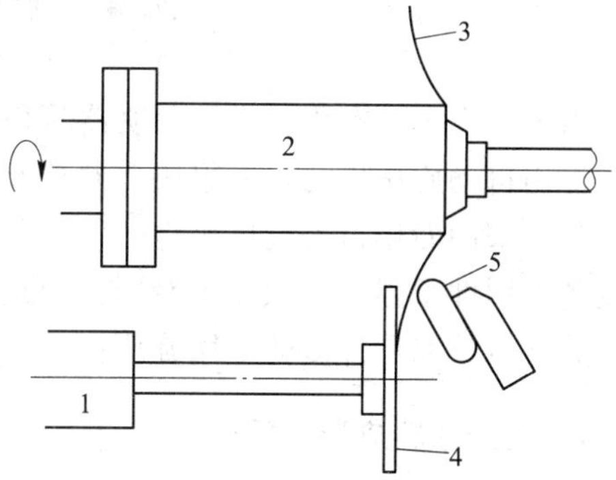

图 5-8　反推辊装置
1—油缸；2—芯模；3—工件；4—反推辊；5—旋轮

5.3.2　立式旋压机

立式旋压机（图 5-9）的功能与卧式旋压机的基本相同，其结构与压力机类似，故又称为压力机型旋压机。立式旋压机的高度大，敞开性好，便于一些大型工件和工具的装卡和卸下。由于主轴安装位置的限制，主轴的驱动功率和承载能力不能太大，所以普通立式旋压机多用来加工轻薄的工件，也可以对冲压件、薄壁管件进行再加工。立式旋压机的操作空间比较大，可以安装两个或三个旋压头和仿形装置。这样使板料的变形较为均匀，生产效率也较高。

通用旋压机由于适应性强，市场需求量大，因而可以批量生产。随着板料加工生产的日益增长，通用旋压机的产量和品种规格还会有较大增长，设备的装备水平也会不断提高。

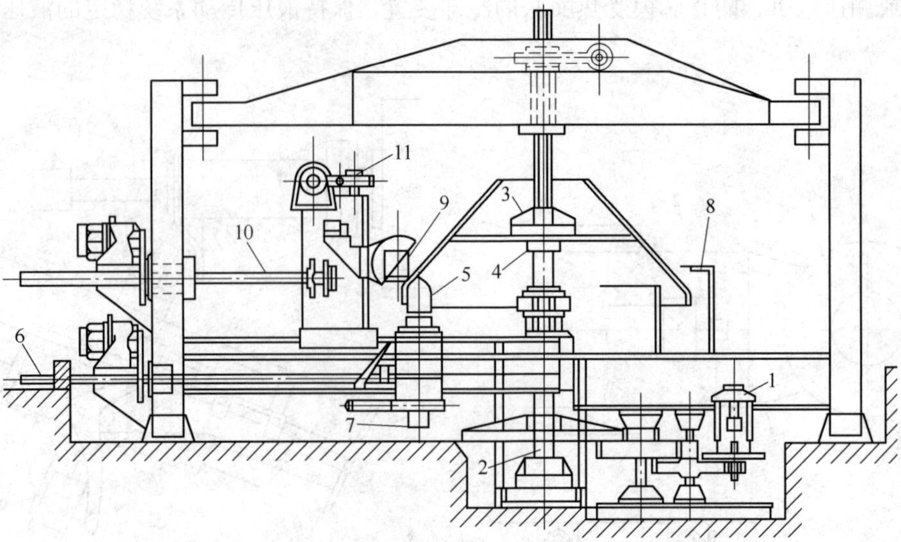

图 5-9 立式旋压机

1—主电机；2—主轴；3—上滚筒；4—下滚筒；5—内辊；6—内辊水平轴；7—内辊垂直轴；8—炉壁；9—外辊；10—外辊水平轴；11—外辊垂直轴

5.4 专用自动旋压机

由于在汽车、家用器具、照明器具以及各种机械零件的生产中大量使用板料成形加工，专用自动旋压机的发展很快。尤其像皮带轮、变截面管件等一些形状特殊、批量较大的产品，采用专用自动旋压机生产效率会得到很大的提高。有些旋压产品形状复杂，要求的设备专用性很强，必须使用专用自动旋压机。常用的专用自动旋压机主要有：轻型板料成形旋压机、筒形件变薄专用旋压机、管端成形专用旋压机、封头成形专用旋压机。

5.4.1 轻型板料成形旋压机

轻型板料成形旋压机主要用于板料的边部成形，可以生产盘类零件。最常用的是皮带轮旋压机。板料旋压生产的皮带轮质量轻、强度高、体积小，在车辆生产中应用十分广泛。

表 5-3 是我国某厂生产的一种 VPS-30 型立式数控皮带轮旋压机床的主要技术参数。该皮带轮旋压机床采用立式结构，有 3 个由计算机自动控制的全液压驱动的旋轮，适用于旋制各种形式的板制皮带轮，尤其适合于旋制多 V 形皮带轮和劈开式皮带轮。为适应旋制多 V 形皮带轮的要求，该机床在结构上具有如下特点：

(1) 机床主体结构为三梁四柱式。三梁四柱式机床结构有利于承受旋制多 V 形皮带轮所需的较大轴向力和径向力。为增加主机的刚度，采用类似液压机的三梁四柱式结构，其中包括两个固定式平台（上、下平台）、一个活动平台、四根立柱及基座等部分。

主轴部件装在主机架的下平台，顶压部件装在活动平台上，由顶压缸（亦称垂直缸）推动活动平台沿四根立柱作上、下运动，改变此两大部件之间的轴向距离，以完成对工件

表 5-3 VPS-30 型立式数控皮带轮旋压机床的主要技术参数

项 目	数 据
轴向最大压力/kN	380
径向最大压力/kN	125
主传动油泵电机组功率/kW	22
节流调速泵站电机功率/kW	6.2
顶压缸活塞杆行程/min	250
径向缸活塞杆行程/min	100
各缸工进速度范围/mm · min^{-1}	50~300
各缸快进速度范围/mm · min^{-1}	1200~1800
主轴转速/r · min^{-1}	100~500
机床生产效率/件 · min^{-1}	1~3
设备质量/t	4.8

的压紧、成形与分离动作。装在下平台上的三个旋轮座对工件进行加压，主轴旋转，在轴向与径向两个方向上对工件进行加压，完成工件的旋压成形工作。

（2）上、下主轴的同步回转系统。板制皮带轮旋压过程中常因工件与安装在上主轴上的顶压座发生打滑（由于瞬间摩擦力不足），而造成工件表面划伤、粘结，严重损伤工件表面质量。为避免打滑，该机床采用上、下主轴同步回转机构，保证下主轴（在下平台的下主轴部件内）和上主轴（在活动平台的顶压部件内）的同步回转。

（3）自动出件机构。在旋制折叠式板制皮带轮以及多 V 形皮带轮时，工件常因旋压后发生变形而卡在止扣内，造成出件困难，影响生产效率。为解决多 V 形皮带轮旋压成形后出件难的问题，在 VPS-30 型立式旋压机上设计了自动出件机构。当旋压工序结束后，用出件机构将工件从胎具上顶出。

（4）偏心机构。在主轴部件的中心部位装有偏心-支撑轮机构，在旋制双槽或三槽板制皮带轮时，内支撑旋轮在轮槽旋压过程中对工件内壁进行支撑，在预旋压成形时起分料作用；在最终成形时，内支撑旋轮的两个锥面对工件的“槽脊”的两侧起支撑作用。在皮带轮旋压过程中，内支撑旋轮应能随着工件轴向缩短而下移。由于有自动出件机构，内支撑旋轮可以不回中。

（5）旋轮装置。一般板制皮带轮旋压机多为两旋轮座式，为了适应多 V 形皮带轮和劈开式皮带轮旋压工艺的要求，本机床采用三旋轮座式。根据皮带轮的种类不同，如折叠式皮带轮、多 V 形皮带轮以及劈开式皮带轮等设计不同的旋轮装置。

（6）径向缸限位机构。VPS-30 型立式旋压机上专门设置了径向限位机构，其主要作用是在液压系统或控制系统偶然出现故障时，避免旋轮与模具相撞。

（7）CNC 四轴数控系统。根据设计任务对控制系统提出的要求，系统采用了 Pentium 级工业控制机作为控制系统的主机，使系统成为 CMC 四轴数控系统，可控制机床作单轴运动，也可以四轴联动。在软件平台上装备有以下功能软件：

1）工件毛坯的图形显示及加工工艺参数的计算。

2）根据皮带轮产品旋压工艺要求，编制产品加工程序和修改程序。

3）机床运动（手动、分段调试、自动）控制，并可设置浮动零点。

4）机床报警系统及系统故障自诊断功能。

5）各种工作状态备有进入操作的汉字菜单，供用户方便使用。

5.4.2 筒形件变薄专用旋压机

筒形件的应用十分广泛，各种直径的变截面的管件都可以用旋压的方法进行加工。与机加工工艺相配合，可以制造各种机械零件。对于轻型的筒形件可以使用通用旋压机，但是对于较大的筒形件，由于尺寸大、管壁厚，有时还必须进行热旋压，所以采用大型专用旋压机更为合适。此类旋压机装有刚性很大的三角框架式鞍座，用于安装旋轮架。鞍座能够相对主轴中心线平移运动，以进行筒形件的正旋压和反旋压。由于管壁很厚，需要多道次旋压，因此大型专用旋压机还配备有多道次仿形装置，能够自动控制旋轮的横向进给量。又因为变形量很大，设置了大流量的循环冷却润滑装置，以消除变形热。为了便于上下工件，还配备的上料和卸料装置。图 5-10 是一台管材旋压机示意图，该机利用装有三个旋轮的移动式旋轮架，对旋转的管坯进行强力旋压，使之减壁、延伸。

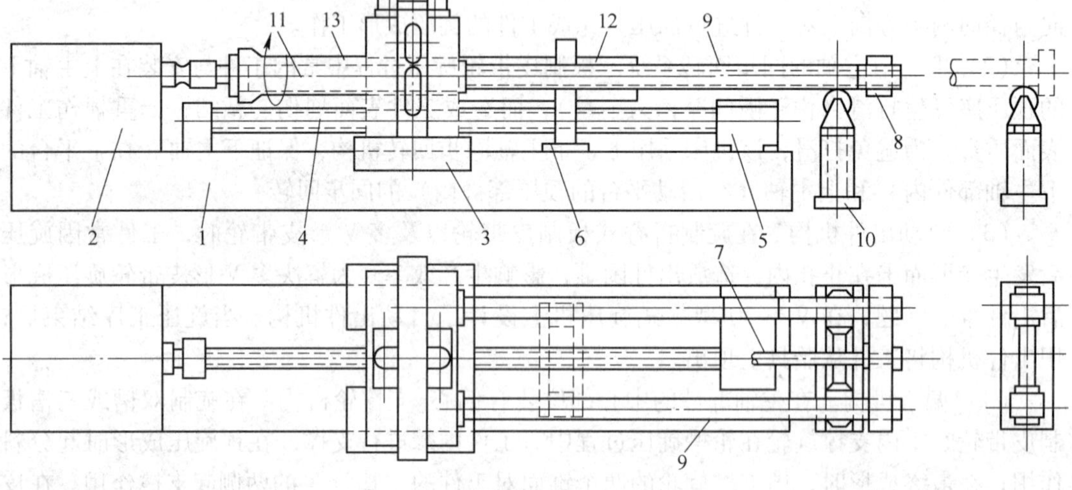

图 5-10　管材旋压机示意图

1—机座；2—主轴箱；3—移动式旋轮架；4—旋轮架移动丝杠；5—丝杠移动装置；
6—管坯移动支架；7—芯棒拉杆；8—框架横梁；9—框架拉杆；10—托辊；
11—芯棒；12—管坯待旋压段；13—已旋压好的管材

5.4.3 管端成形专用旋压机

管端加工是管材使用的重要的加工工序之一，缩径、增厚以及封底等是管端加工的主要形式。为此，可以采用专用的管端旋压机来生产相应的产品。例如，生产高压气瓶的专用旋压机能够旋压出直径 25～40mm、长 200～6000mm 的各种气瓶。成形是通过旋轮在水平面内的转动使管端逐渐收缩，经过多道次的拉伸旋压完成的。

简易的管端旋压机类似一台加长车床，机器的一侧设置燃气加热箱，管坯的头部伸入内部加热后，由拨料装置将其拨入床身中，再由液压缸推向旋压头。推力和旋压力的共同作用使管端缩径或收口。图 5-11 所示的是一台管端热旋压机，其特点是采用数控技术，由旋压头和鞍座的三坐标联动来实现旋轮的进给。机床的主轴是装有弹簧夹头的空心轴，将管坯插入轴内，由火焰喷枪将管坯加热到 1100℃左右，然后进行热旋压。

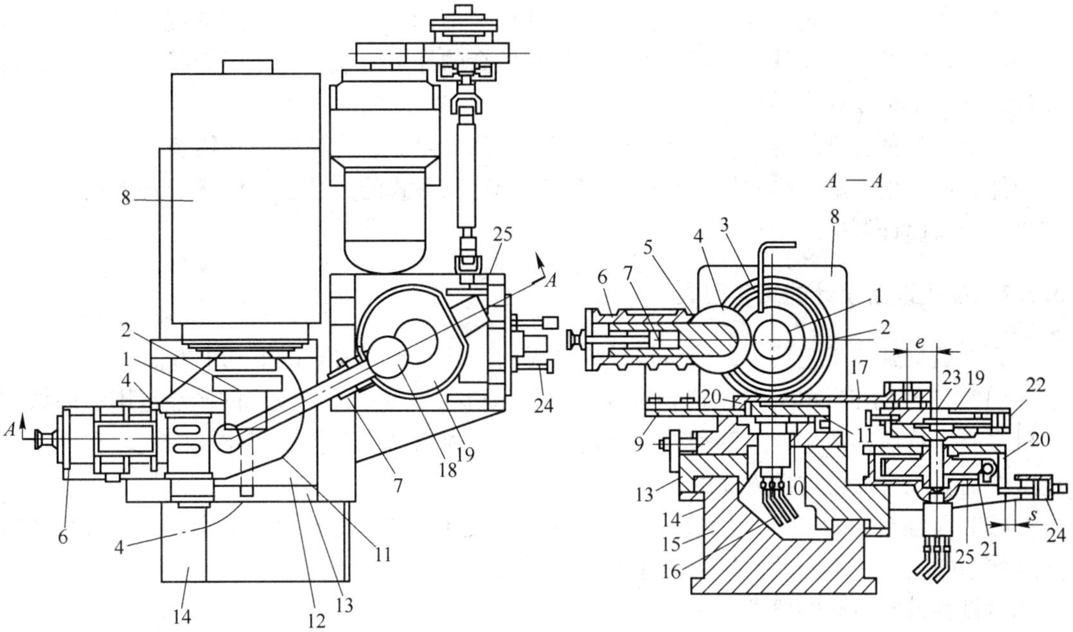

图 5-11　管端热旋压机

1—管坯；2—卡盘；3—烧嘴；4—旋轮；5—旋轮架；6—套筒；7—活塞；8—主轴箱；9—旋转架；10，11—轴承；12—上滑动座架；13—下滑动座架；14—床身；15—旋转轴节；16—软管；17—连杆；18—轴；19—曲柄盘；20—蜗杆；21—蜗轮；22，24—油缸；23—金属块；25—滑动底座

5.4.4　封头成形专用旋压机

封头的尺寸规格很多，采用冲压成形是很不经济的。旋压成形可以方便地改变产品规格，所以大多数封头都是采用旋压方法生产的。常用的封头生产设备是封头成形旋压机（图 7-12），工作时将预制好的盘形半成品装卡在两个旋轮之间，利用边部旋压加工曲面封头。该设备可以进行冷旋压或热旋压，将坯料的一侧置于炉壁之间加热，而在另一侧作旋压加工。如果在热状态下对厚板料的边部进行径向热深切，然后再用成形辊作扩展旋压，可以生产滑轮类零件。

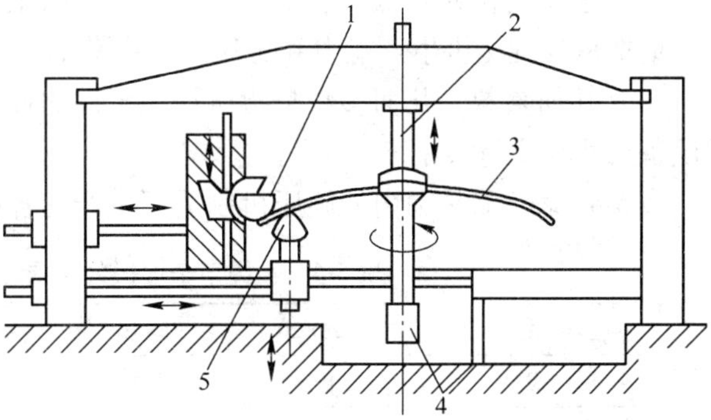

图 5-12　封头成形旋压机

1—外旋轮；2—毛坯的支撑轴；3—工件；4—主轴；5—内旋轮

5.5 旋压机的技术参数

为了实现旋压工艺过程，并且达到要求的技术指标，必须选择合适的旋压设备，配备合理的工艺装备，从而获得良好的产品质量和较高的经济效益。旋压机的技术参数是设备设计制造和工艺设计中设备选型的主要依据。

目前，各种类型的旋压机大多已经实现了系列化生产，产品生产所需要的设备形式和生产能力可以根据旋压机的规格系列选定。对于特殊形式的产品也可以参照现有的设备类型进行专门设计制造。

5.5.1 旋压设备设计的工艺因素

为了满足旋压工艺要求，设备设计应考虑的工艺因素主要有以下几个方面：

(1) 工件的工艺性。从生产角度要求，旋压机应尽可能适应较广的产品范围，即做到一机多能。然而，从生产效率和设备结构上考虑，则应当使设备专门化。因此，在设计和选型中需要综合考虑这两方面的因素。

(2) 旋压件材料和变形参数。工件的材质对设备的要求有很大的差别，不同材料和热处理状态的工件有不同的旋压力能参数、工装设计和工艺规程，相应的变形参数也不同，因此对设备也有不同的要求。

(3) 工件的几何尺寸与形状。工件的几何尺寸决定了旋压机的外形尺寸和相应的设备精度，对于大型工件的旋压加工，工件的装卡和旋压头的进给精度是很重要的。此外，工件形状的复杂程度也是考虑设备结构的因素之一。

5.5.2 旋压机的主要技术参数

旋压机的主要技术参数包括：

(1) 力能参数。旋压机的力能参数包括旋轮径向压力、旋轮座的纵向推力和尾座对工件的顶推力等。对于强力旋压，旋压力与板料的材质、厚度以及变形量有关。

(2) 速度与位移参数。速度与位移参数包括主轴转速、旋轮座的纵向进给速度。转速和进给量是与旋压机生产能力和旋压质量有关的重要参数。

(3) 几何参数。几何参数是指所加工工件的径向和轴向尺寸。几何参数决定了旋压机的设备尺寸和质量大小。

表 5-4~表 5-6 是国内外旋压机制造厂生产的各种类型旋压机的主要技术参数。

表 5-4 美国辛辛那提公司强力旋压机技术参数

旋压机系列	26×20	32×16	45×20	45×50	60×60	75×100
形 式	卧式	立式	卧式	卧式	卧式	立式
工件最大直径/mm	660.4	813	1143	1143	1524	1005
工件最大长度/mm	508	406.4	508	1270	1524	2540
工作压力/kN	18	272	36	226.8	340	1134
纵向进给行程/mm	508	406.4	508	1372	1651	3175

续表 5-4

旋压机系列	26×20	32×16	45×20	45×50	60×60	75×100
横向进给行程/mm	356	381	559	622.3	813	1076
尾座行程/mm	559	584.2	508	2023	2286	3175
电机功率/kW	7.8	136	14.9	55.9	141.7	261
设备质量/t	2.9	41.3	7.7	35.4	66.2	294.8

表 5-5 日本三井公司旋压机技术参数

型　号	HSP400S	HSP800S	HSP1200S	HSP2000S	HSP-600
坯料最大直径/mm	400	800	1200	2000	600
坯料最大厚度/mm	2.3	3.2	4.5	9	4.5
制品最大长度/mm	200	400	600	800	200
旋压力/kN	10	15	35	85	20
旋轮数/个	1	1	1	1	2
主电机功率/kW	3.7	7.5	15	30	7.5

表 5-6 青海重型机床厂生产的旋压机主要技术参数

产品名称	型号	最小坯料直径/mm	最小工件直径/mm	最大旋压长度/mm		旋轮座纵向推力/kN	旋轮径向压力(每个旋轮)/kN	尾座顶推力/kN	主轴转速范围/r·min⁻¹	旋轮座纵向进给量/mm·min⁻¹	电　机			净重/t	外形尺寸(长×宽×高) mm×mm×mm
				正/反旋体形	反旋直管						主电机功率/kW	总容量/kW	台数/台		
强力旋压机	QX63-20A	300	60	2000	3000	400	200	100	80~630	10~800	75	112	8	42	9930×5230×2787
数控强力旋压机	QXK63-10	400	40	1200	2400	180	100	60	68~600	0~1100	37	61	6	25	8095×5215×2731
自动成形普通旋压机	PXZ-450	890	中心高450	中心距1250		65	65	50	9级 160~1000	0~5000	18.5	41	4	10	3855×2400×2415
轮辋锁圈成形旋压机	QZ-025	600	400	250	12	550	500	44~117	3级 80~111	0~1000	110	179	6	31.5	7131×5085×2230
轮辋辋底旋压机	QZ-026	600	400	250	12	550	500	44~117	6级 150~313	0~1000	110	179	6	28.9	7131×5085×2230
轮辋辋角扩旋旋压机	QZ-027	600	400	250	12	550	500	44~117	3级 80~111	0~1000	110	179	6	29.3	7131×5085×2230
轮辋旋压机	QZ-028	600	400	250	12	550	500	44~117	12级 80~313	0~1000	110	179	6	32.3	7131×5085×2230

5.6 旋压力能参数计算

5.6.1 旋压力的计算

在金属旋压工艺过程中，变形力的计算是十分重要的。由于旋压件的种类繁多，工艺条件不同，所以旋压力的计算也较为复杂。不同形状的工件和旋轮使变形金属有不同的受力状态。一般情况下，有内模旋压（强力旋压）过程，变形金属处于三种压力状态，而无内模旋压则为两压一拉应力状态。

旋压力的理论计算公式很多，对于锥形件的强力旋压过程大致有纯剪变形计算法等5种计算方法。类似于切削力的计算，三向压力状态下的旋压力可以分解为切向力 P_t、径向力 P_r 和轴向力 P_z 三个分量，并且有：

$$P = P_t + P_r + P_z$$

若按照纯剪切变形的计算方法，三个分量的计算方法分别为：切向力按下式计算：

$$P_t \approx f t_0 C \left(\frac{1}{\sqrt{3}}\cos\alpha\right)^{n_0+1} \sin\alpha$$

式中　f——旋轮进给量；

t_0——毛坯的厚度；

α——芯模的半锥角；

C，n_0——材料有关的常数。

表5-7给出了由实验确定的常用旋压材料的 C 和 n_0 值及力学性能数据。

表5-7　常用旋压材料的 C 和 n_0 值及力学性能数据

材　料	σ_a/MPa	σ_b/MPa	C/MPa	n_0
LF21M	63	106	177	0.21
LF2M	90	177	275	0.16
LYI2M	104	166	246	0.13
10F	252	310	547	0.23
20F	236	391	637	0.18
30CrMnSi	388	609	924	0.14
1Cr18Ni96Ti	357	652	134	0.34
T2	174	220	411	0.27
H62	161	320	672	0.38

径向力和轴向力可以按照下列公式计算：

$$P_r = P_t F_r / F_t, P_z = P_t F_z / F_t$$

式中，F_t、F_r 和 F_z 分别为旋轮与工件接触表面在径向、切向和轴向的投影面积。

三个方向的投影面积可以由作图法或解析法求得（图5-13）。

按照解析法，可以分别按近似三角形来处理，其结果为：

$$F_t \approx \frac{1}{2} f r_p \cos^2\alpha$$

$$F_r \approx \frac{1}{2} r_p (1 - \sin\alpha) R_0 \theta_0$$

$$F_z \approx \frac{1}{2} r_p \cos\alpha R_0 \theta_0$$

式中 R_0——工件轴线到变形区开始点的半径；

θ_0——变形区旋轮压入深度的夹角；

r_p——旋轮的工作圆角半径。

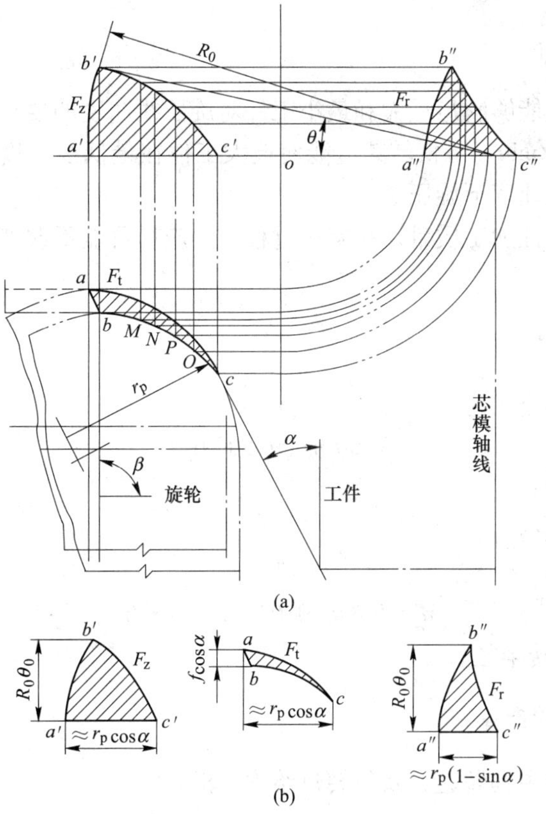

图 5-13 变形区在三个坐标方向投影面积

（a）作图法；（b）解析法

这样，径向力和轴向力的计算公式为：

$$P_r = P_t \frac{1 - \sin\alpha}{f\cos^2\alpha} R_0 \theta_0$$

$$P_z = P_t \frac{R_0 \theta_0}{f\cos\alpha}$$

还可以按照其他方法计算旋压力。一般情况下，旋压过程更类似轧制过程，所以借用轧制力的计算方法计算旋压力也是可行的。

5.6.2 尾座顶推力的计算

尾座顶推力的作用是不使坯料与芯模之间产生相对转动。为了使旋压过程顺利进行，尾座必须有足够的顶推力。尾座顶推力可以根据坯料与芯模端面的摩擦力矩应大于切向旋压对工件产生的旋转力矩来计算。

根据经验数据和实测结果，尾座顶推力 F_d 与径向旋压力 F_r 的关系为：
当采用一个旋轮时：

$$F_d=(0.3\sim0.9)F_r$$

当采用两个旋轮时：

$$F_d=0.7F_r$$

5.6.3 主轴转速的选择

主轴的转速范围应能够满足最大和最小工件对旋压线速度的要求。一般钢料允许的旋压线速度是 200~300m/min。最低转速应能使最大工件在最低线速度下旋压，最高转速应能使最小工件在最高线速度下旋压。

为了提高效率和保证加工质量，在旋压过程中，应尽可能不改变工件的线速度，主轴的转速作相应的变化。

5.6.4 主电机功率的计算

主电机功率的计算公式为：

$$N=M_t n/(975000\eta)$$

式中 M_t——负载力矩；
n——主轴转速；
η——传动效率。

$$M_t=F_t R=(0.02\sim0.06)F_r R$$

式中 R——工件的回转半径。

5.6.5 旋轮进给速度的计算

纵向进给量 S 应与主轴转速 n 及每转进给率 s 相适应，即：

$$S=ns$$

横向进给量根据加工对象的型面与纵向移动速度相适应，使旋轮能做正常的仿形运动。

5.7 旋压机的基本结构

普通旋压机的结构与机床类似，主要部件包括床身、主轴、进给装置、旋轮座和尾座以及主传动装置。

5.7.1 床身

床身是旋压机的主要部件，其质量占设备总质量的一半以上。床身装置应具有足够的强度和刚度、良好的减振性和耐磨性，以减少加工过程中主轴与旋轮座的变形、偏摆及振动，因为强力旋压件的厚度精度是由旋轮与芯轴之间的间隙来保证的。

床身的结构应便于制造，旋压机的床身有铸造和焊接两种形式。铸造床身的材料一般为灰铸铁，减震性和耐磨性好，适于批量生产。而焊接床身的制造工艺灵活，结构轻巧，易于根据旋压工艺的需要改变床身的结构。铸造床身的导轨可以直接加工出来，而焊接床身则需要镶嵌具有减震性和耐磨性的导轨。常用的导轨材料有铸铁、钢、有色金属和工程塑料等。

工程塑料导轨具有很多优点，如摩擦系数低、耐磨性好、抗撕裂能力强、在较宽的速度范围内承载能力较高以及生产成本低等。缺点是导热性和耐热性差，允许的工作温度较低。

5.7.2　主轴

旋压机的主轴用于工件的旋转，承受着主要的旋压力和力矩，因此应保证其强度、刚度和传动精度。图 5-14 与图 5-15 是两种主轴的结构形式示意图，两者的传动方式不同，图 5-14 的主轴采用轴端传动，承载能力较小，而图 5-15 的主轴与车床的主轴类似，采用空心轴，在两支撑座之间传动，能够传递较大的扭矩。

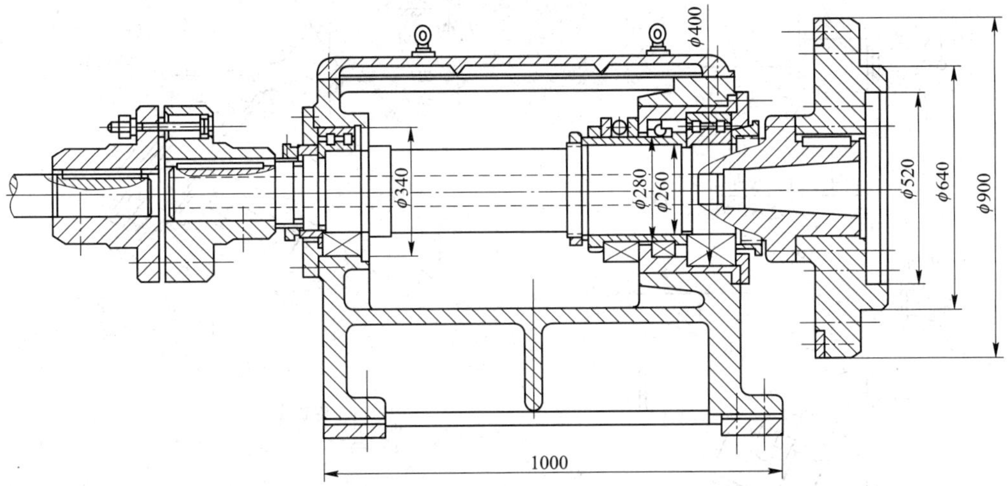

图 5-14　SY-3 型旋压机的主轴箱

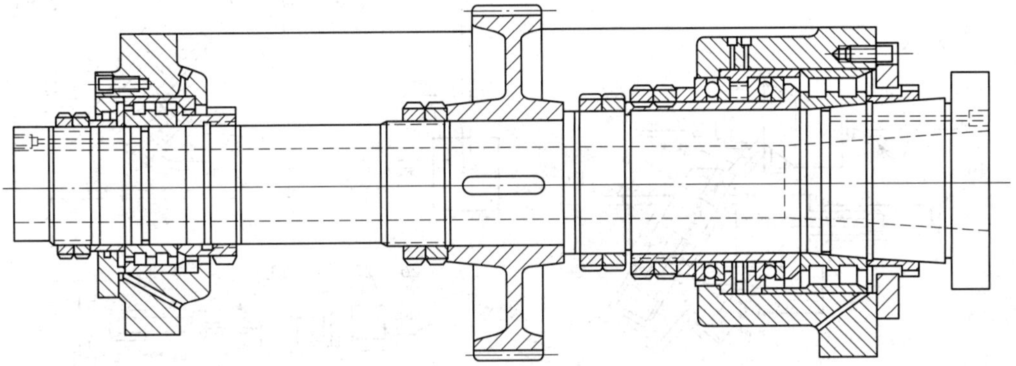

图 5-15　中间传动的旋压机的主轴箱

与车床类似，主轴与旋轮之间应有确定的运动关系，从而实现稳定的旋压过程，保证旋压精度。主轴运动与旋轮运动的联系方式有人工、机械、液压和电气等方式（图 5-16）。目前广泛采用的是液压联系方式，即主传动采用电动或液压驱动，旋轮架的纵向和横向进给也都采用液压传动。

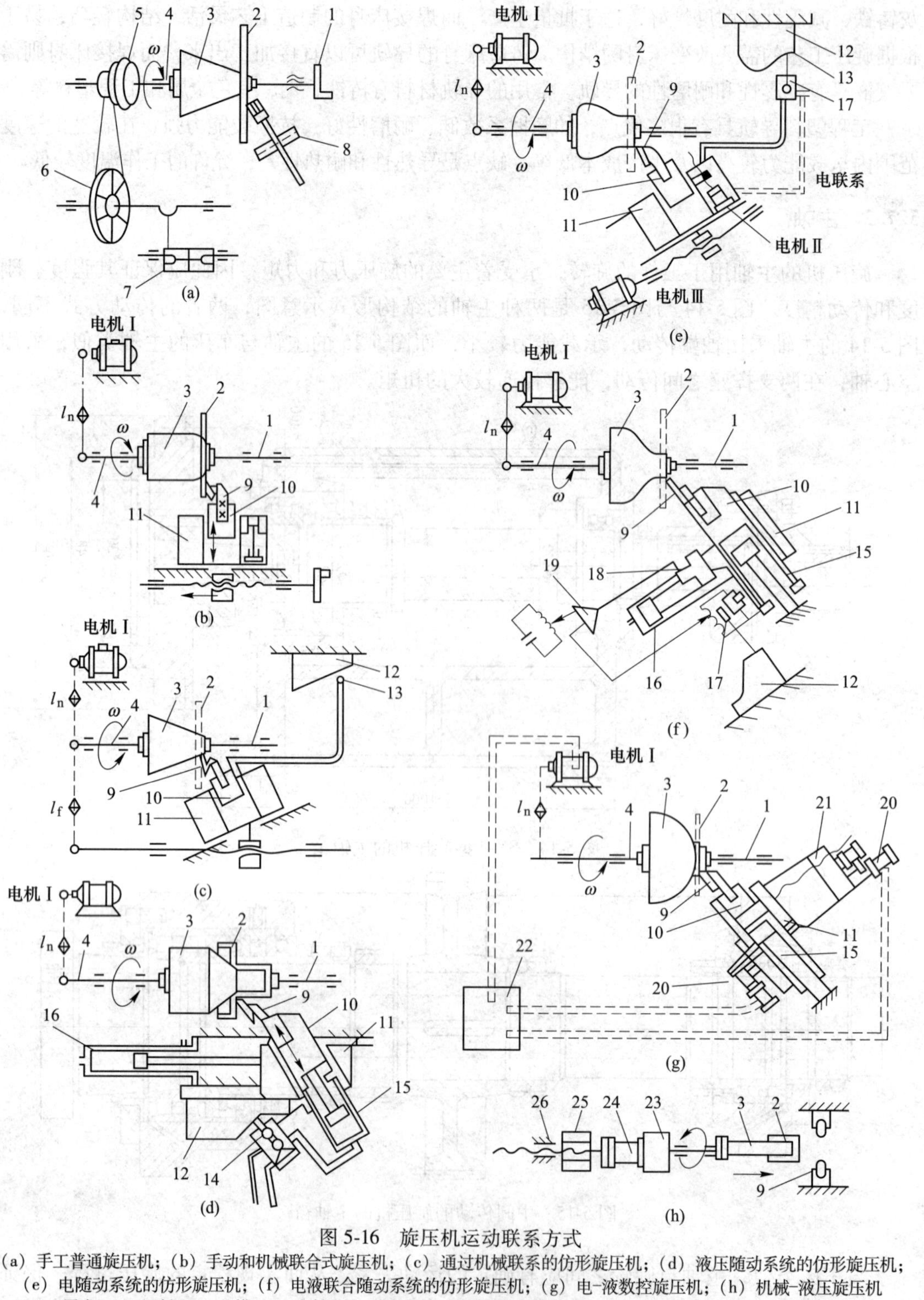

图 5-16 旋压机运动联系方式

(a) 手工普通旋压机；(b) 手动和机械联合式旋压机；(c) 通过机械联系的仿形旋压机；(d) 液压随动系统的仿形旋压机；(e) 电随动系统的仿形旋压机；(f) 电液联合随动系统的仿形旋压机；(g) 电-液数控旋压机；(h) 机械-液压旋压机

1—尾座；2—坯料；3—芯模；4—主轴；5—塔轮；6—飞轮；7—踏板；8—工具架；9—旋轮；10—横向滑架；11—纵向滑架；12—仿形板；13—触销；14—液压仿形阀；15—横向油缸；16—纵向油缸；17—电子仿形头；18—电液伺服阀；19—电放大器；20—步进电机（或伺服电机）和液压随动阀；21—纵向进给箱；22—计算机；23，25—齿轮减速箱；24—油马达；26—丝杠和螺母

采用液压传动主轴的旋压机具有结构简单、响应速度快、运动平稳和效率高等优点，易于实现自动化。图 5-16（h）所示的是液压-机械驱动系统。液压马达通过齿轮减速器传动主轴，使芯模和工件旋转；同时又经过另一个齿轮减速器传动丝杠，使主轴系统移向旋轮，旋轮架是固定在床身上的。

电气控制方式也具有明显的优点，通过各种传感器获取的电信号经过计算机处理后传输到执行机构，从而形成电随动系统。电随动系统的惯性小，灵敏度高，易于实现模块化设计。图 5-16（g）是一种数控式电-液驱动系统。数控的指令由计算机提供，输出后由执行元件步进电机或伺服电机传动相关的液压元件，使旋轮架作纵、横两个方向的运动，从而获得旋压工艺所需要的合成运动轨迹。

与车床类似，旋压机的主轴箱多具有变速机构。变速机构分有级和无级两种形式。无级变速更适合于旋压工艺过程，所以应用日益广泛。对于旋压工艺过程，要求主轴箱除具有通常传动装置的性能外，还有以下特性：

（1）运动特性。旋压工艺过程对主轴箱运动特性的要求是运动平稳，调速范围宽，对转速差的要求并不像机床那样严格。

（2）功率和扭矩。与切削机床相比，旋压力更大一些，所以要求主轴既能够传递较大的功率，也能传递较大的扭矩，因此在传递动力的零件设计中有更高的要求。

（3）结构性能。旋压机的主轴箱应有较高的刚度、强度、耐磨性和减震性，从而保证工件的旋压精度。强力旋压机的主轴轴承应能够承受较大的旋轮座的径向力和尾座的轴向工作压力，轴承应有较好的冷却与润滑。

图 5-17、图 5-18 和图 5-19 分别是 SY-3 型旋压机的主传动系统、交换齿轮的变速机构和主轴变速箱的示意图。

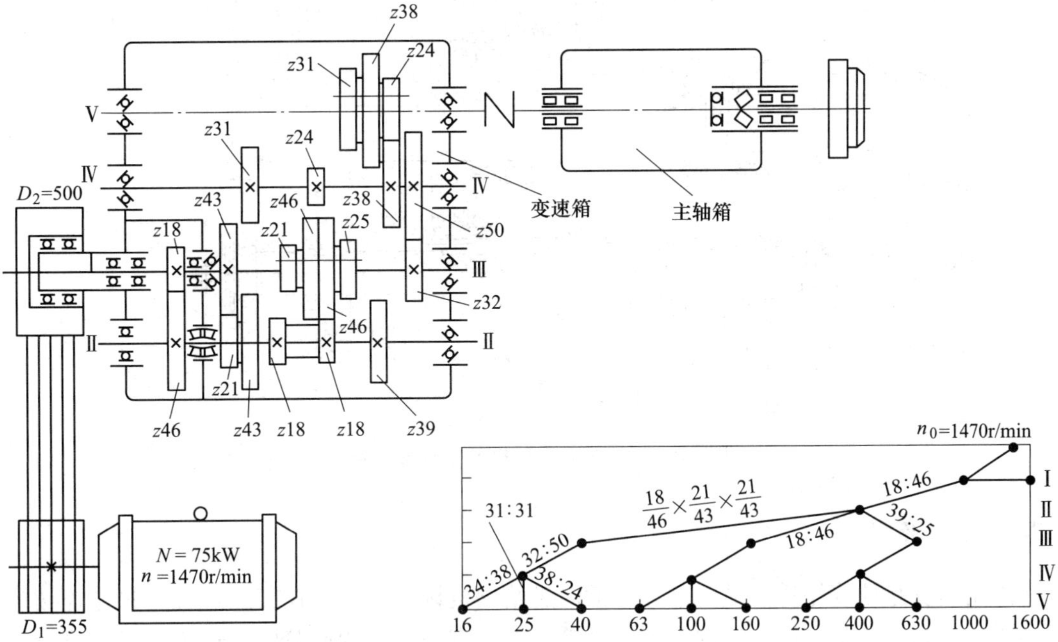

图 5-17　SY-3 型旋压机的主传动系统

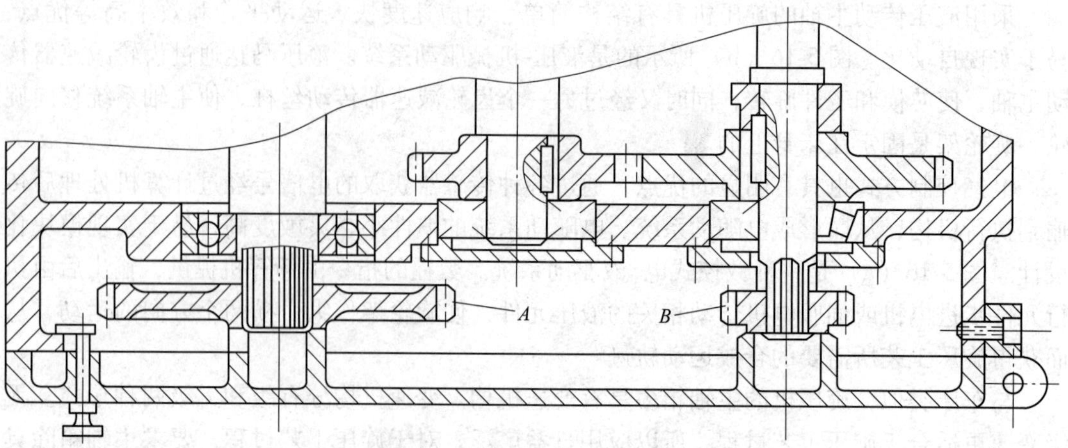

图 5-18 交换齿轮的变速机构

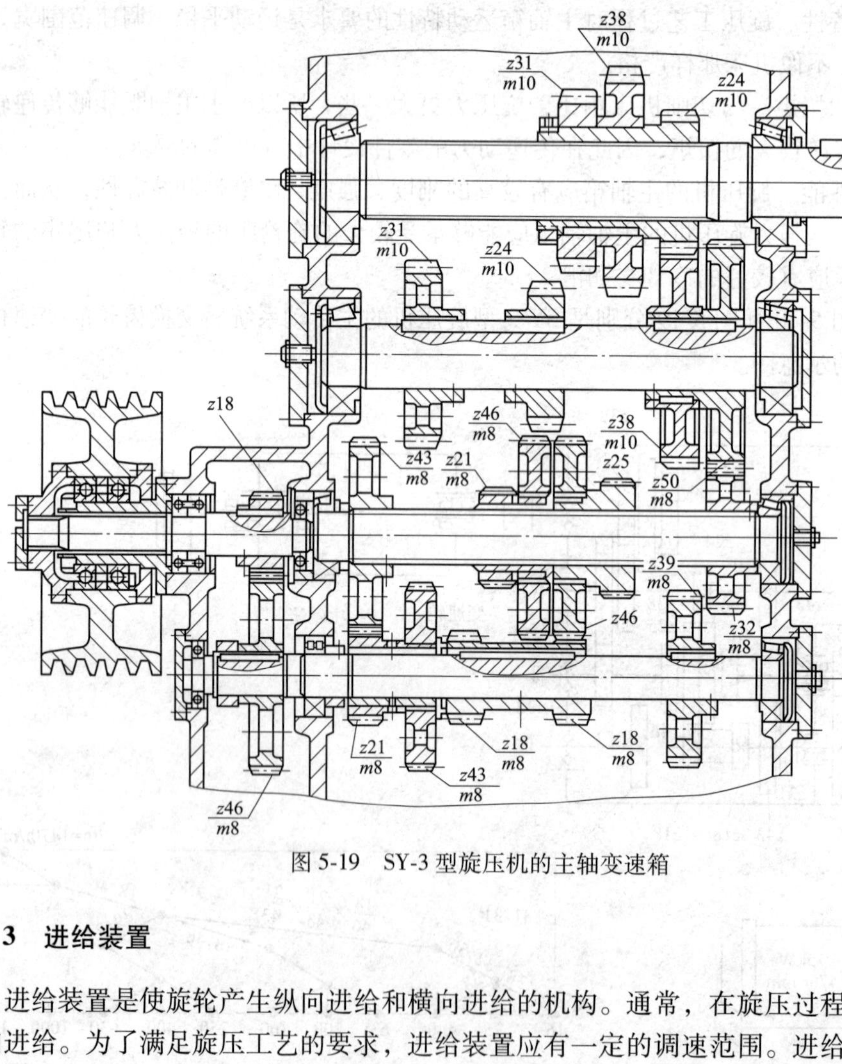

图 5-19 SY-3 型旋压机的主轴变速箱

5.7.3 进给装置

进给装置是使旋轮产生纵向进给和横向进给的机构。通常，在旋压过程中只作连续的纵向进给。为了满足旋压工艺的要求，进给装置应有一定的调速范围。进给装置由进给箱和传递机构组成。进给箱可以按照驱动方式分为两种形式，即主轴传动式和单独传动式。

主轴传动式与机床拖板传动的形式相同，单独传动是采用单独的动力装置如电机、液压缸或油马达等驱动旋轮架。进给装置的速度调节也有齿轮有级变速和无级变速两种。

由于油马达驱动具有传动平稳、无级调速、效率高、换向惯性力小和结构紧凑等优点，所以成为旋压机纵向进给的主要方式。图 5-20 是 XC550 型旋压机的进给箱，进给箱体固定在机身上，通过油马达传动丝杠，使其上的旋轮作纵向移动。步进电机、旋转随动阀和油马达，组成一套电液脉冲马达。旋轮的纵向进给速度由输入步进电机的脉冲频率确定。

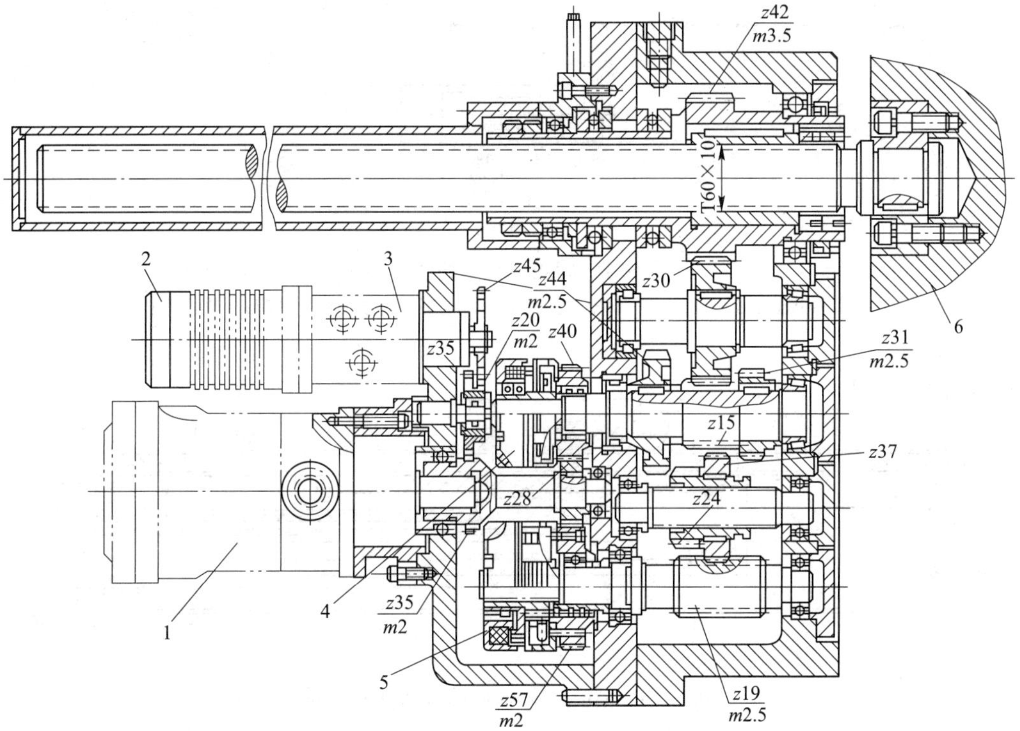

图 5-20 XC550 型旋压机的进给箱

1—油马达 25MCY14-1A；2—步进电机 SB3-1000；3—旋转随动阀；
4—电磁离合器 DLM3-2.5；5—电磁离合器 DLM3-5；6—旋轮座

液压缸作为进给机构的动力使用也较为广泛，图 5-21 给出了 4 种常见的油缸形式。液压传动的特点是结构简单、运动平稳、调速方便、维修方便，但是受液压缸行程的限制，加工工件的长度较短。图 5-22 示出了一种旋压机进给油缸的结构。

旋轮的进给也可以采用液压伺服阀控制，从而进一步提高控制精度。

5.7.4 旋轮座与旋轮架

旋压机的旋轮座安装在进给箱上，其上安装旋轮架。旋轮座的结构与旋轮的数量、旋轮架和辅助工具及进给箱的形式有关。图 5-23 示出的是具有三个旋轮的旋轮座。旋轮座的结构应该在满足旋压工艺要求的同时，具有较高的强度和刚度，并且便于操作。常用的旋轮座应具备纵向和横向的滑架，并且可以回转。

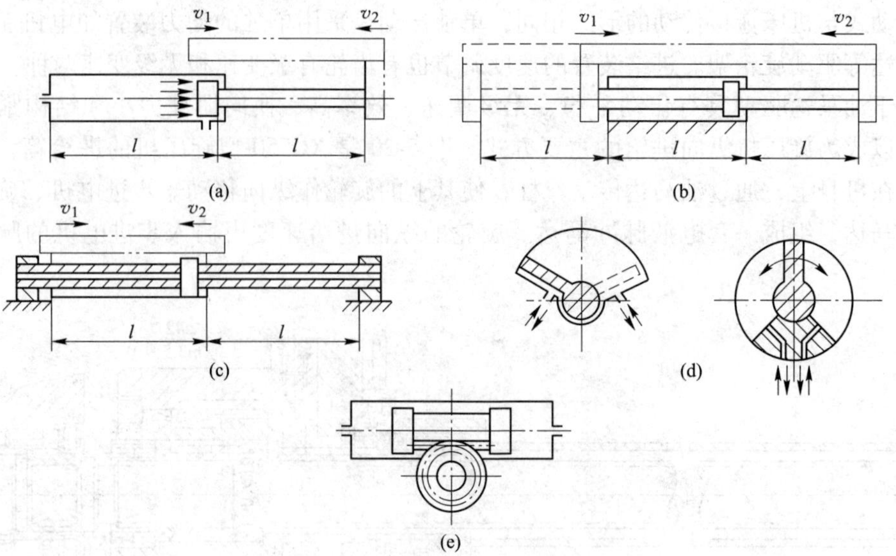

图 5-21 旋压机常用的油缸形式

（a）单出杆式油缸；（b），（c）双出杆式油缸；（d）摆动油缸；（e）齿条传动的活塞油缸

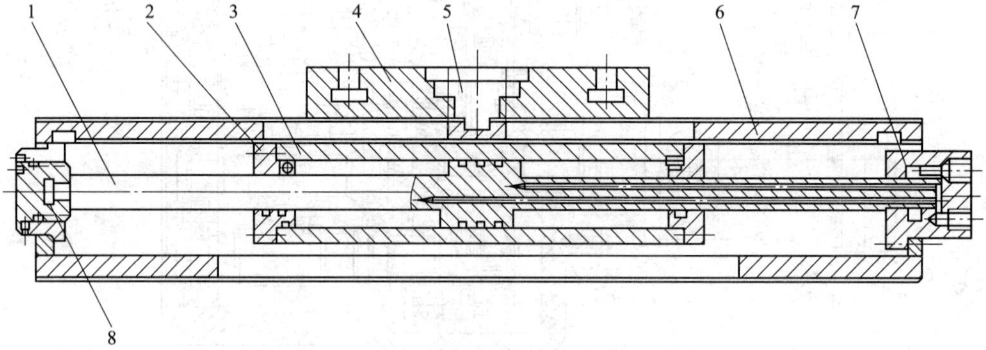

图 5-22 APED300 型旋压机的进给油缸

1—活塞杆；2—缸盖；3—油缸体；4—旋轮架底座；5—连接块；6—底座；7—接头块；8—调整块

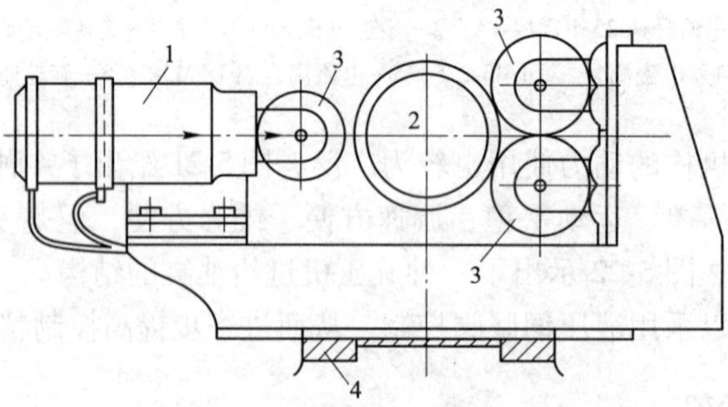

图 5-23 具有三个旋轮的旋轮座

1—油缸；2—成形模；3—旋轮；4—床身

图 5-24 所示的是 XC-550 型旋压机的旋轮座，该旋轮座的横向移动架与横向移动液压缸构成一体，旋轮的支架杆置于方孔中由螺栓夹紧固定。横向移动油缸由仿形板通过仿形阀来控制，从而完成横向运动循环。旋轮座的纵向移动如前所述，是由纵向进给箱完成的。

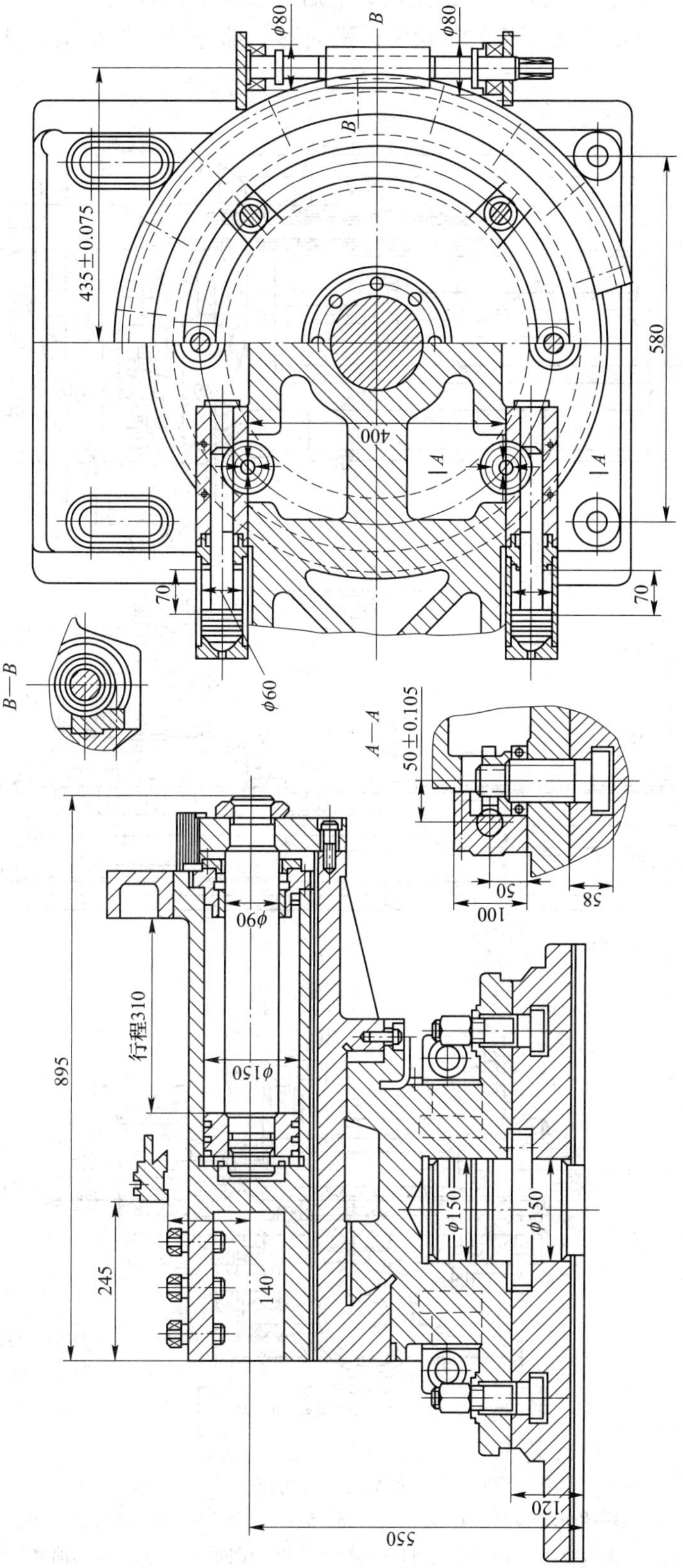

图 5-24 XC-550 型旋压机的旋轮座

通过转动蜗杆可以使转盘回转一定的角度，然后用液压缸锁紧。

图 5-25 所示的是 SY-3 型旋压机的旋轮座，横向移动部分是分体结构，纵向移动则采用液压缸实现。

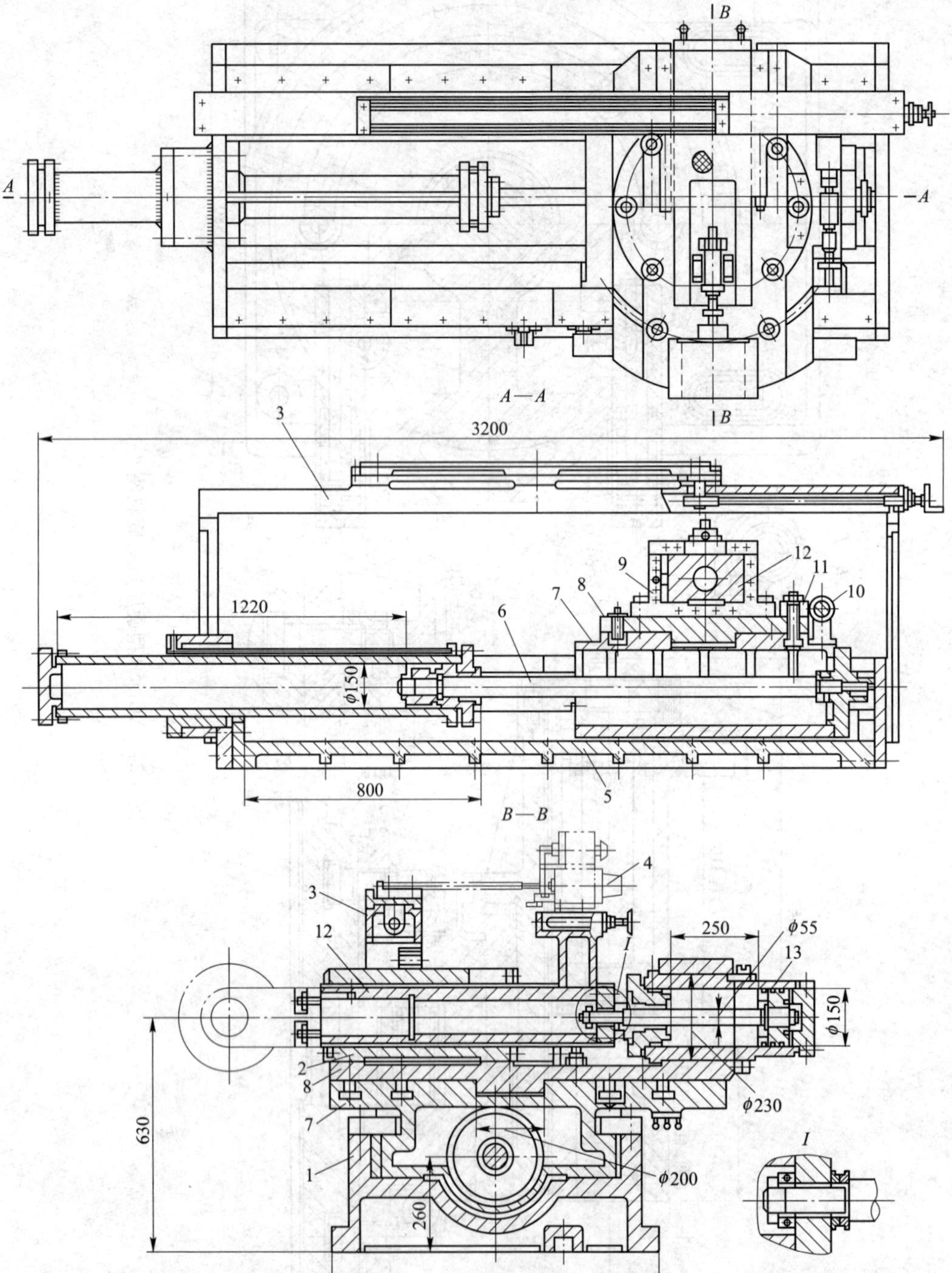

图 5-25　SY-3 型旋压机的旋轮座

1—支架；2—导轨体；3—仿形板支架；4—液压仿形阀；5—支架体；6—纵向油缸；7—纵向滑架；8—转盘；9—横向导轨；10—蜗杆；11—蜗轮片；12—横向滑架；13—横向油缸

旋轮架是直接安装旋轮的，根据旋轮的结构不同，有不同形式的旋轮架。图 5-26 是简单的单支撑和双支撑旋轮架形式，图 5-27 是攻角可调的旋轮架，而图 5-28 与图 5-29 是轻型和重型旋轮架的结构。

5.7.5 尾座及附设装置

旋压机尾座的作用与车床的尾座类似，只是结构上有所不同。旋压机的尾座除了要达到与车床尾座相同的要求，如与主轴精确的同轴度、转动灵活和在工作中不能产生退让外，还应具有压紧力大、行程长、慢进快退等特性。图 5-30 是 XC-550 型旋压机的尾座，该尾座采用液压缸推进压紧，电气联销的锁紧机构将活塞杆锁紧，防止在工作中松动。

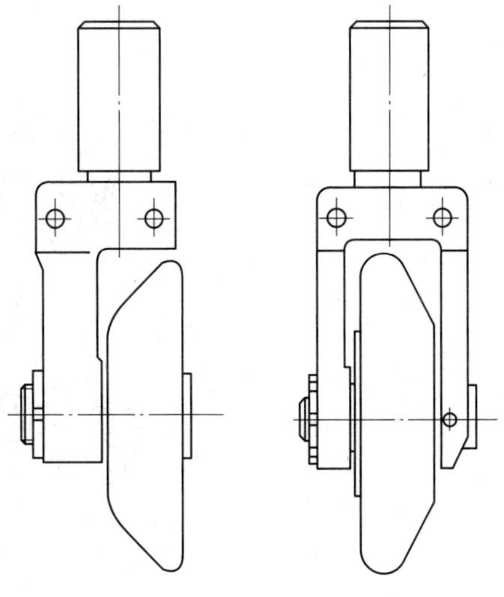

(a) (b)

图 5-26 单支撑和双支撑旋轮架
(a) 单支撑；(b) 双支撑

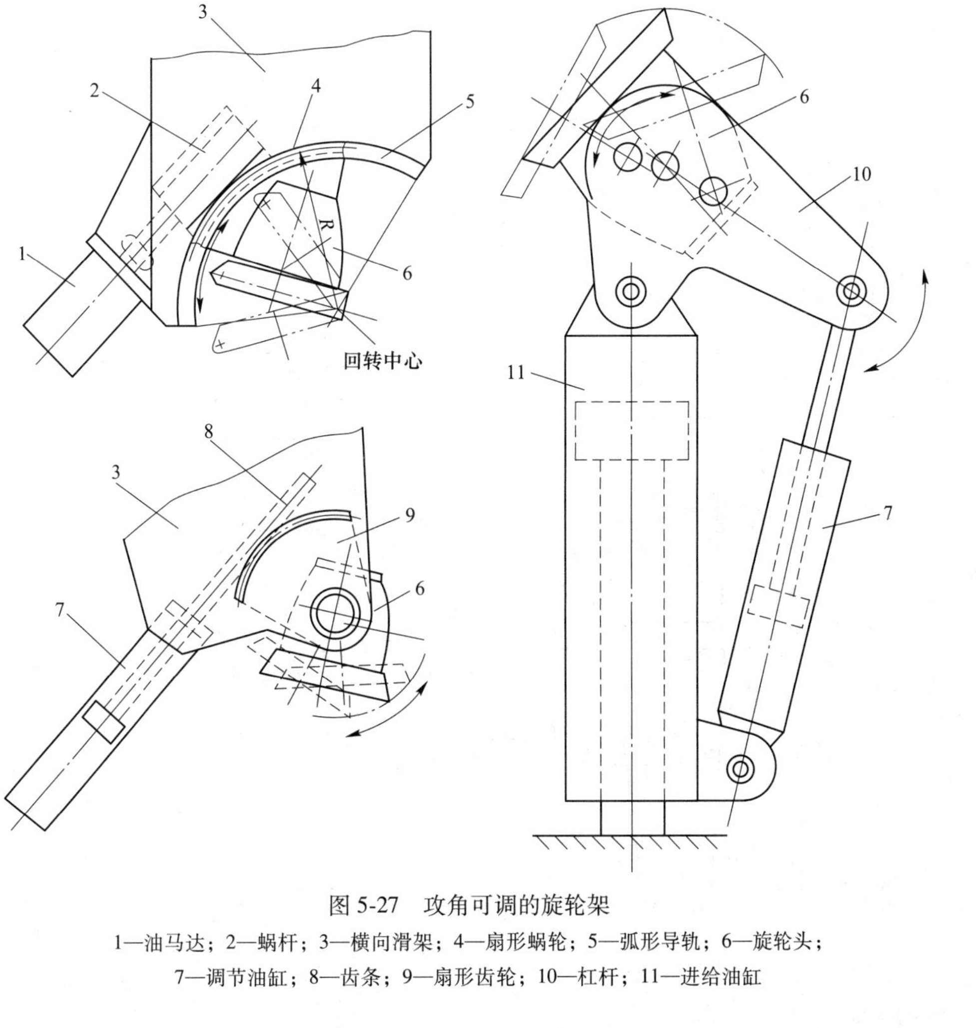

图 5-27 攻角可调的旋轮架
1—油马达；2—蜗杆；3—横向滑架；4—扇形蜗轮；5—弧形导轨；6—旋轮头；7—调节油缸；8—齿条；9—扇形齿轮；10—杠杆；11—进给油缸

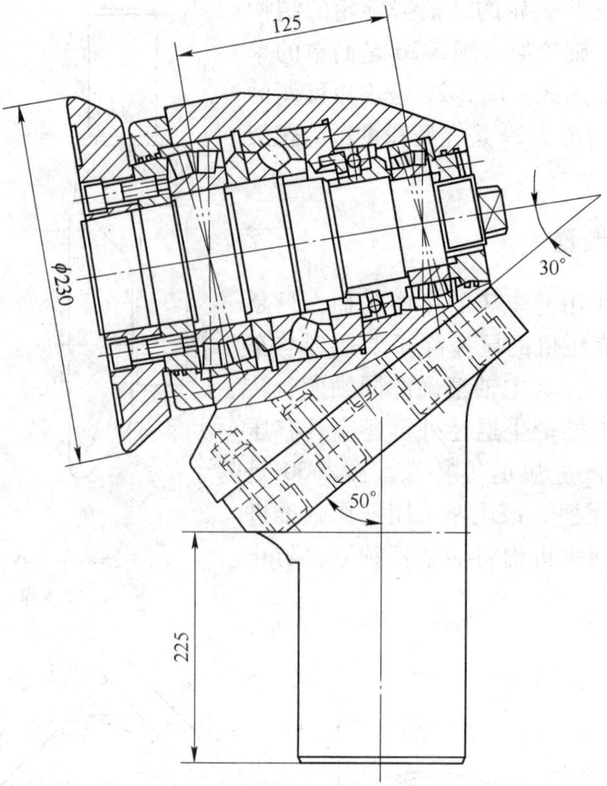

图 5-28 轻型旋轮架结构

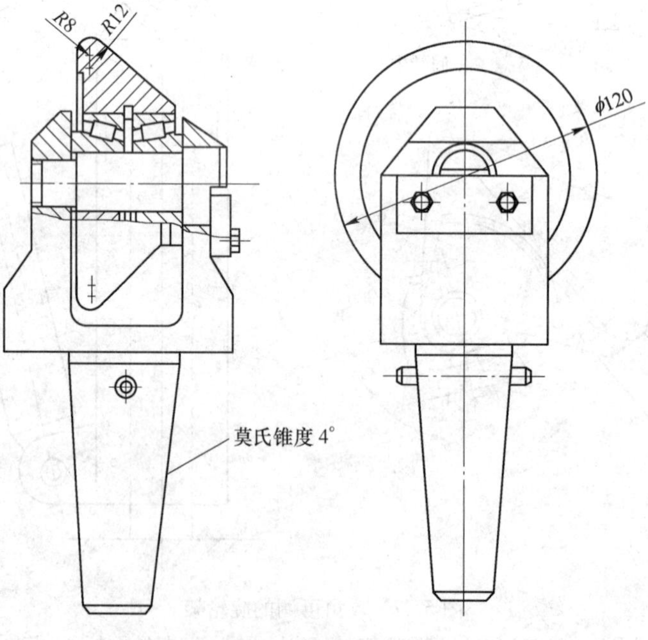

图 5-29 重型旋轮架结构

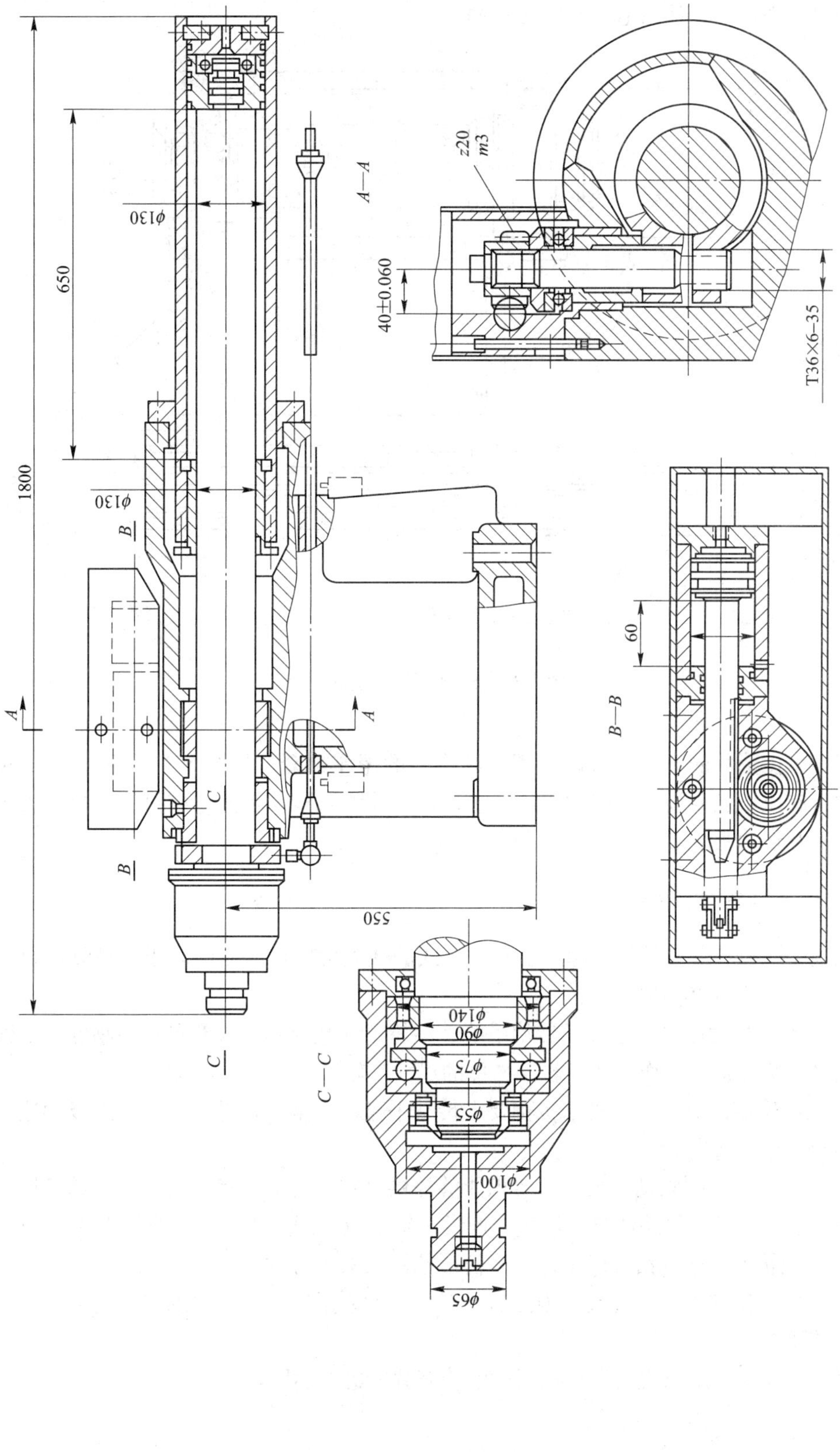

图 5-30 XC-550 型旋压机的尾座

图5-31是SY-3型旋压机的尾座，这种尾座是将压紧油缸放在下部，尾座本体亦可以在床身中移动后固定，以此来调整尾座的位置。图5-32是分层式尾座结构图，这种尾座可以调整对中位置，从而适应不同形式的工件。

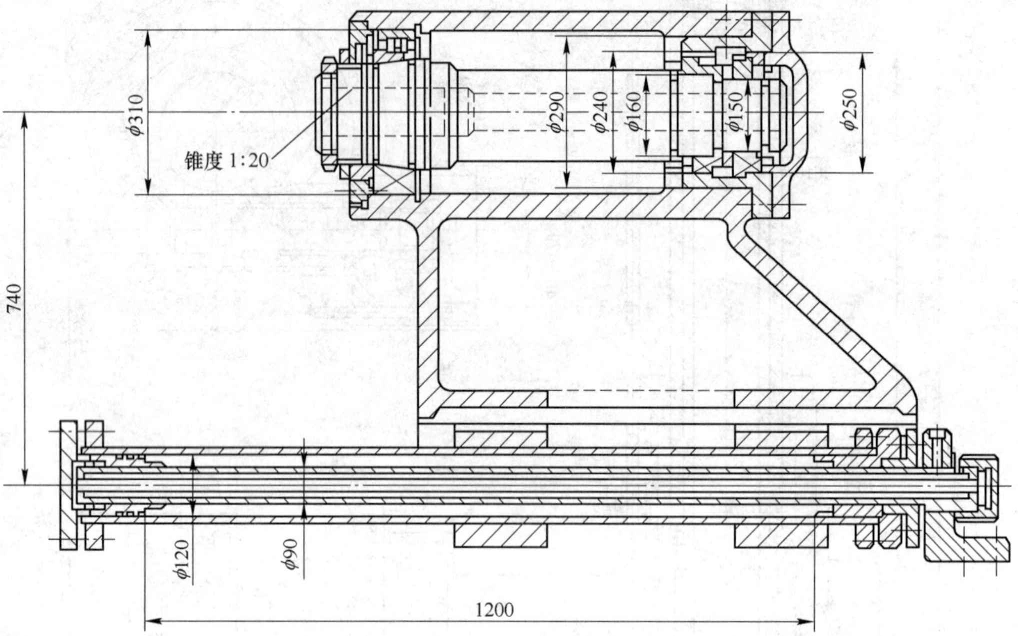

图5-31 SY-3型旋压机的尾座

根据工件形状的不同，可以采用不同形式的尾座顶套，如图5-33所示。为了实现工艺过程，旋压机还要设置相应的附设装置，如工件脱卸器，芯模与坯料的加热装置、芯模磨削装置及切边去底装置等。

5.7.6 旋压机结构的特点

上述旋压机各部分结构普遍用于各种形式的强力旋压机，然而对于大型旋压机，其结构还是有自身的特点，主要是：

（1）旋压机的床身、主轴及传动系统、旋轮架和装卡具都应有足够的刚度，以保证旋压的精度。旋压机的工作台和导轨等构件的尺寸都较大。

（2）旋轮架的纵、横向进给机构要求传动平稳，惯量小，进给量需要无级调速，因此多采用液压进给或电液进给。

（3）由于主轴的驱动力很大，要求能够提供足够的传动扭矩和功率，以满足恒扭矩或恒功率调节。为了方便地调整旋压量，通常主轴也应采用无级调速的驱动方式。

（4）旋轮的横向进给可以采用液压仿形控制或数控方式。

（5）由于工件重、载荷大，因此需要对设备的润滑冷却、工件的自动装卡等方面也有一些特殊要求。

因此，在大型旋压机的设计和制造中应充分考虑上述因素。

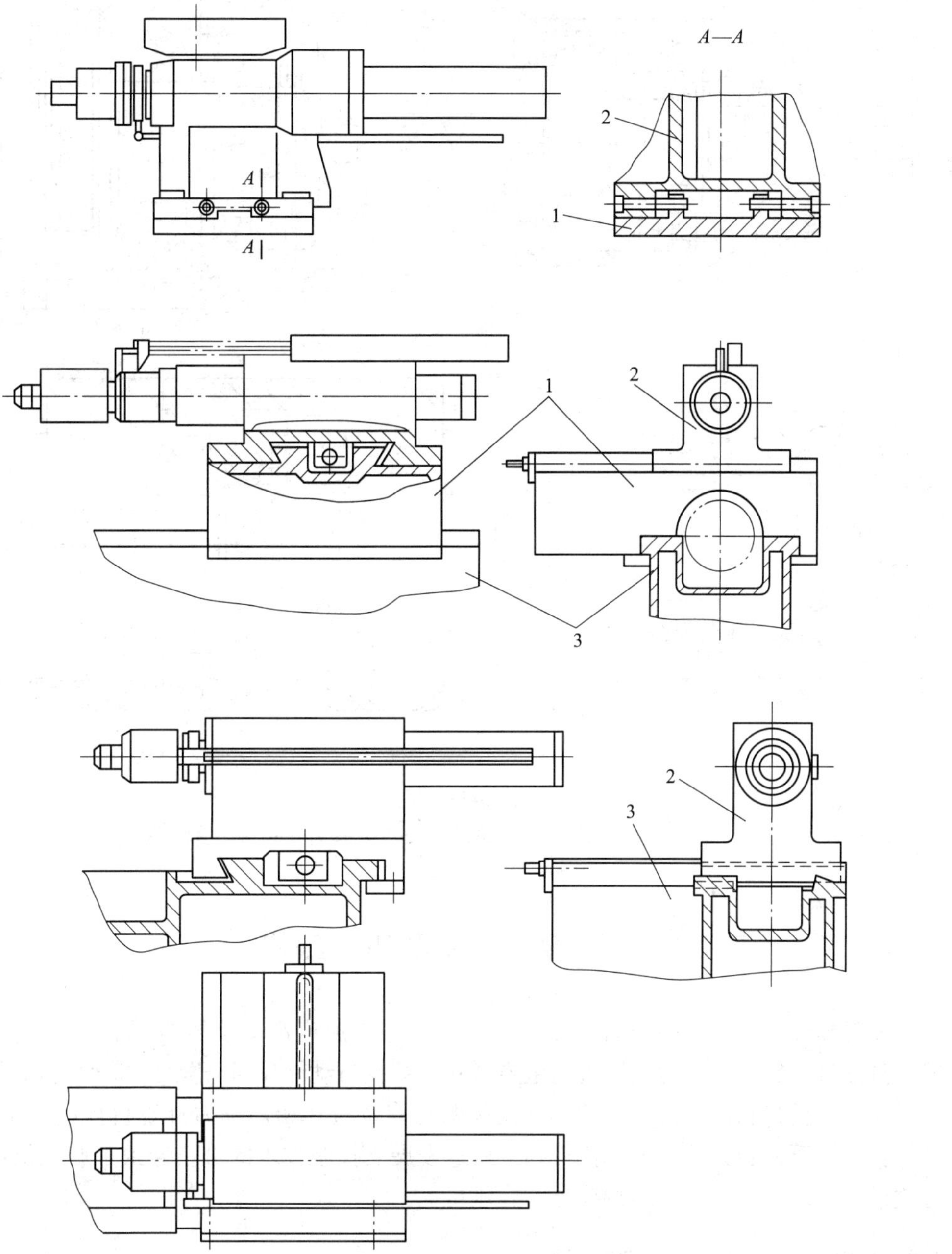

图 5-32　分层结构的旋压机尾座

1—底座；2—尾座体；3—床身

普通旋压机的旋压力比强力旋压小得多，因此设备的力能指标也较低。但是在结构上则有专门的要求，如主轴转速较高、旋轮的送进速度快、为了防止坯料起皱应有背压轮等。

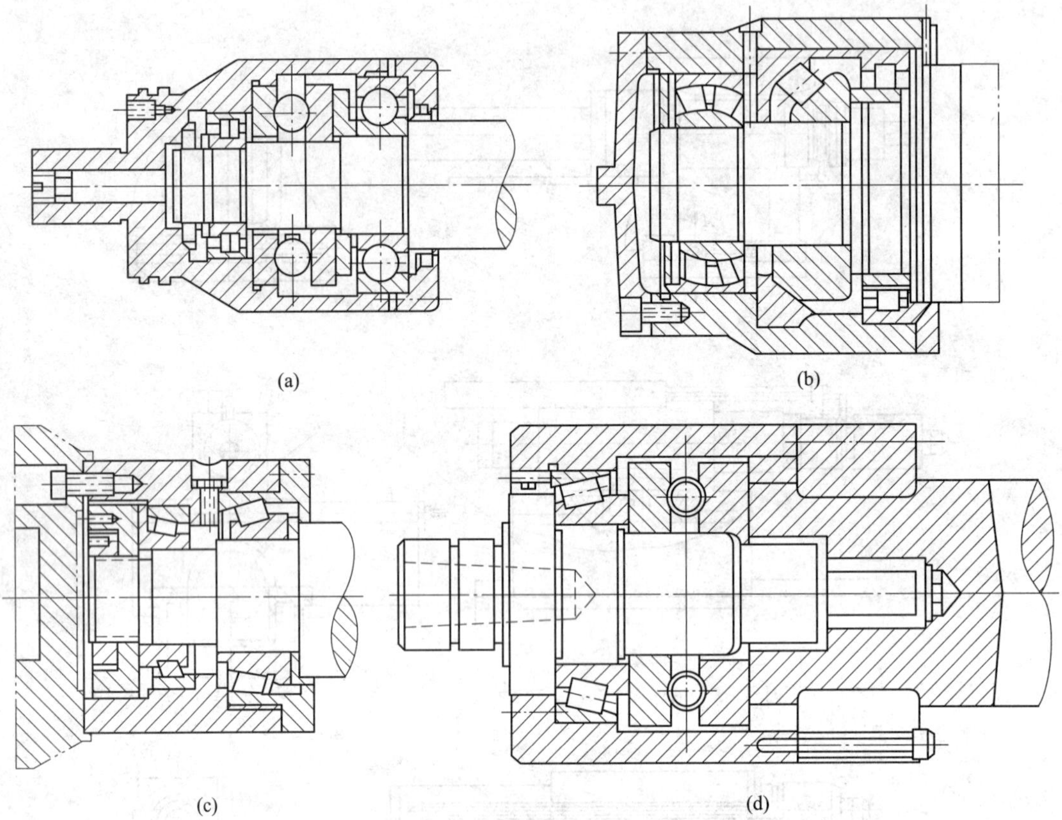

(a) (b) (c) (d)

图 5-33 尾座顶套

（a）形式 1；（b）形式 2；（c）形式 3；（d）形式 4

5.8 数控自动旋压机

随着板金属加工量的增加，旋压机的应用愈来愈广泛，旋压机的装备水平也不断发展，数控自动旋压机成为旋压机的主要形式。数控自动旋压机开始于 20 世纪 60 年代，当时只是有数控带和机床控制器控制的简易数控自动旋压机。随着计算机控制技术的发展，数控自动旋压机和数控机床一样得到了快速发展。控制技术的进步导致了旋压机结构的显著改进，出现了各种形式的数控自动旋压机。

5.8.1 数控自动旋压机的控制系统

数控自动旋压机的控制系统是其核心部分，图 5-34 表示了各种控制方式和受控元件的组合，其特点是将旋压道次和其他加工条件进行数值化，在此基础上利用各种受控执行元件对工件进行旋压加工。

当前生产数控系统的公司厂家比较多，如国外的著名公司有德国的西门子公司、法国的 NUM 公司、日本的 FANUC 公司；国内的公司有中国珠峰公司、北京航天机床数控系统集团公司、华中数控公司和沈阳高档数控国家工程研究中心等。选择数控系统时主要是根

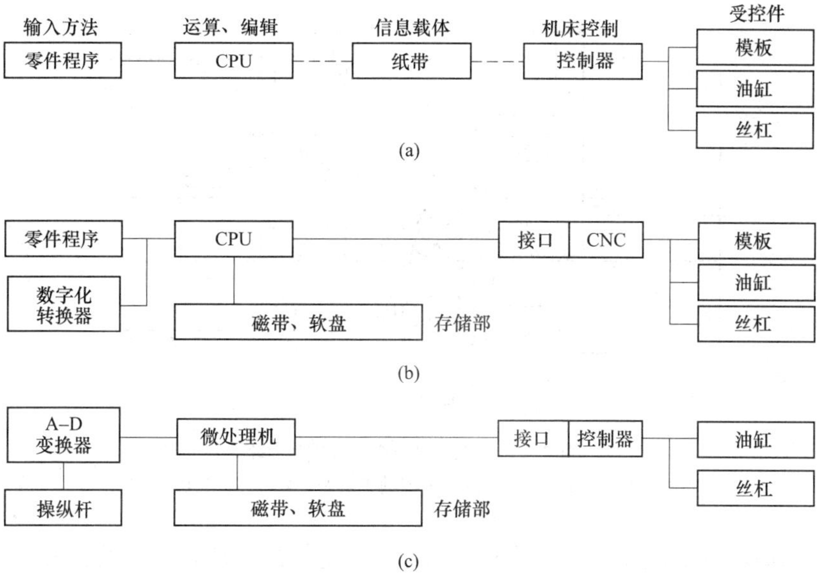

图 5-34　旋压机数字控制系统

（a）NC 方式；（b）CNC 方式；（c）A-D 变换方式

据数控改造后机床要达到的各种精度、驱动电机的功率和用户的要求等具体情况进行选择。下面介绍几种主要的数控系统：

（1）交/直流伺服电机拖动、编码器反馈的半闭环控制系统。半闭环系统检测元件安装在中间传动件上，间接测量执行部件的位置。它只能补偿系统环路内部部分元件的误差，因此，它的精度比闭环系统的精度低，但是它的结构与调试都较闭环系统简单。比如西门子的 1FT5、1FT6 交流伺服电机，稳定可靠，伺服性能好。

（2）异步电机或直流电机拖动、光栅测量反馈的闭环控制系统。该系统与开环系统的区别是：由光栅等位置检测装置测得的实际位置反馈信号，随时与给定值进行比较，将两者的差值放大和变换，驱动执行机构。闭环进给系统在结构上比开环进给系统复杂，成本也高，设计和调试都比开环系统难，但是可以获得比开环进给系统更高的精度，以及驱动功率更大的特性指标。

（3）伺服阀/伺服油缸、光栅测量反馈的闭环控制系统。在行程较短、旋压力要求大的场合，由伺服阀、伺服油缸组成的闭环控制系统是一个很好的选择。

5.8.2　数控自动旋压机的结构特点

与普通自动旋压机相比，数控自动旋压机的结构发生了很大变化，最明显的是控制坐标数的增加。很多自动旋压机能够进行 4~7 坐标控制，10 坐标控制的旋压机也在使用。图 5-35 所示的是 7 坐标控制的自动旋压机，其中有 6 坐标联动。辅助工具架是随着主工具架受控的，可以进行反压轮成形。此外，该装置能够连续调整旋轮相对于工件表面的倾角，从而获得均匀光整的工件表面。两个工具架还作为工具安装架使用，通过对 A、B 两个坐标的控制能够迅速更换工具。还可以采用转塔式工具安装架，同时安装 8~10 个旋压工具，极大地提高了工作效率。

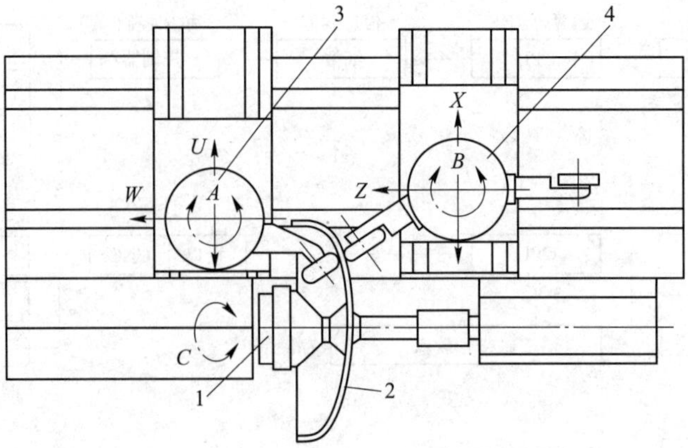

图 5-35 7 坐标控制的自动旋压机

1—主轴；2—工件；3—辅助工具架；4—主工具架

较多地采用步进电机和丝杠以及液压执行元件是数控自动旋压机的又一特点，从而能够精确地测定旋轮的位置和速度，提高重复加工精度。将测定的位置和速度值与计算机内的程序数据进行比较，经过校正后作为监控数据控制加工过程。这样，将外设的各种传感器与计算机技术结合起来，进行复杂的自适应控制，从而能够旋压加工各种复杂的工件。例如，利用旋压力的变化幅度与皱折的高度大致成正比的规律，对成形力进行连续测量并根据变化幅度的大小来修正旋轮的运动，使变形量和旋压力处于最合理的范围内，优化了旋压过程，提高了旋压质量。

5.8.3 数控自动旋压机的数据输入

数控系统中加工数据的输入是重要的环节。CNC 方式的旋压控制系统的数据输入如图 5-36 所示。系统的核心是一台微型计算机，首先进行加工数据的输入、运算和编辑，并对传感器发来的数据进行判断、校准和修正；继而通过信息载体（磁带）向控制器发出指令（脱机控制），或者直接由主机向控制器发出指令（联机控制）。

多个旋压道次数据可以用计算机程序的形式输入，利用数字化仪将多个旋压道次工件外形的图形进行数字化，然后写入程序。程序中的各个数据控制旋压机的加工过程。

利用曲线模板进行数据输入是将已有的经验数据输入计算机，从中选出使用频度最高的一组道次形状，然后分别进行三次代数式逼近，得到最佳的数学模型，作为控制模型输入计算机。该方法能够缩短数据输入时间，并可以同时对两个以上的旋轮进行控制，使两者的相互位置保持高度精确。

录返数控旋压机可以适应复杂多变回转体的旋压工艺要求，利用仿形系统，把工件曲线写入计算机，完成录加工，并通过工控机组成的数控系统完成返加工。通过多道次录返旋压，可以剔除辅助时间，修改任一道次曲线，从而满足旋压加工要求。目前，国内某厂制造的 PNC-690 型和 PNC-700 型旋压机即采用了这种录入方式。

PNC-700 型数控录返旋压机的主要技术参数是：中心高 1500mm，纵向旋压力 650kN，横向旋压力 700kN，纵向行程 3000mm，横向行程 830mm，主轴电机功率 315kW，最大加工直径 3000mm。

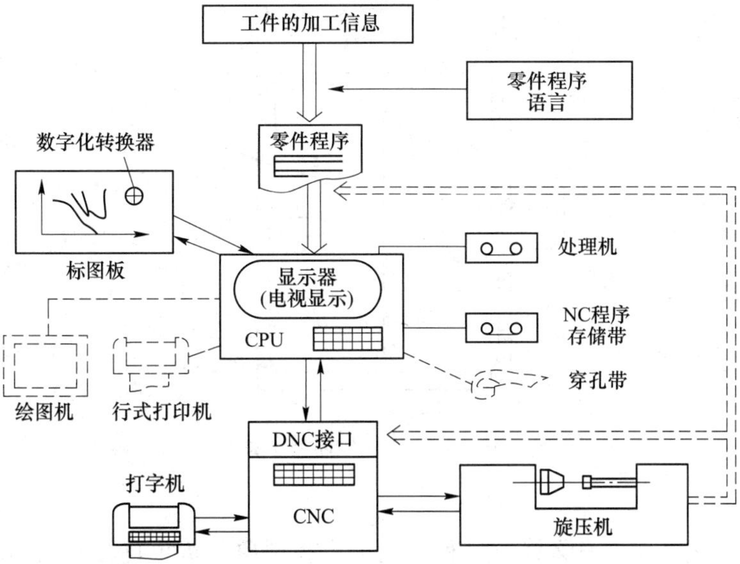

图 5-36　CNC 方式的旋压控制系统

表 5-8 给出了 RPX 系列数控热收口旋压机的主要技术参数。该旋压机主要用于热成形以管材作为毛坯的高压容器、蓄能器、弹体头部等类似零件的封底、缩颈、曲母线弧段的收口等，适用于加工碳素钢、合金钢、不锈钢、有色金属、难熔金属、难成形材料等。

表 5-8　RPX 系列数控热收口旋压机的主要技术参数

型　号	RPX-200	RPX-300	RPX-400	RPX-600
加工直径/mm	50~200	100~300	275~400	350~600
坯料最大长度/mm	1500	2000	2500	4000
加工厚度/mm	6	13	18	20
中心高度/mm	800	1100	1300	1500
纵向行程/mm	300	300	500	800
转角/(°)	100	100	100	100
纵向推力/kN	130	160	210	250
扭矩/kN · m	15	28	46	52
主电机功率/kW	60	110	160	200
液压电机功率/kW	45	55	110	160
主轴转速/r · min^{-1}	1200	1000	900	800

加工方式的改变也促进了旋压机的改进，如采用内旋压和张力旋压等。内旋压技术又称为内滚挤成形法（图 5-37），是利用回转的内旋轮和固定的短外模对坯料施加连续压缩变形，金属在外模内移动并减薄壁厚。内旋压的优点是在生产大直径旋压管时可以不需要大直径芯棒，从而简化了旋压机的结构，降低了设备制造成本和长芯棒的加工难度。

张力旋压是在旋压过程中，在管子的两端施加轴向拉力，强化工件的变形过程，增加

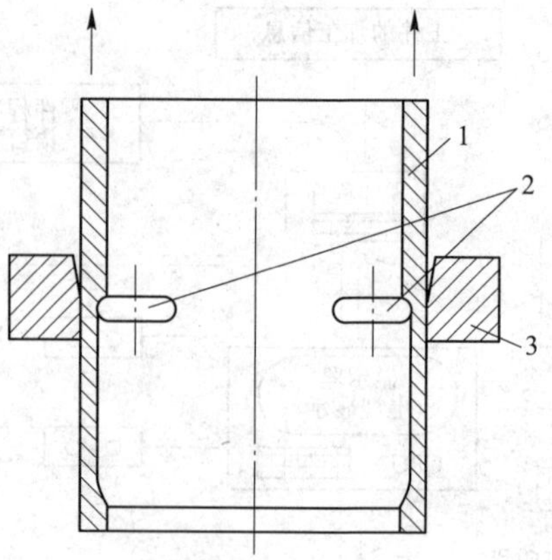

图 5-37　内旋压原理示意

1—管坯；2—旋轮；3—模环

道次变形量。其作用是：消除旋压过程的金属堆积现象，防止直径胀大和改善管材的平直度。

思考题

5-1　旋压加工的工作原理是什么？

5-2　旋压加工的优缺点有哪些？

5-3　旋压设备如何分类？分别对应有哪些设备？（如，按折叠芯模相对位置分类，外旋压机：旋轮从外部对工件进行旋压的旋压机；内旋压机：旋轮从内部对工件进行旋压的旋压）。

5-4　简述旋压过程及其特点。

5-5　针对不同类型的旋压件（如，锥形件、曲母线形件、封头、筒形件等），如何进行毛坯设计？

5-6　能否采用旋压工艺制备难变形金属薄板？如果能，简述工艺过程。

5-7　旋压工艺方案选择需考虑那些关键要素？如何确定各要素？

5-8　数控自动旋压机有哪些结构特点？

参考文献

[1]《第一届旋压会议文集》编写组．第一届旋压会议文集［M］. 北京：国防工业出版社，1980.

[2]《国外特殊钢生产技术》编写组．国外特殊钢生产技术（压力加工部分）［M］. 上海：上海科学技术文献出版社，1982.

[3] 日本钢铁协会．钢材加工［M］. 简光沂，译．上海：上海科学技术出版社，1982.

[4] 日本塑性加工学会．压力加工手册［M］. 江国屏，等译．北京：机械工业出版社，1984.

[5] 日本塑性加工学会．旋压成形技术［M］. 陈敬之，译．北京：机械工业出版社，1988.

[6] 王成和．旋压技术［M］. 北京：机械工业出版社，1986.

[7] 林法禹．特种锻压工艺［M］. 北京：机械工业出版社，1991.

[8] 赵中祺．PNC—录返旋压机控制系统的研制［J］. 吉林工业大学学报，2001（6）.

[9] 王振生．LD30 大口径薄壁无缝管成形工艺［J］. 金属成形工艺，2001（5）.

[10] 陈适先．强力旋压工艺与设备［M］. 北京：国防工业出版社，1986.

[11] 崔勇．专用滚压成形设备设计中主要技术分析［J］. 金属成形工艺，2001（1）.

[12]《锻压技术手册》编委会. 锻压技术手册 [M]. 北京：国防工业出版社，1989.
[13] 董建业. 旋压技术在轴承行业中的应用 [J]. 金属成形工艺，1996（6）.
[14] 胡亚民. 回转塑性成形技术的应用 [J]. 锻压机械，1996（6）.
[15] 夏琴香. XPD 型系列数控旋压机床 [J]. 锻压机械，1997（4）.
[16] 解春雷. 旋压中的几个问题及其探讨 [J]. 锻压机械，1997（4）.
[17] 阎群. 基于工业 PC 机的数控旋压系统控制软件设计 [J]. 锻压技术，2002（2）.

6 辊锻设备

6.1 概　　述

辊锻是采用轧辊作为工具，用轧制方法来生产锻造工件。辊锻机的工作原理如图 6-1 所示，是由一对装有弧形模具的轧辊连续轧制，使毛坯在轴线方向产生连续周期性的塑性变形，形成具有所要求形状的工件。辊锻是纵轧成形方法之一，是锻造和纵轧两种塑形加工方法的组合，也是将轧制成形引入锻造生产中的一种锻造新工艺。辊锻工艺主要适用于减少坯料截面的成形过程，如棒料的拔长、板坯的辗片以及杆件轴向变断面成形等。有些连续变断面的零件，如变断面弹簧扁钢只能采用辊锻工艺生产。

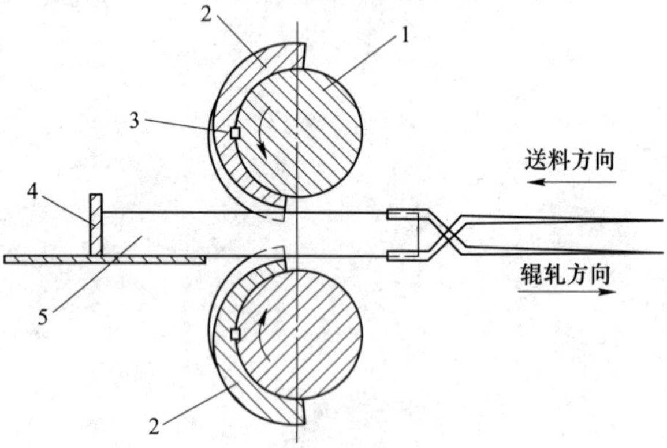

图 6-1　辊锻机工作原理

1—轧辊；2—扇形模；3—定位键；4—挡板；5—坯料

与锻造过程相比辊锻工艺有以下优点：

（1）设备质量轻，驱动功率小。由于变形是连续的局部接触变形，虽然变形量很大，但是变形力较小。因此，设备的质量和电机功率较小。例如 250t 的辊锻机相当于 2000t 以上的锻造机。

（2）生产效率高，产品质量好。多槽成形的辊锻机的生产效率与锻锤相当。单槽成形的辊锻机的生产效率很高，比一般锻锤高 2 倍以上。辊锻的变形过程连续，残余变形和附加应力小、产品的力学性能均匀。

（3）劳动强度低，工作环境较好。由于辊锻是连续静压变形，生产过程的设备冲击、振动和噪声小，并且生产过程易于实现机械化和自动化，因此显著地降低了劳动强度，改善了工作环境。

（4）材料和工具消耗少，工件尺寸稳定。由于辊锻的工具（轧辊）与工件之间的摩擦系数较小，工具的磨损较轻，与锻模相比寿命大大提高。这样既降低了工具消耗，也保证了工件尺寸的稳定，又可以减小工件的加工余量。

辊锻工艺可以按照其用途、型槽的类型、辊锻温度和工件的送进方式进行分类。

辊锻工艺按用途分：为模锻提供毛坯的制坯辊锻和使长轴类、板片类成形的成形辊锻两类；按辊模型槽类型分：开式型槽辊锻和闭式型槽辊锻两类；按温度范围分：热辊锻和冷辊锻两类；按送料方式分：顺向送进（轧件从一侧进入，另一侧出）式辊锻和逆向送进（轧件在辊锻机同一侧出入）式辊锻，顺向送进利用轧辊的咬入力使工件自然进入成形区辊锻成形，不需要附设送进装置，且工件不需夹持，适用于成形辊锻，但是对于多道次辊锻，则需要在辊锻机两侧反复移送坯料。逆向送进的生产方式较为方便，工件在夹钳的夹持下，利用轧辊的空隙送入辊锻区，当轧辊转到辊锻位置时实现压下变形。同时将工件送出辊锻区。辊锻成形与锻造成形工艺比较有：设备吨位小、生产率高、振动冲击小、工作环境好、节能节材、成本低、模具寿命高、易实现自动化等特点。

目前，辊锻工艺在国内外广泛应用。由于辊锻工艺十分易于使坯料延伸、拔长，因此主要是制坯辊锻，用于为模锻提供合适的坯料。成形辊锻的应用也在迅速发展，由于辊锻生产的效率高、质量好，所以有十分广泛的应用前景，特别是汽车零件、航空发动机涡轮叶片（高温合金）的成形等应用，使辊锻机技术得到了快速发展。随着辊锻技术的发展，辊锻机的设计、制造技术水平也有很大进展，其发展方向是自动化、高效率和高精度。国外已有许多厂家可以系列生产各种规格的辊锻机。我国的一些企业通过引进国外先进技术，也能够生产高水平的辊锻机，一些大批量机械零件的辊锻生产自动线已经投入使用，如山东青岛生建机械厂的 RW 型系列自动辊锻机（表 6-1）和带机器人的 ARWS 型系列自动辊锻机。系列设备是引进原西德 EUMUCO 公司的技术和标准制造的，具有 20 世纪 80 年代国际先进水平，并可配套提供成形辊锻、备坯辊锻的工艺、模具设计和制造技术，已完成汽轮机叶片、汽车前轴等零件的成形辊锻生产线工程。辊锻技术可广泛应用于汽车、拖拉机、动力、能源、手工工具等行业。

表 6-1　RW 型自动辊锻机主要技术参数

型　号	RW1	RW1a	RW2	RW2a	RW3w
项目参数	(AS)	(AS)	(AS)	(AS)	
辊锻模外径/mm	370	460	560	680	930
锻辊可使用宽度/mm	500	570	700	850	1000
自动辊锻件最大长度/mm	570	720	870	1050	1920
辊锻辊中心距可调整量/mm	15	17	20	25	25
锻辊转速/$r \cdot min^{-1}$	80	65	52	40	30
最大坯料尺寸/mm	$\phi 55$ □55	$\phi 75$ □75	$\phi 100$ □100	$\phi 125$ □125	$\phi 160$ □160
手臂纵向行程/mm	490	630	758	890 独立传动	机器人 7000
手臂横向行程/mm	435	505	550	750	800
垂直/水平方向可调性	可调	可调	可调	可调	可调
纵向位置的调节量/mm	200	200	400	400	
单道次横向行程/mm	62~120	65~140	80~170	100~250	
可夹持最大重量/kg	12	12	50	50	150
机组主电机功率/kW	15	18.5	30	55	155

6.2 辊锻机的类型

辊锻机主要根据结构形式来分类，设备的基本构成与二辊式轧钢机类似（图6-2），主要包括一对转速相同、方向相反的锻辊（轧辊），辊锻模固定在锻辊上，电动机经过皮带轮、减速机和联轴器传动给工作辊。由于两个锻辊不做上下调整，所以不需要齿轮分配箱和万向接轴，上辊是通过两个锻辊轴之间的齿轮传动的。由于辊锻过程是间歇的，为了平衡电机负荷，采用大直径的皮带轮，并加装离合器。在减速器高速轴的另一侧，安装制动器，两者相配合保证锻辊停在准确位置。

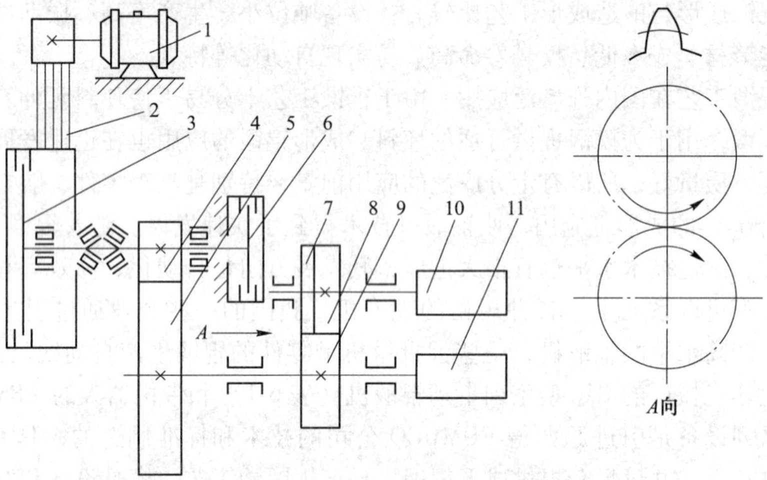

图6-2 辊锻机的基本结构

1—电动机；2—三角带；3—离合器；4，5—传动齿轮；6—制动器；
7—浮动长齿轮；8，9—长齿齿轮；10—上锻辊；11—下锻辊

根据送料方向、锻辊的结构形式、传动部分与工作部分的相对位置以及用途的不同，辊锻机的分类如下：

（1）根据送料方向可以分为卧式、立式和斜式辊锻机。

一般辊锻机均采用水平方向送料，辊轴上下布置，称为卧式辊锻机。此类辊锻机可以前后同时操作，进出料均方便，适于生产中小型毛坯或成品锻件，是现有辊锻机的主要结构形式。

当两锻辊左右水平布置，坯料沿垂直方向送入，这种辊锻机称为立式辊锻机（图6-3），适用于辊锻较细长的毛坯或锻件。

当对辊锻件有特殊要求时，将两锻辊中心线所在的平面与水平面呈45°角布置，坯料由斜下方送入，辊锻后的锻件靠自重返回接料台。这种辊锻机称为斜式辊锻机，适合于流水线上工作（图6-4）。

（2）根据锻辊的支撑结构可以分为悬臂式、双支承式和复合式辊锻机。

悬臂式辊锻机（图6-5）的锻辊的工作部分伸在机身外，另一端悬空。这类辊锻机更换模具较为方便，可以同时安装2~3个模膛的锻模，操作位置可以在机前、左侧和右侧，

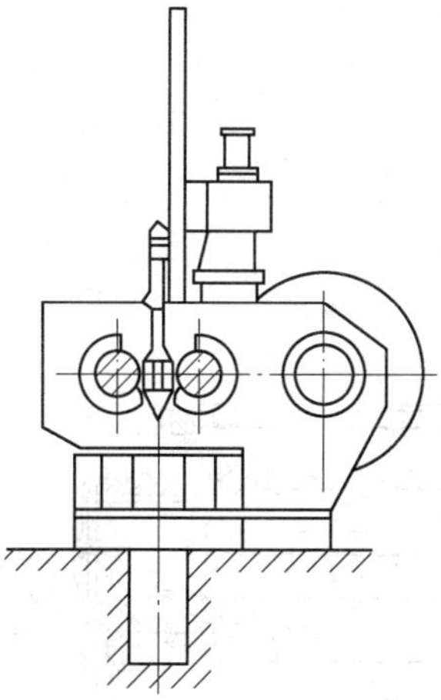

图 6-3 立式辊锻机

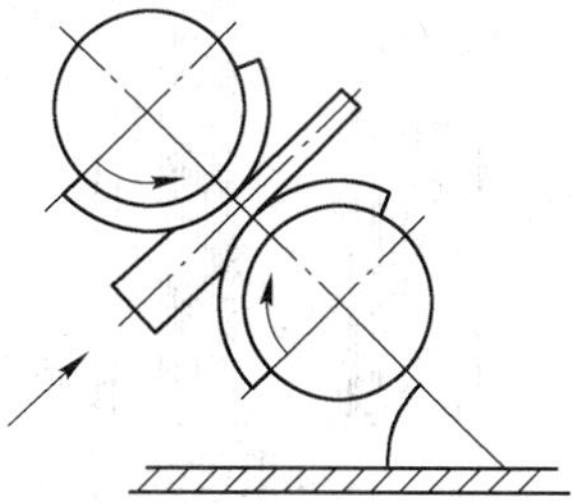

图 6-4 斜式辊锻机

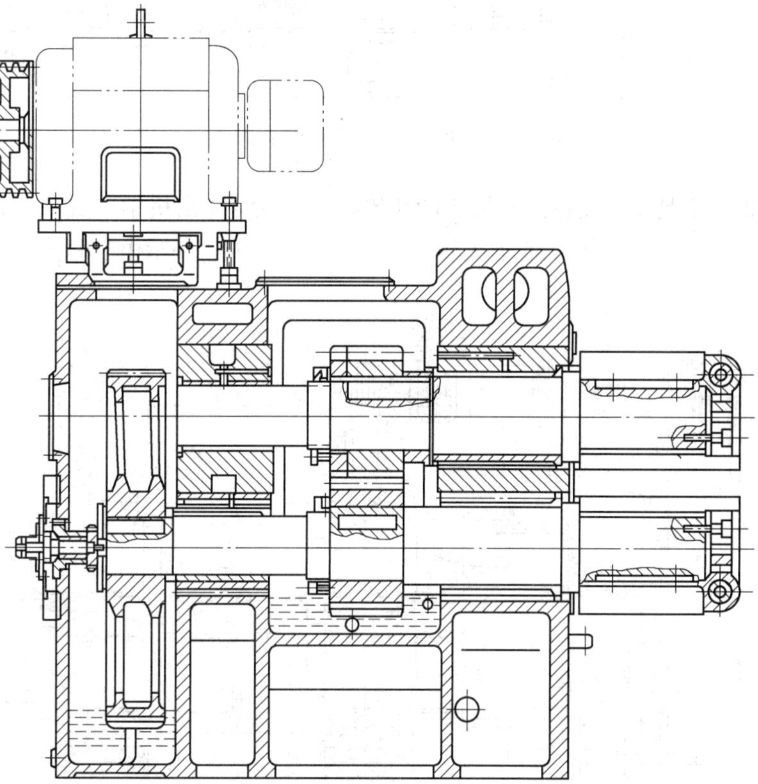

图 6-5 悬臂式辊锻机

在相同锻辊直径条件下，可以比双支承式辊锻机辊锻出更长的锻件，可以完成坯料的拔长工序，但最适于进行展宽工序。设备的刚性较低，多用于小型件的大批量生产。

双支撑式辊锻机（图 6-6）的锻辊的工作部分通过轴承支撑在两个直立的机架之间，刚性好，辊锻精度高，适于生产成形辊锻或冷辊锻产品，有时也用于制坯。双支撑的锻辊上可以同时装 4~6 个模膛的锻模，有较广的应用范围。

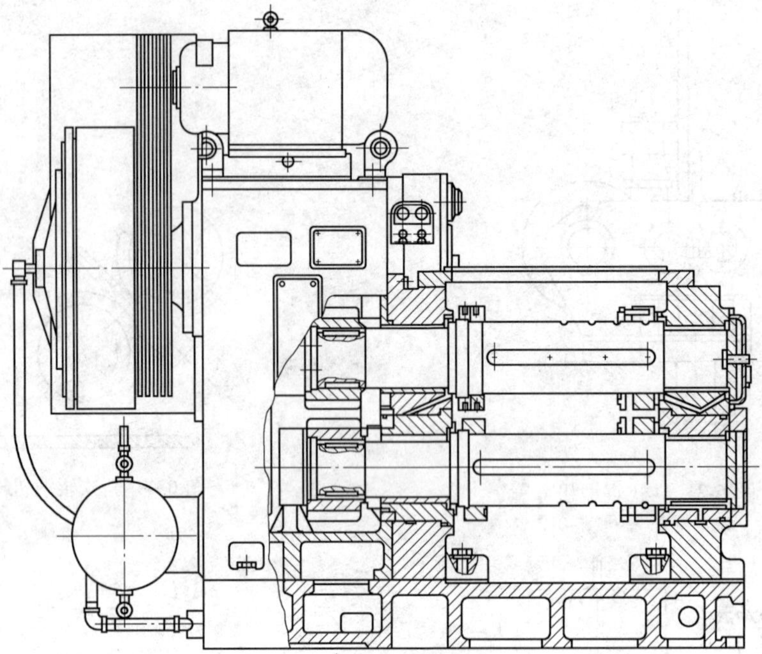

图 6-6　双支撑式辊锻机

复合式辊锻机是将双支撑式辊锻机的非传动侧的辊端伸出机架形成一对悬臂锻辊。机架内的部分成为内辊，机架外的部分成为外辊（图 6-7）。内、外辊由一套传动系统驱动，兼有

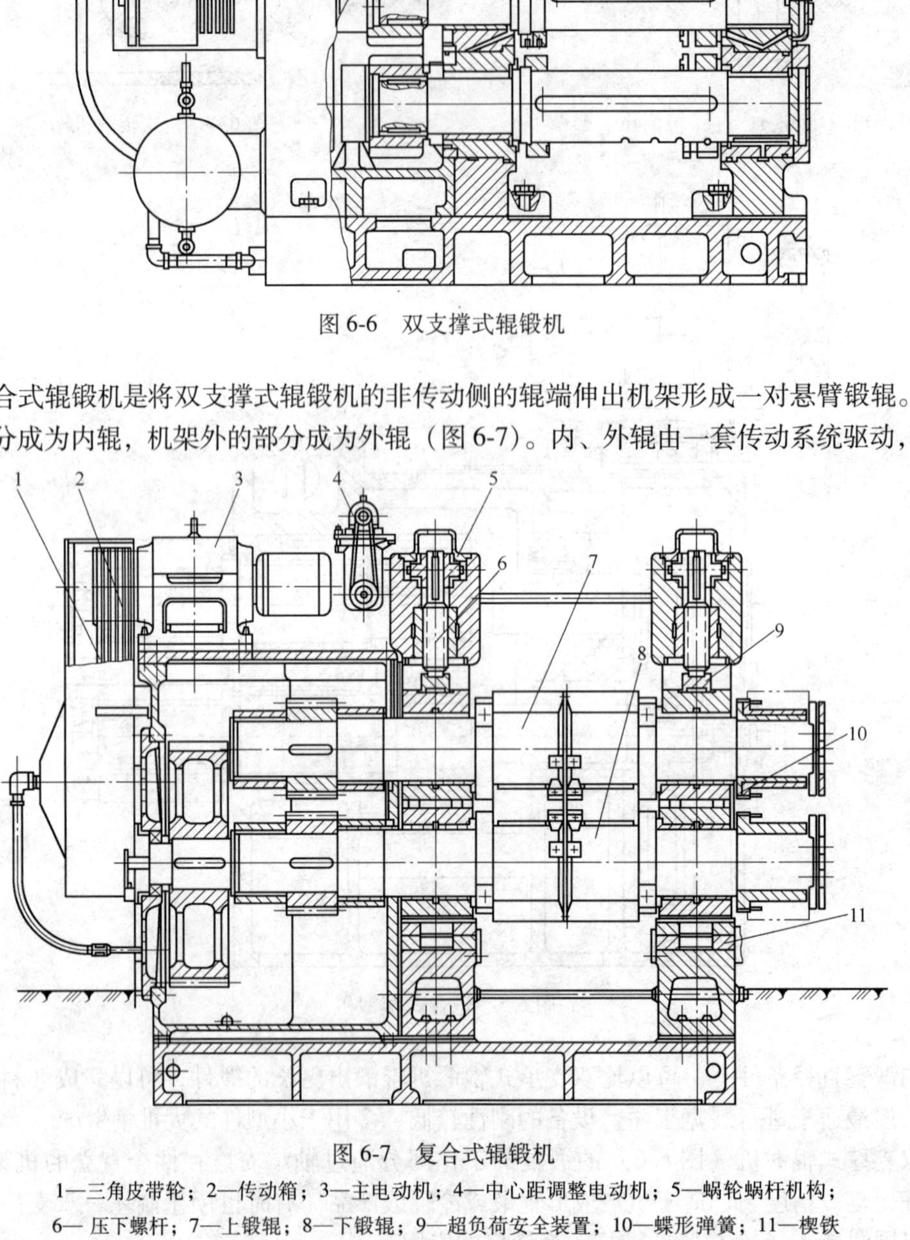

图 6-7　复合式辊锻机

1—三角皮带轮；2—传动箱；3—主电动机；4—中心距调整电动机；5—蜗轮蜗杆机构；6— 压下螺杆；7—上锻辊；8—下锻辊；9—超负荷安全装置；10—蝶形弹簧；11—楔铁

悬臂式和双支撑式两者的性能和优越性，通用性较强，一台机器可以同时进行制坯和成形工艺，适用于大批量生产锻件。复合式辊锻机结构紧凑，刚性好，可用于成形辊锻和冷精锻。

（3）根据辊锻机传动部分的设置可以分为分置式和机床式。

辊锻机可以像轧钢机那样，将电动机、减速器等主传动部分设置在机架牌坊的一侧，采用较长的接轴来驱动锻辊（图 6-8）这类辊锻机称为分置式辊锻机。分置式辊锻机轧辊的调整范围大，可以实现较大的压下量，适用于生产大规格的辊锻产品。

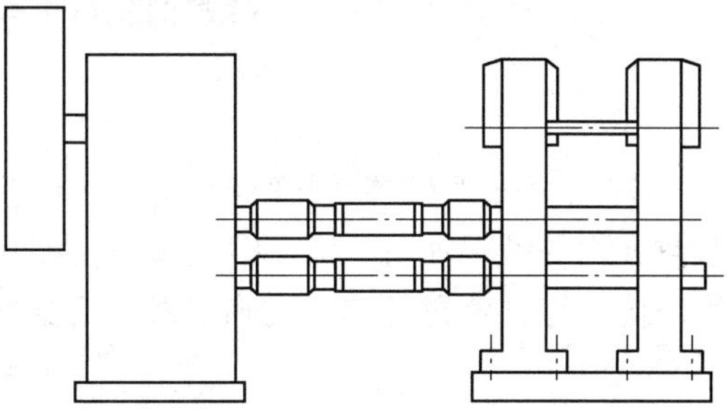
图 6-8　分置式辊锻机

对于小规格、径向压缩量较小的辊锻机，一般将传动装置与工作部分设置在一起，结构较为紧凑，类似于专用机床的结构布置，称为机床式辊锻机。图 6-5~图 6-7 所示辊锻机即属于机床式辊锻机。

（4）按照生产产品的品种和批量可以分为通用式和专用式。

对于一些批量大、有特殊要求的产品，可以采用高效率的专用辊锻机来生产，例如生产变断面弹簧扁钢的专用辊锻机、冷成形叶片的叶片冷锻机等。而对于小批量、多品种的产品，则可以使用通用型辊锻机。这类辊锻机已经系列化批量生产，设备装备水平高，产品质量好，生产效率高，从而降低了生产成本。

6.3　辊锻机的主要技术参数

辊锻机的主要技术参数表示了产品的规格性能和主要用途等，是设备设计和选择的主要依据。辊锻机的主要几何尺寸如图 6-9 所示。辊锻机的主要技术参数包括：

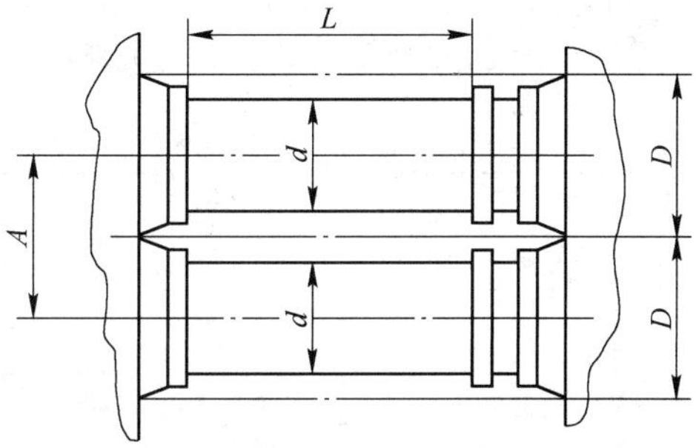

图 6-9　辊锻机的主要几何尺寸

（1）锻模公称直径 D。锻模公称直径是指锻模分模面处的公称回转直径，其值等于两锻辊的公称中心距 A。与轧钢过程一样，锻模公称直径越大，轧件越容易咬入，变形区越长，金属越容易充满孔型。但是，变形区长，轧制压力大，使辊锻机的结构尺寸增大，能耗增高。所以，应该在满足工艺要求的前提下，选择公称直径小一些的锻模。

锻模公称直径的选择可以根据工件的形状尺寸和材料，用类比法确定，也可以利用经验公式根据坯料直径 d_g 初步计算。

制坯辊锻时：

$$D = (6 \sim 8)d_g$$

成形辊锻时：

$$D = (8 \sim 15)d_g$$

式中　d_g——坯料直径，mm。

（2）公称压力 P。公称压力是指两锻辊能够承受的最大径向辊锻力。公称压力是根据典型工件的辊锻力计算确定的，因此是辊锻机设计和选型的主要依据。

（3）锻辊直径 d。锻辊直径是指安装辊锻模处的辊轴直径。

锻辊直径的大小决定了辊锻模的尺寸和锻辊的刚度。综合考虑锻辊直径可按下式确定：

$$d \approx D/1.5$$

（4）辊身长度 L。锻辊辊身长度是指能够安装模具的轴向长度，但不包括两端夹紧固定装置在内的锻辊轴向长度。锻辊辊身长度长，可安装的模具多，但此反而会造成锻辊的刚度下降。综合考虑可按下式确定锻辊辊身长度：

$$L = D$$

（5）锻辊转速 n。锻辊转速是指每分钟锻辊连续回转的转数。该参数与锻辊分模面上的线速度有关系，通常 $v=0.5\sim1.2\text{m/s}$。当该辊锻机作制坯辊锻时，其转速应尽可能地适应手工操作下道工序的连续运作要求，因此 v 取较大值。当该辊锻机作成形辊锻时，其转速要与送料装置相适应，因此 v 取较小值。

（6）锻辊开口度 ΔA。锻辊开口度是指两个锻辊中心距的调节范围，一般是上辊的移动量。锻辊开口度的选择应考虑操作方便，易于排除故障。同时，应尽量减小机架的高度和传动系统的尺寸，从而提高机架刚度，降低设备造价。根据锻模公称直径的不同，锻辊的开口度 ΔA 应大于 10~20mm。

辊锻机的主要技术参数确定后，设备能够加工的最大坯料尺寸即可以估算出来，从而能够了解设备能力的大小。通常可以按照下式计算可锻坯料的尺寸：

$$d_g = D/(6 \sim 8)$$

目前，国产辊锻机已经实现了系列化生产。表 6-2 所示的是双支撑辊锻机的技术参数，表 6-3 所示的是悬臂式支撑辊锻机的技术参数，表 6-4 所示是复合式辊锻机技术参数。

表 6-2 双支撑辊锻机的技术参数

型　号	D42-160	D42-250	D42-400	D42-500	D42-630	D42-800	D42-1000
锻模公称直径/mm	160	250	400	500	630	800	1000
公称压力/kN	125	320	800	1250	2000	3200	4000
锻辊直径/mm	105	170	260	330	430	540	680
辊身长度/mm	160	250	400	500	630	800	1000
锻辊转速/$r \cdot min^{-1}$	100	80	60/40	50/32	40/25	30/20	25
锻辊开口度/mm	8	10	≥12	14	≥16	≥18	≥20
可锻方坯尺寸/mm	20	35	60	80	100	125	150

表 6-3 悬臂式支撑辊锻机的技术参数

型　号	D41-200	D41-250	D41-315	D41-400	D41-500
锻模公称直径/mm	200	250	315	400	500
公称压力/kN	160	250	400	630	1000
锻辊直径/mm	110	140	160	220	280
辊身长度/mm	200	250	315	400	500
锻辊转速/$r \cdot min^{-1}$	125	100	80	63	50
锻辊开口度/mm	10	12	14	16	18
可锻方坯尺寸/mm	32	45	63	90	125

表 6-4 复合式辊锻机技术参数

锻模公称直径 D/mm	内、外辊	630
公称压力 p/kN	内、外辊	160、100
锻辊直径 d/mm	内、外辊	400、320
锻辊可用长度 L/mm	内、外辊	800、320
锻辊转速 n/r · min^{-1}	内、外辊	40、30
锻辊中心距调节量 ΔA/mm	内、外辊 外辊补偿能量	30±2
可锻方坯边长 H/mm	内、外辊	80

6.4 辊锻机的主要结构

由前所述，辊锻机主要结构包括机架、锻辊轴、锻模调整装置和主传动系统等，各部分的基本形式与二辊轧钢机类似。但是，由于辊锻工艺的特点，各部分的设计思想和方法与轧钢机设计有很大的差异。

6.4.1 机架

机架是辊锻机的主要部分，其质量约占机器总质量的一半。机架的设计包括机架形式确定、结构尺寸设计和材料选择等。辊锻机的机架有整体式、组合式和分置式等三种形式，可以根据辊锻机的不同形式选用。

（1）整体式机架是将底座、左右机架和横梁做成一体，有焊接件和铸件两种加工方式。整体式机架的特点是结构紧凑，有较高的强度和刚度，设备总体尺寸小，占地面积小，易于整体包装、运输和安装，对地基无特殊要求，设备外形美观。但是整体式机架的结构复杂，加工难度大，成本高，目前只用于悬臂式辊锻机。

图 6-10 是一种铸焊结构的整体式机架，机架的主要部分采用 Q235 钢板，靠近工作部

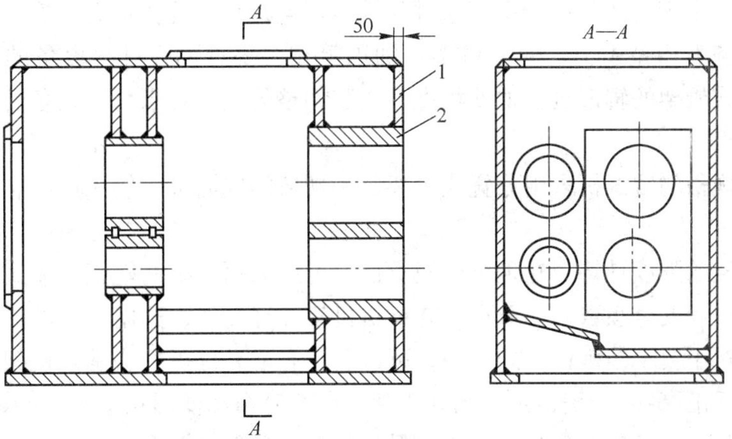

图 6-10 铸焊结构的整体式机架
1—前板；2—前轴承座镶块

位的前板厚度为50mm，轴承座采用ZG35的铸造镶块与前板和中间立板焊接在一起。因为工作侧承受最大的轧制载荷，所以使用更大的轴承和轴承座。

整体式机架也可以采用铸铁（HT200～400）和铸钢（ZG35）材料。铸铁机架的减震性好，不易变形，铸钢机架具有较高的强度和刚度，并且可以焊接。铸造整体式机架适于批量生产。

（2）组合式机架的左右机架（牌坊）和设备的传动部分与底座是单独加工，然后组装在一起。左、右机架之间由于距离较大，需要由横梁或拉杆连接在一起，以提高设备的轴向刚度。由于传动部分对机架有倾翻力矩，所以机架的安装应有足够的强度和刚度。

（3）分置式机架的左右机架与设备的传动部分不采用共同的底座，类似于二辊轧机的形式，机架和传动部分由联轴器连接在一起。由于上下锻辊的轧制力矩不同，两者不能抵消，其差值即为作用在机架上的倾翻力矩。分置式机架可以是移动式的，通过移动右机架来调整可轧工件的宽度，同时模具的安装也较为方便，还可以安装环形模具。铸造结构和铸焊结构的双圆孔型分置式机架如图6-11和图6-12所示。

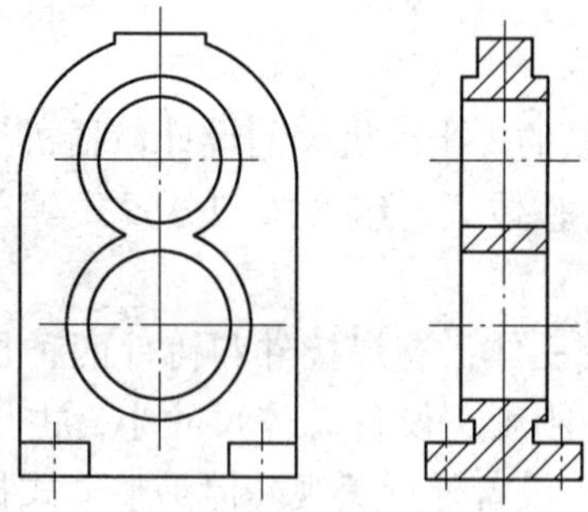

图6-11　铸造结构的双圆孔型分置式机架

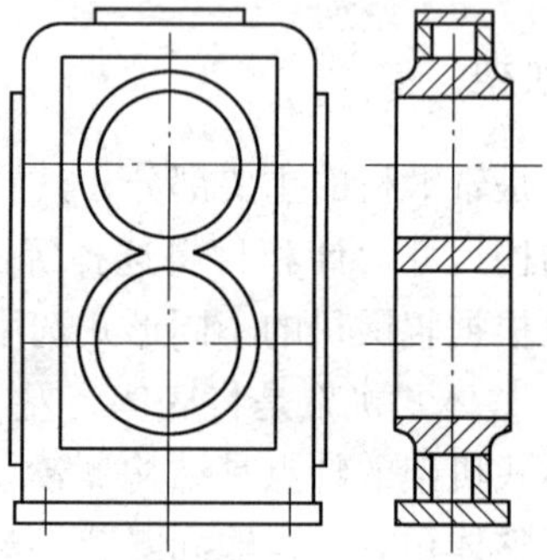

图6-12　铸焊结构的双圆型分置式机架

分置式机架由于机架与传动系统通过联轴器相连，所以受传动力的影响较小，左、右机架承受的轧制力相差不大，便于机架、轴承等相关零件的设计，设备的装配和维修方便。但是分置式机架的辊锻机占地面积大，安装调整的技术要求高，设备的质量也较其他类型设备大。

通常，大规格的辊锻机采用分置式机架，小规格的辊锻机一般采用组合式机架或整体式机架。

辊锻机机架的强度计算与轧钢机机架类似，可以采用传统的轧钢机闭式机架的计算方法。其许用应力和安全系数的选取也与轧钢机机架计算类似，选用较低的许用应力和较大的安全系数。对于要求精确计算的产品，可以利用有限元分析方法确定机架各部分的应力分布。图6-13和图6-14分别给出了闭式机架的应力分布和变形状态。

表6-5给出了采用经典力学方法和有限元法计算的闭式机架的各点（见图6-13$A \sim F$）应力分布。

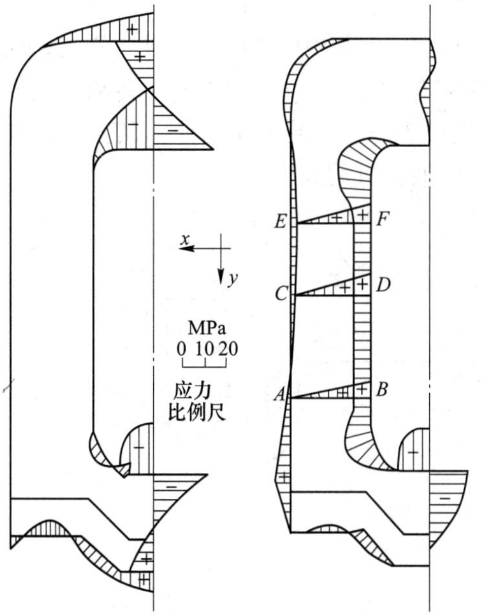

(a)　　　　(b)

图 6-13　闭式机架的应力分布

（a）x 向正应力 σ_x；（b）y 向正应力 σ_y

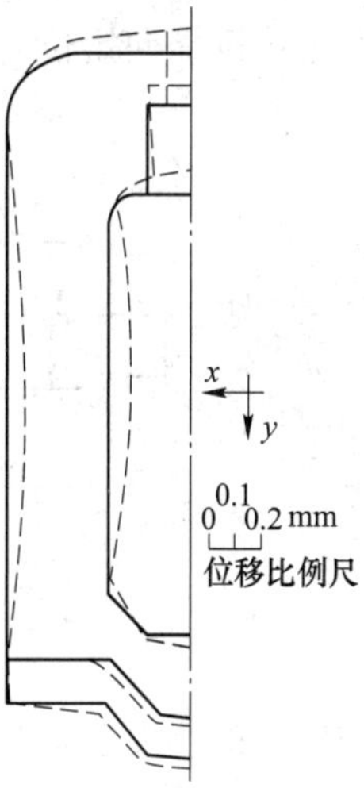

图 6-14　闭式机架的变形状态

表 6-5　闭式机架的各点应力分布

机架分析点		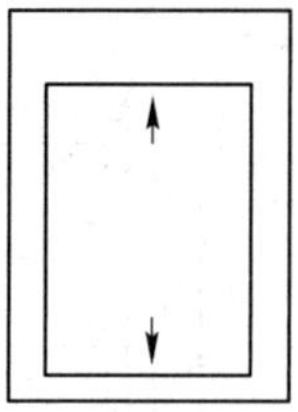		
数　值		经典力学方法	有限元法	相对误差/%
应力/MPa	*A*	19	145	31
	B	−226	−262	−13.8
	C	−258	−211	22.3
	D	179.5	92	95.1
	E	26.1	−1	−2710
	F	97.6	79.5	23.4
垂直位移/mm	*B/C*	0.212	0.112	89.3

6.4.2　锻辊与轴承

锻辊相当于轧钢机的轧辊，其作用是传递扭矩和承担辊锻力。由于锻辊上要安装锻模，所以其结构要保证模具的准确定位和安装牢固。锻辊轴承用于支撑锻辊，并将辊锻力传递给机架。

锻辊的结构主要取决于辊锻机的结构，同时也与模具的固定方式、轴承形式和轴向定位的方式有关。图6-15是锻辊的典型结构，带有键槽的传动端1用于安装传动齿轮或联轴器；轴颈2用于安装锻辊轴承；开有键槽4的辊身3是锻辊的工作部分，其上安装有模具并用模具的定位键周向定位。应注意辊身长度 > 锻辊可用长度。

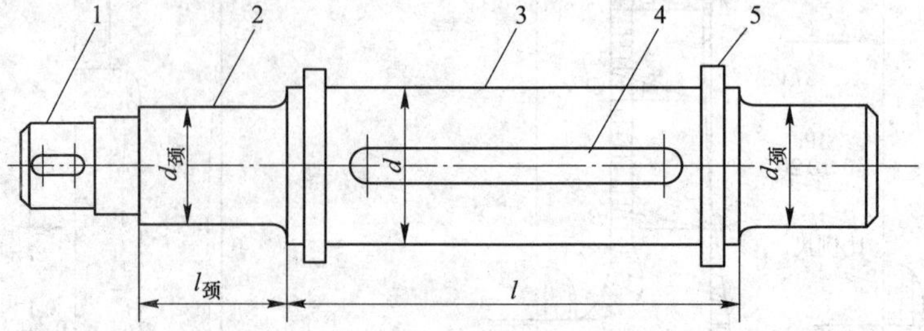

图6-15　锻辊的典型结构

1—传动端；2—轴颈；3—辊身；4—键槽；5—轴身

锻辊与轧钢的主要区别是型槽复杂，其界面沿圆周方向变化，不能在锻辊上加工，而是先在辊锻模具（扇形或环形模块）上加工出型槽，然后再将锻辊模具安装于锻辊上。对于双支撑辊锻机，一般采用扇形模具，利用长键传递扭矩和周向固定，轴向固定则采用定位螺栓和定位块等零件，这样轴向、周向定位准确，易于拆装。图6-16是扇形模具的固定方式之一。

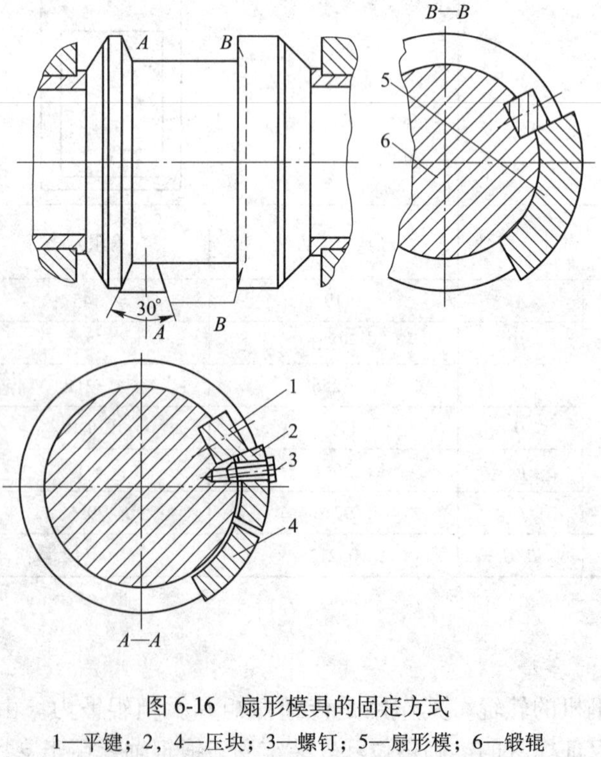

图6-16　扇形模具的固定方式

1—平键；2，4—压块；3—螺钉；5—扇形模；6—锻辊

锻辊轴承一般采用非液体摩擦的滑动轴承，这是由于辊锻机采用间歇式轧制，具有转速低、冲击大的工作特点所决定的。滑动轴承具有工作可靠、耐冲击、承载能力大等特点，能够满足上述要求。滑动轴承的材料有铸造青铜、锌铝合金和酚醛胶木等。但是滑动轴承工作效率低，精度差，不能适应高精度辊锻机的要求，因此，先进的自动化辊锻机已逐渐采用滚动轴承。

锻辊的轴向固定可以利用轴瓦（轴套）的台阶，也可以用轴端挡板、螺母等常用的轴向固定方式（图 6-17 和图 6-18）。

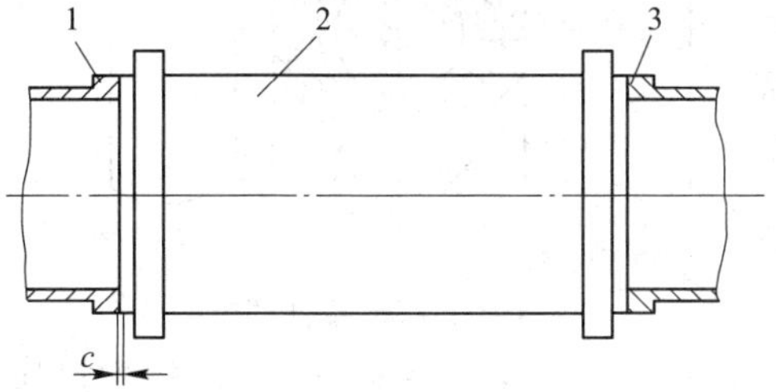

图 6-17 锻辊两端用轴瓦定位

1，3—轴瓦；2—锻辊

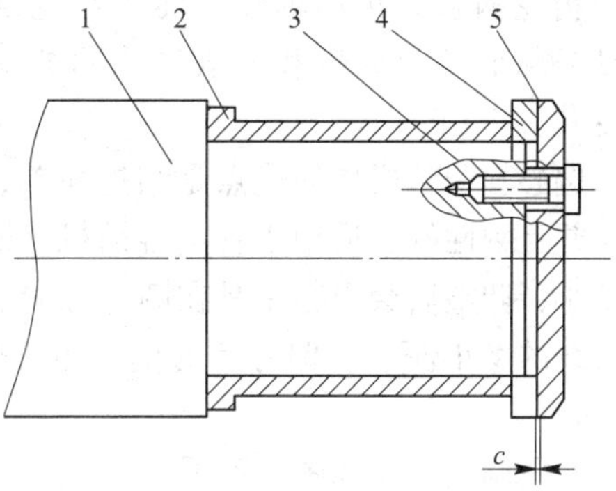

图 6-18 锻辊用端盖在非传动端定位

1—锻辊；2—轴瓦；3—螺钉；4—端面轴承；5—端盖

锻辊的强度设计与轧钢机轧辊的类似，通常要作弯扭组合的强度校核和变形及垂直刚度计算。锻辊的工作条件较为恶劣，要承受脉动的交变载荷，而且安装模具的辊身部分受到的瞬间接触应力很大，容易被模具啃伤或压塌。锻辊材料为轴类零件常用的材料，大多是合金结构钢，如 45 钢、40Cr、45MnB 和 40MnB 等，通常在粗加工后进行调质处理。为了提高辊身的接触强度，在有条件的情况下应进行滚压、氮化等表面硬化处理。

6.4.3 锻辊及模具的调整

辊锻模的错位将会造成废品情况，例如锻辊模周向（角度）错位造成辊锻件前后错移；辊锻模轴向（左右）错位造成辊锻件左右错移；辊锻中心距变化造成辊锻件高度尺寸过大或过小。与轧钢机的轧辊不同，辊锻机的锻辊和模具的调整是为了补偿由于加工、安装和部件的变形所产生的间隙和误差，辊锻机应具有控制辊锻件厚度以及前后、左右错模，保证模具的正确位量及辊锻精度的调整机构。常用的调整包括锻辊中心距调整、锻辊（模具）角度调整和锻辊轴向调整三种机构。

6.4.3.1 中心距调整

中心距调整机构与轧钢机的压下机构类似，只是调整量很小。中心距调整除了用于补偿微小的间隙和弹性变形外，主要是为了安装模具和排除故障方便。双支撑辊锻机系列参数中规定，中心距的调整量不小于 8~20mm。较大的中心距调整量更有利于更改模具，便于扩大产品品种范围。

中心距调整机构有压下螺杆机构、偏心套机构和斜楔调整机构等。图 6-19 所示为一种典型的压下螺杆机构，压下通过手动完成，由蝶形弹簧起平衡作用。压下螺杆下面设置安全臼，以防止过载时发生事故。

偏心套调整机构有单偏心和双偏心两种形式，图 6-20 所示的是单偏心套调整原理图。下锻辊的轴颈装在偏心套中，轴颈中心与偏心套外圆有偏心距 e，偏心套端部装有扇形齿块与小齿轮啮合，传动轴转动使小齿轮及偏心套转动，从而使上锻辊和下锻辊之间的中心距发生变化。

偏心套调整机构的优点是结构简单、调整方便，并且刚性好，适用于各类辊锻机。缺点是调整量小，调整后会引起模具在圆周方向的错移和辊锻线的微小倾斜。偏心套的偏心距一般取20~30mm。

斜楔调整机构如图 6-21 所示。通过手轮调整斜楔移动使锻辊轴承座向下移动，依靠弹簧来复位。这种装置的刚性好，结构简单，但是调整量小。

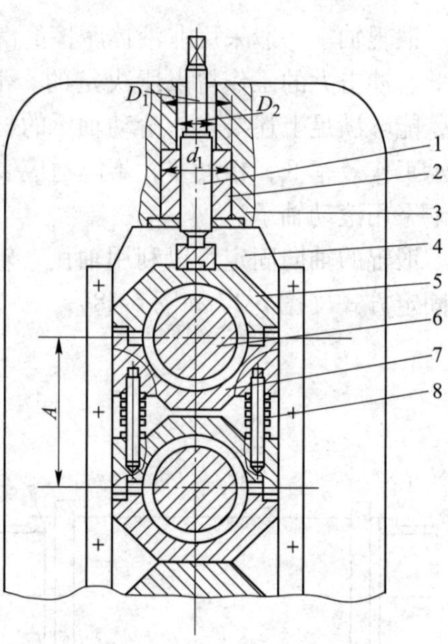

图 6-19 压下螺杆调整机构

1—压下螺杆；2—螺母；3—机架；4—安全臼；5—轴承座上盖；6—上锻辊；7—上辊下轴承座；8—蝶形弹簧

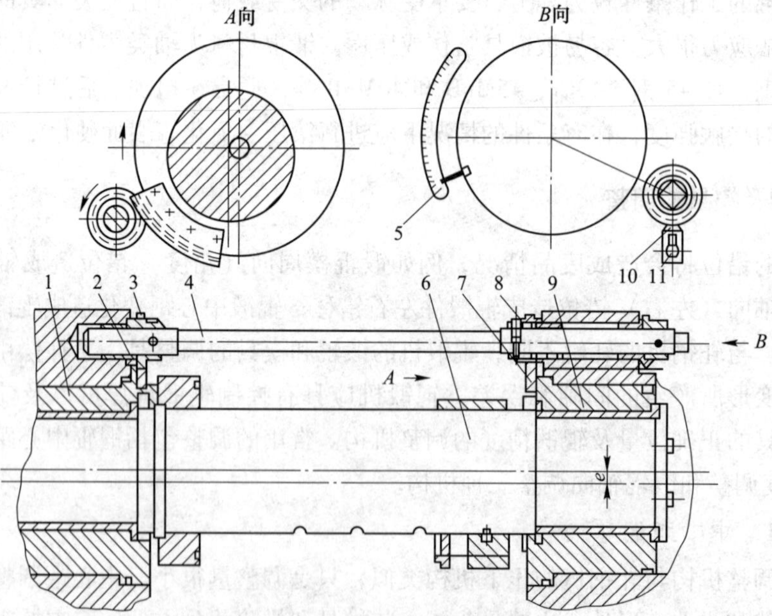

图 6-20 单偏心套调整原理

1—左偏心套；2，7—扇形齿块；3，8—小齿轮；4—传动轴；5—刻度牌；6—下锻辊；9—右偏心套；10—止动块；11—螺钉

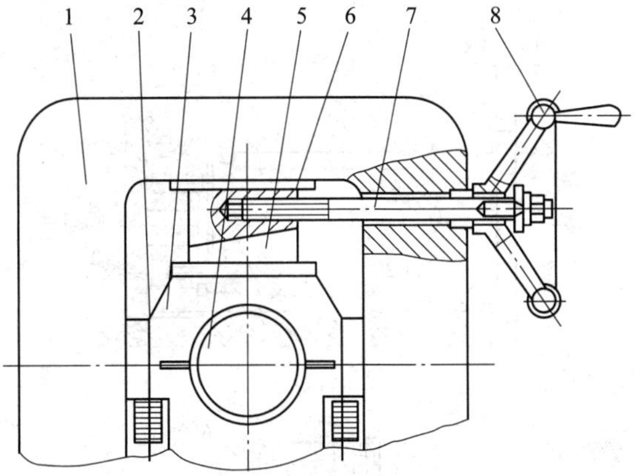

图 6-21 斜楔调整机构

1—机架；2—弹簧；3—上轴承座；4—锻辊；5—下楔块；6—上楔块；7—螺杆；8—手轮

6.4.3.2 角度调整

角度调整的目的是保证上下模具在圆周方向上的偏差符合要求，使工件的成形准确。图 6-22 所示的是一种螺杆式角度调整机构，该机构的结构简单，调整方便，但是调整量小，机构的工作条件差，容易损坏。

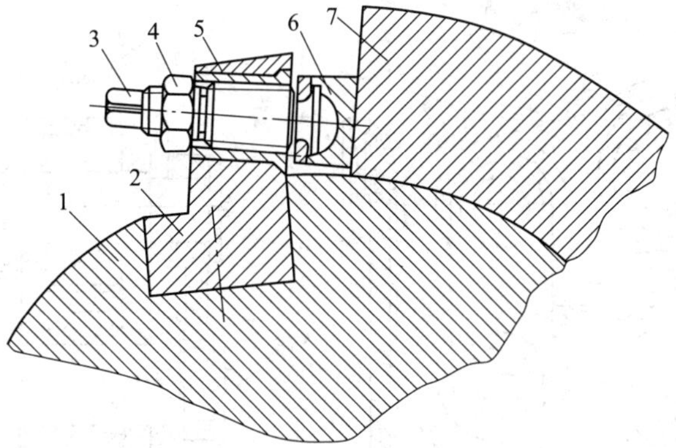

图 6-22 螺杆式角度调整机构

1—锻辊；2—定位键；3—螺杆；4—锁紧螺母；5—螺母座；6—凹座；7—模具

利用调整套、四齿轮杠杆等装置也可以改变上下两个锻辊的相位，从而调整上下模具的位置，达到角度调整的目的。图 6-23 和图 6-24 分别是 D41-400 型悬臂式辊锻机角度调整机构和四齿轮杠杆式角度调整机构示意图。

6.4.3.3 轴向调整

模具的轴向调整也是保证辊锻精度的重要环节。轴向调整可以通过调整模具的轴向位置或锻辊的轴向位置来实现。图 6-25 是一种锻辊轴向移动机构，调整时先松开止动块 8，然后旋转调整套 4，使下锻辊相对上锻辊作轴向移动，对正模具。调整后锁紧止动块，防止调整套松动。

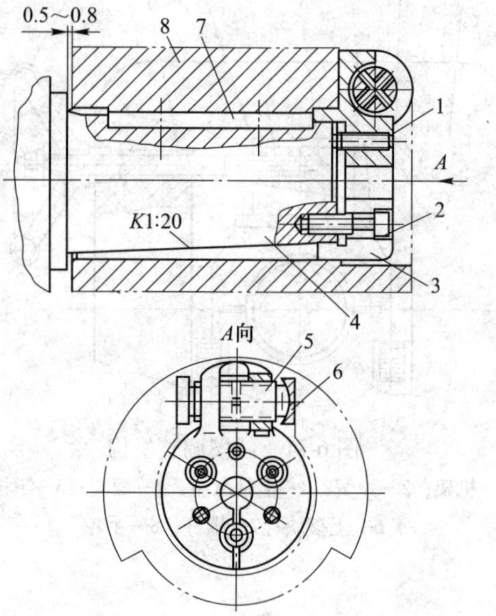

图 6-23 D41-400 型悬臂式辊锻机角度调整机构

1—紧定螺栓；2—螺栓；3—锥套；4—锻辊；5—调整螺杆；
6—球面垫块；7—平键；8—模具套

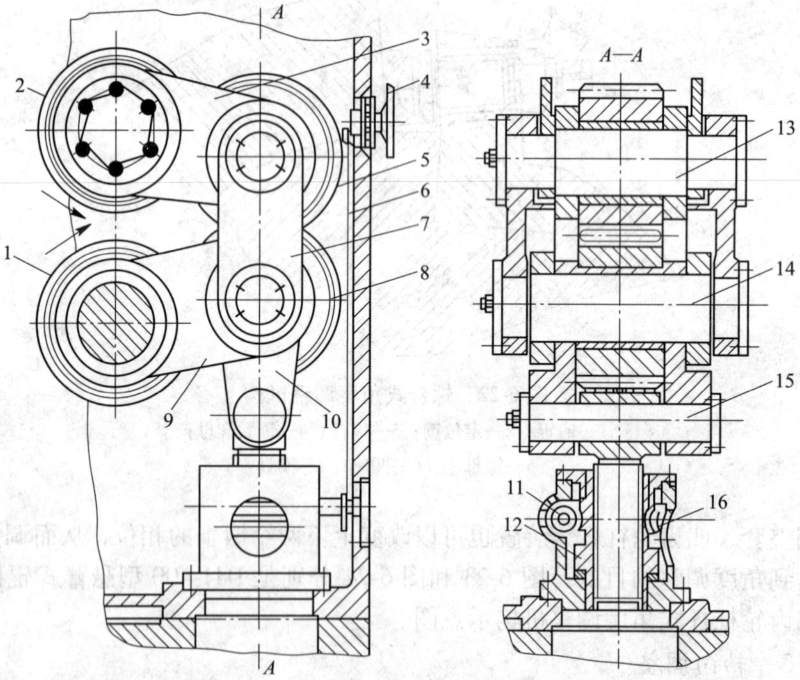

图 6-24 四齿轮杠杆式角度调整机构

1—下锻辊齿轮；2—锻辊齿轮；3，7，9，10—连接板；4—手轮；5，8—浮动齿轮；
6—链传动；11，16—螺杆；12—蜗轮；13~15—轴

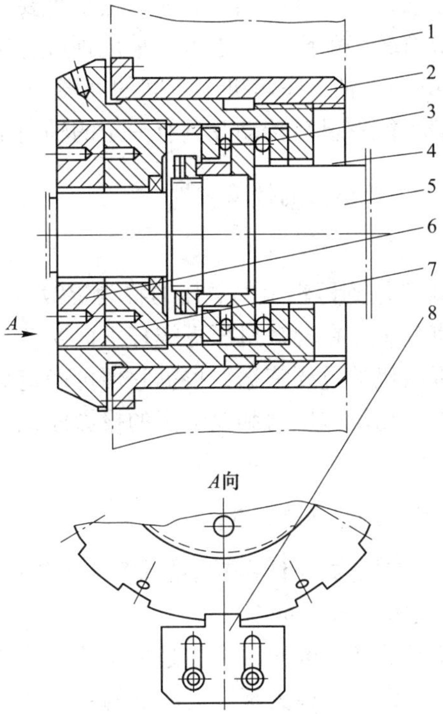

图 6-25　锻辊轴向移动机构

1—机架；2—套；3—止推轴承；4—调整套；
5—下锻辊；6，7—环；8—止动块

6.5　辊锻机的工作刚度及辊锻力相关计算

6.5.1　辊锻机工作刚度

为了保证锻件的精度，应使辊锻机的工作机座具有足够的刚度。辊锻机的工作刚度包括垂直刚度、轴向刚度和角刚度。通常要保证垂直刚度达到规定要求，尤其对于精辊锻和冷辊锻，刚度的要求更为重要。与轧钢机的机架刚度的计算类似，可以利用机座刚度曲线来分析机座刚度 C_p（kN/mm）。辊锻机的垂直刚度为：

$$C_p = P/\Delta$$

式中　P——辊锻力，kN；

Δ——辊锻时锻辊高度方向总变形量，mm。

辊锻机的垂直刚度仍然采用锻压设备常用的刚度指标 K 来衡量，即：

$$K = C_g/p_g$$

式中　C_g——机器总的垂直刚度，kN/mm；

p_g——机器的额定公称压力，kN。

辊锻机的工作刚度直接影响工件的加工精度。目前，国内生产的通用辊锻机的刚度指标 K 为 7~10，对于精辊锻和冷辊锻，刚度指标还应更高一些。

对于轴向变形较大的辊锻过程，轴向刚度的要求也很重要。为了提高辊锻机的轴向刚度，两个牌坊之间的连接应有较强的刚度，也可以采用预应力结构。通常锻辊的轴肩与铜瓦之间的间隙为 0.10~0.30mm。轴承座与机架之间的间隙为 0.05~0.15mm。锻辊的轴向间隙应能够调整。以保证锻辊能够灵活转动并具有一定的轴向窜动量。

6.5.2 辊锻力、辊锻力矩及单位压力的计算

6.5.2.1 辊锻力计算

(1) 辊锻时，变形金属作用到锻辊上的总压力称为辊锻力。可近似地认为金属作用于锻辊上的总压力等于其垂直分量。在辊锻机压下螺杆下面安装一测压仪即可直接测得辊锻力，辊锻力是设计和选用辊锻机的重要依据，根据它便可确定辊锻力矩和电机功率。

计算辊锻力时，可依据平均单位压力和变形区的投影面积来确定

$$P = \overline{P}A$$

式中 P——辊锻力，即变形区的总压力，N；

$\overline{P}$——变形区的平均单位压力，计算方法见 6.5.2.3 节；

A——变形区的水平投影面积，mm^2。

辊锻时，变形过程各瞬间的变形区面积往往是变化的。计算辊锻力时，要选择压下量最大且接触面积也最大的变形区，即最大辊锻力所处的变形区。

(2) 变形区水平投影面积的确定。要确定金属作用在锻辊上的总压力，需要计算接触面积 A，即实际接触面积在水平面上的投影。

接触面积 A 和坯料变形前后的几何尺寸有关。在辊制板料和矩形截面坯料时，接触面积可按下式确定：

$$A = \frac{b_0 + b_1}{2} l \approx \frac{b_0 + b_1}{2} \sqrt{R\Delta h}$$

式中 l——变形区长度，mm；

b_0，b_1——辊锻前后坯料宽度，mm。

6.5.2.2 辊锻力矩的计算

辊锻力矩是克服锻件变形阻力所需的力矩，它是组成辊锻机所需传动力矩的主要部分，可以根据辊锻力求得。

在变形区中，单位压力分布在整个接触面上，其合力（即辊锻力）的作用点到辊锻中心线的距离为 a，则上下两锻辊的总力矩为

$$M = 2Pa$$

式中 M——辊锻力矩，N · m

P——辊锻力，N；

a——力臂，即力 P 作用点到锻辊中心线的距离，mm。

力臂 a 可以用下式表示

$$a = \Psi l$$

式中 l——变形区长度，mm；

Ψ——力臂系数。

力臂系数与变形区平均长度和平均高度之比、摩擦因数及相对压下量等因素有关，一般可按下列数值选取：

对成型辊锻取

$$\Psi = 0.25 \sim 0.3$$

对制坯辊锻取

$$\Psi = 0.4 \sim 0.6$$

辊锻力 P 及辊锻力矩 M 随模具半径 R 及压下量 Δh 的增加而增加。在辊锻模公称直径一定时，减少每道次的压下量 Δh 可使辊锻力及辊锻力矩降低。

6.5.2.3　单位压力的计算

计算辊锻力和力矩要先确定平均单位压力。在辊锻变形的情况下，由于辊锻件形状和截面的不同，使单位压力不仅沿接触弧分布不均匀，而且在整个变形区接触面积上单位压力分布也不均匀。单位压力可以用采利柯夫公式按工程计算方法近似求解得出，但在实际问题中精确计算较为困难，下面介绍利用经验数值确定辊锻平均单位压力的方法。

（1）成形辊锻碳钢件的平均单位压力，根据锻件复杂程度的不同，按表 6-6 确定。

（2）成形辊锻合金钢件，其平均单位压力按表 6-6 选取后，再按下式修正：

$$p' = \bar{p}\Psi_1$$

式中　p'——成形辊锻合金钢的平均单位压力，MPa；

$\bar{p}$——成形辊锻碳素钢的平均单位压力，MPa，按表 6-6 选取；

Ψ_1——修正系数，根据不同材料，按表 6-7 选取。

表 6-6　成形辊锻平均单位压力

锻件复杂程度	辊锻温度/℃	平均单位压力/MPa
简单形状	900	250
	1000	200
复杂形状	900	300
	1000	250
最复杂形状	900	350
	1000	300

注：辊锻条件：辊锻模公称直径为 ϕ550，无润滑。材料：30 钢。

表 6-7　修正系数 Ψ_1

钢的牌号	辊锻温度/℃	
	900	1000
30CrMnSiA	0.7	0.8
18Cr2Ni4WA	1.0	1.0
2Cr13	1.5	1.5

当采用润滑剂时，压力会比表中所实验数值低些。例如用石墨润滑剂比无润滑剂时的平均单位压力要低 30%～35%。

（3）制坯辊锻的平均单位压力，可根据其相对压下量按表 6-8 选取。

表 6-8 制坯辊锻的平均单位压力

相对压下量 $\varepsilon=\frac{h_0-h_1}{h_0}\times100\%$	辊锻温度/℃	平均单位压力/MPa	
		无润滑剂	石墨润滑剂
30	1150	80	60
40	1150	100	80
50	1150	120	100
60	1150	170	130

注：辊锻条件：材料为 50 钢；锻模公称直径 ϕ500。

6.6 辊锻机的传动系统

辊锻机的传动系统应能满足辊锻工艺的要求，主要是要有足够的辊锻力矩、准确的转速并保证上下辊同步、传动机构能够满足锻辊和模具调整的要求、能够正反转并且有过载保护装置。

辊锻机的传动系统可以采用液压传动和机械传动两种方式。大多数辊锻机都采用机械传动，由电动机通过皮带轮和齿轮箱驱动锻辊旋转。其布置形式与机座形式相对应，有分置式和整体式两种，图 6-26 和图 6-27 分别给出了这两种布置方式的传动系统图。

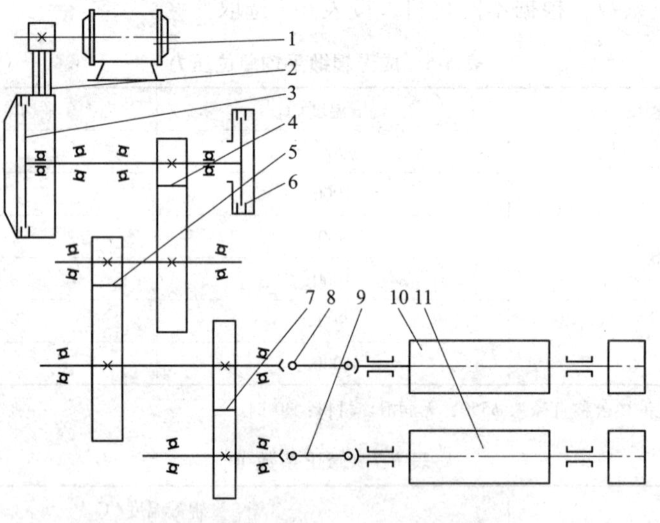

图 6-26 辊锻机分置式传动系统示意图

1—电动机；2—皮带；3—离合器；4，5—传动齿轮；6—制动器；
7—分配齿轮；8，9—万向联接轴；10—上锻辊；11—下锻辊

分置式传动系统有较大的锻辊中心调整量，调整和维修方便，但是占地面积大，设备造价高。整体式传动系统与之相反，是目前采用较多的设备形式。

整体式传动系统结构紧凑，设备体积小、质量轻，因此是目前采用较多的形式。图 6-27所示的是一种典型的整体式传动系统，为了能够利用齿高来调整轧辊的中心距，在两辊之间采用一对加长齿型的齿轮，齿顶高系数为 1. 25，齿根高系数为 1. 5。同时，为了消

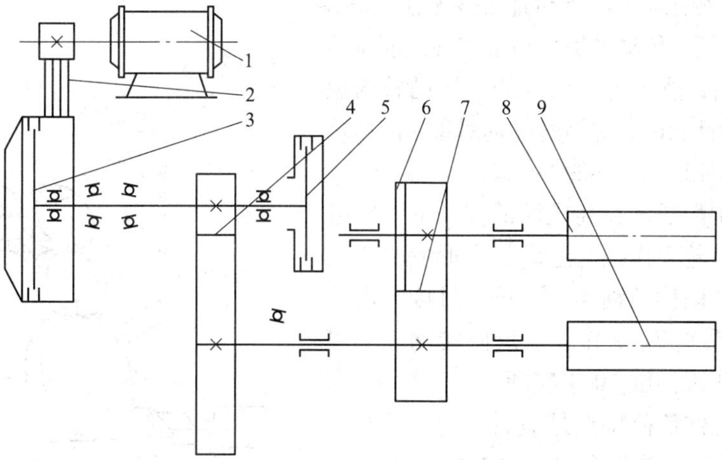

图 6-27 辊锻机整体式传动系统示意图

1—电动机；2—皮带轮；3—离合器；4—传动齿轮；5—制动器；
6—浮动长齿轮；7—长齿型齿轮；8—上锻辊；9—下锻辊

除因辊缝调整而产生的齿侧隙增大，采用一个刚性或弹性的齿轮片补偿侧隙，以保证传动平稳。

图 6-28 所示的是另一种整体式传动系统，该系统采用 4 个齿轮杠杆机构来实现辊缝的调整，这种结构的调整量较大，但是机构较为复杂。

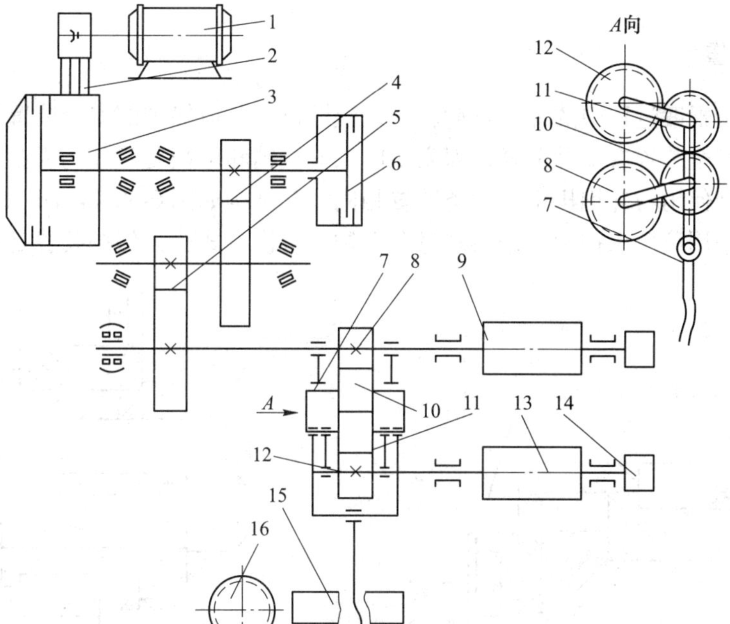

图 6-28 具有齿轮杠杆机构的辊锻机整体式传动系统示意图

1—电动机；2—皮带；3—离合器；4，5—传动齿轮；6—制动器：7—杠杆系统；
8—上锻辊齿轮；9—上锻辊；10，11—浮动齿轮；12—下锻辊齿轮；
13—下锻辊；14—外辊；15—蜗轮；16—蜗杆

与机械传动相比，液压传动有很多优点，如结构紧凑、维修方便、传动平稳、易于实现速度调节与控制等。目前，液压传动系统的应用已较为成熟，成为产品设计和设备选型的优选对象。液压传动辊锻机的工作原理如图6-29所示。

主液压缸1的活塞在高压油的推动下，经齿条2带动扇形齿轮3作往复运动，扇形齿轮3与传动齿轮5装在同传动轴4上，再经过传动齿轮6、8使上、下锻辊7、9作正、反向转动。上锻辊的调整也由压下油缸10来实现。

辊锻机的工作负荷特点是短时、周期性和峰值高，辊锻负荷时间是整个周期的1/6~1/12，而辊锻力矩则是空负荷时的100~150倍。因此，利用飞轮来调节辊锻机的负荷特性是十分必要的。飞轮的使用与横列式型钢轧机中的选用方法类似。对于铸铁飞轮。其圆周速度为20~25m/min，铸钢飞轮的适用圆周速度在40m/min左右。

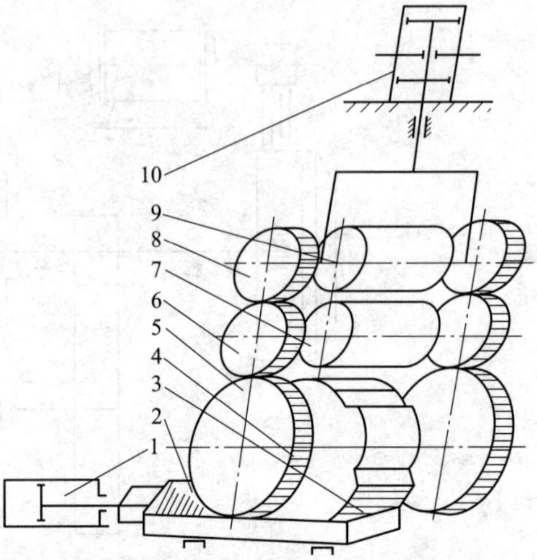

图6-29 液压传动辊锻机的工作原理图
1—主液压；2—齿条；3—扇形齿轮；4—传动轴；5，6，8—传动齿轮；7—上锻辊；9—下锻辊；10—压下油缸

6.7 辊锻机的辅助装置

6.7.1 安全装置

由于辊锻机辊锻过程中的冲击负荷较大，辊锻机过负荷保护的安全装置是必要的。

辊锻机的安全装置有3种形式，即安全臼、安全销和可恢复式压力保护装置。安全臼和安全销的设计使用与轧钢机中的同类装置相同，其结构如图6-30和图6-31所示。液压传动的辊锻机则采用液压保护回路来实现过载保护。可恢复式压力保护装置是一个具有过载

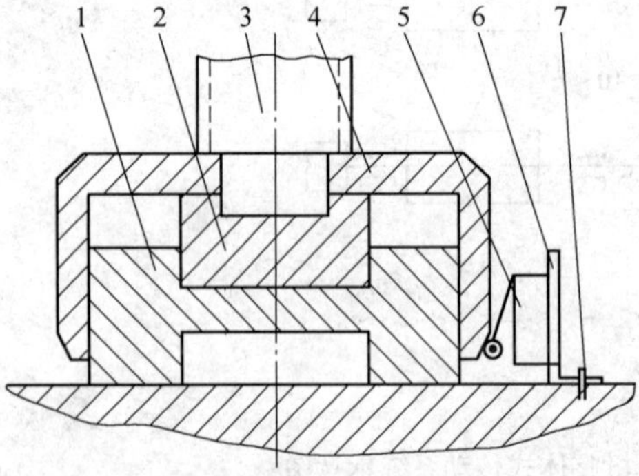

图6-30 安全臼装置
1—安全臼；2—垫片；3—压下螺杆；4—防护器；5—微动开关；6—角铁；7—轴承座

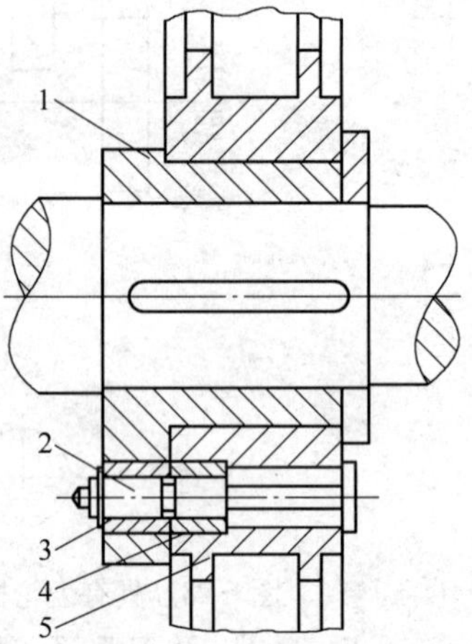

图6-31 安全销装置
1—轴套；2—保险销；3，4—保险销套；5—齿轮

自动卸荷功能的液压垫，其液压回路如图 6-32 所示。液压垫安装在压下螺丝下面，当压力超过设定值时，液压垫卸荷，上辊抬起，同时机器停止运转。

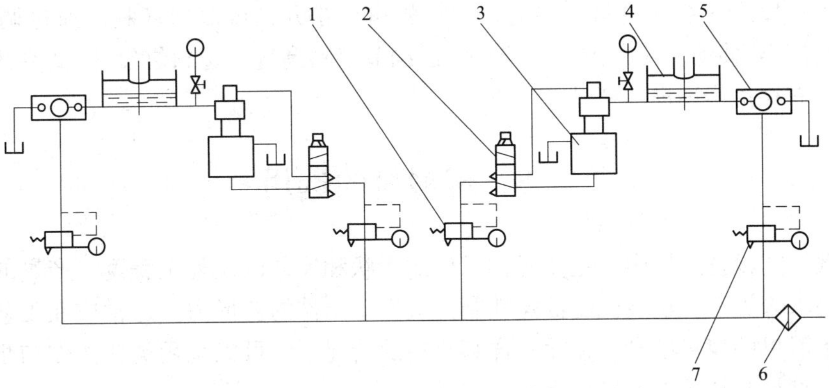

图 6-32 过载自动卸荷液压回路

1，7—调压阀；2—二位四通阀；3—卸荷阀；4—液压垫；5—气动油泵；6—油雾器

现代辊锻机的传动系统中一般都设置有摩擦式离合器，当传递的扭矩超过离合器的许用值时，摩擦块打滑能够起到一定的过载保护作用。

6.7.2 辊锻机喂料装置

由于辊锻机的工作节奏很快，人工喂料的劳动强度很大，难以适应工艺要求，因此设置机械喂料装置是十分必要的。图 6-33 所示的是一个单工位液压辊锻机操作机械手，该装

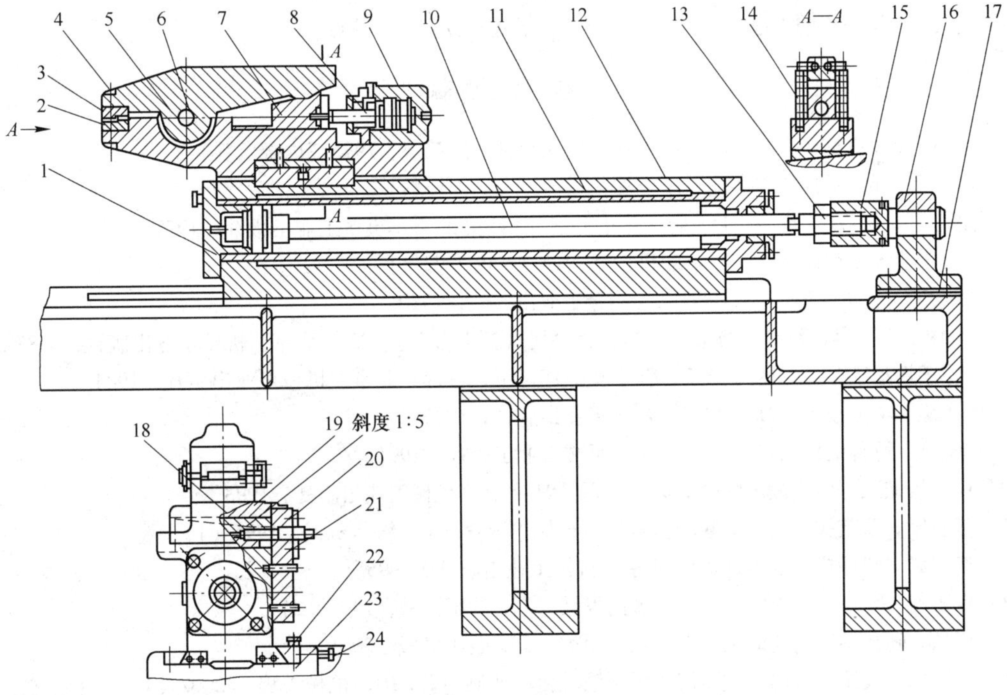

图 6-33 单工位液压辊锻机操作机械手

1—送料缸压盖；2，3—上、下钳口；4—下钳；5—上钳；6—销轴；7—斜楔块；8—夹紧缸活塞杆；9—夹紧缸；10—送料缸活塞杆；11—送料缸体座；12—送料缸缸体；13—螺母；14—弹簧；15—调整螺母；16—尾架；17—调整垫；18—调整斜楔；19—斜楔；20—调整丝杠；21—支撑板；22—压板；23—底座；24—调整螺钉

置可以实现坯料的夹紧和送进动作。通过液压系统的电磁换向阀实现喂料时"随动"。

该装置的动作过程是：当坯料放置在钳口中，夹紧缸 9 动作，使斜楔块 7 向左移动，将坯料夹紧；反之，斜楔块向右移动，弹簧将钳口松开，可取出坯料。通过调整丝杠 20 拉动调整斜楔 18 移动，使夹钳上下移动，以调节喂料高度。送料缸缸体 12 在活塞杆的推动下向左、右移动实现进出料动作。

6.8 辊锻机的选用

在辊锻机的设备选择中，主要考虑工件的形状和尺寸以及复杂程度、产量的大小和工件的技术要求等因素。辊锻机的额定轧制力应大于工件的变形力。通常应在工艺分析的基础上选择辊锻机的规格型号。在没有详细资料的情况下，可以采用类比法作初步选择。辊锻机的规格型号与技术参数参见表 6-2~表 6-4。

思 考 题

6-1 简述辊锻基本原理。

6-2 简述辊锻分类及其变形特点。

6-3 辊锻模具设计要点有哪些？

6-4 辊锻机的主要技术参数有哪些？

6-5 辊锻机锻辊中心距调整方式有哪几种？各有什么特点？

6-6 辊锻机根据锻辊的支撑方式可以分为哪三种形式？各有什么特点？

参 考 文 献

[1] 机械工业部机械研究院．国外压力加工概况及其发展趋势，1973（内部资料）．

[2] 机械工业部机械研究院．金属压力加工，1973（内部资料）．

[3]《锻工手册》编写组．锻工手册（第七分册）[M]．北京：机械工业出版社，1975.

[4] 吉林工业大学锻压教研室．辊锻机设计，1977（内部资料）．

[5] 王廷博．轧钢工艺 [M]．北京：冶金工业出版社，1980．

[6]《机械工程手册》编辑委员会．机械工程手册（第七分册）[M]．北京：机械工业出版社，1982．

[7] 日本塑性加工学会．压力加工手册 [M]．江国屏，等译．北京：机械工业出版社，1984.

[8] 张承鉴．辊锻技术 [M]．北京：机械工业出版社，1986.

[9] 林法禹．特种锻压工艺 [M]．北京：机械工业出版社，1991．

[10] 中国机械工程学会锻压学会．锻压手册 [M]．北京机械工业出版社，1993.

[11] 朱威康．双支撑辊锻机的联动型液压过载保护装置 [J]．锻压机械，1995（1）．

[12] 李培武．塑性成形设备 [M]．北京：机械工业出版社，1995.

[13] 保嘉超．90 年代初国内外锻压机械的发展 [J]．锻压机械，1996（2）.

[14] 田硕．闸瓦销专用辊锻机压力及功率研究 [J]．锻压机械，2001（3）.

[15] 刘军营．液压全自动变截面汽车板辊锻轧机的研制 [J]．中国机械工程，2002（12）.

[16] 黄良驹，刘化民，李义．辊锻技术的发展现状与展望 [J]．机械工人（热加工），2005（11）.

7 锥形辊轧制设备

7.1 概　　述

锥辊辗轧是利用锥辊两个锥面轧辊表面线速度不断变化的运动学条件，依据不同的辗轧要求发展起来的特种轧制过程，其中包括钢带锥辊异步冷辗轧、螺旋叶片锥辊异面冷辗轧等不同形式。

锥形辊轧制的典型工艺过程是螺旋叶片的轧制成形。螺旋叶片是螺旋输送机的重要零部件，常用的加工方法是将钢板冲制成单片，再将单片焊接后拉制成形。随着生产技术的发展，相继出现了组合拉形、卷绕成形、挤压成形和辗轧成形4种方法。从生产效率、材料利用率、劳动强度和产品质量等技术经济指标方面比较，锥辊辗轧成形具有明显的优势。

关于螺旋叶片轧制，早在1938年，苏联学者H. M. 巴甫洛夫就提出了任意长度螺旋面辗轧成形的概念。1949年，经A. З. ЖуравЛев的完善，确立了该成形法。目前，能够实现板带的螺旋轧制成形的方法有以下几种。

7.1.1 圆柱共面楔形辗轧与分导复合成形

最初的螺旋叶片辗轧机是依靠两个直圆柱轧辊轴线共面相交布置，形成楔形辊缝，从而实现楔形轧制的。如图7-1所示，两轧辊共面平行布置，其中一辊为锥辊、两轧辊形成了楔形辊缝，当带料从辊间通过时，在宽向受到不均匀的压缩形成近似梯形断面，板带沿纵向产生不均匀的伸长而形成圆环。

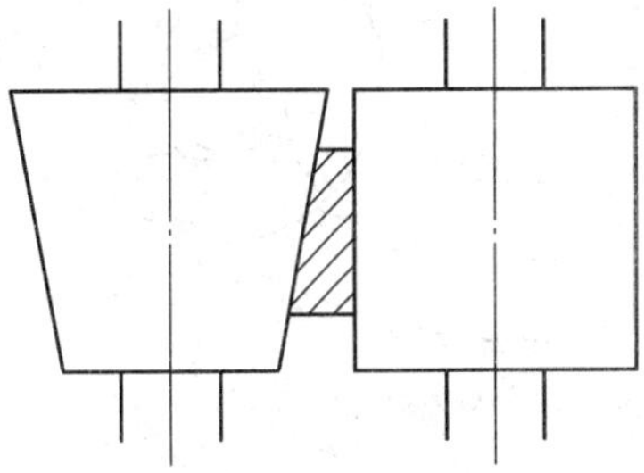

图7-1　圆柱轧辊转轴布置轧制示意图

这种工艺具有如下一些特点：

(1) 由于轧辊转轴两端受到支撑，刚性好，所以辊缝有足够的稳定性。

(2) 轧辊可做成易换的复合结构，但必须有分导装置。

(3) 由于圆环成形和螺距成形相互独立，所以成形调整控制比较容易。

(4) 构成轧件变形区边界的圆柱面速度不满足螺旋叶片成形的运动学边界条件，因此，圆环半径的稳定性差，叶片截面弯曲甚至分层。

为了提高该工艺的稳定性，苏联有关学者做了大量的研究工作，限定其轧制范围和轧制条件，主要有以下几方面：

$$T < 1.3D$$
$$K < 3$$

$$\frac{t_{\min}}{b} \geqslant 0.02$$

式中 T——叶片的螺距，mm；

D——叶片的外径，mm；

b——螺旋叶片的宽度，mm；

$t_{\min}$——毛坯的最小厚度，mm；

K——毛坯的最大变形系数，并有：

$$K = [(\pi D)^2 + T^2]^{1/2} / [(\pi d)^2 + T^2]^{1/2}$$

7.1.2 边轧弯曲法

20 世纪 80 年代，日本学者对螺旋叶片辗轧成形进行了深入的研究。1978 年，中田孝论述了应用反复轧制与不均匀压下辗轧相结合的办法生产扁带式绕组。1984 年日本学者提出了螺旋叶片新的辗轧成形工艺——边轧弯曲法，进一步拓宽了辗轧成形工艺的应用范围，这种方法取得了日本制造专利权。

如图 7-2 所示，边轧弯曲法其实质就是利用一个圆柱辊和一个圆盘在空间构成楔形辊缝，对板带进行辗轧成形。经进一步开拓利用，这种工艺方法可以生产轻质法兰类零件、型材及电机绕组等。图 7-3 为型材边轧弯曲成形示意图。根据轧制型材的断面形状可以采用不同规格、不同大小的轧辊。采用型材边轧弯曲法大大提高了型材厚度和弯曲极限，和一般弯曲方法相比，很少起皱和开裂。也就是说，用楔形轧制方法可以提高材料的弯曲极限。

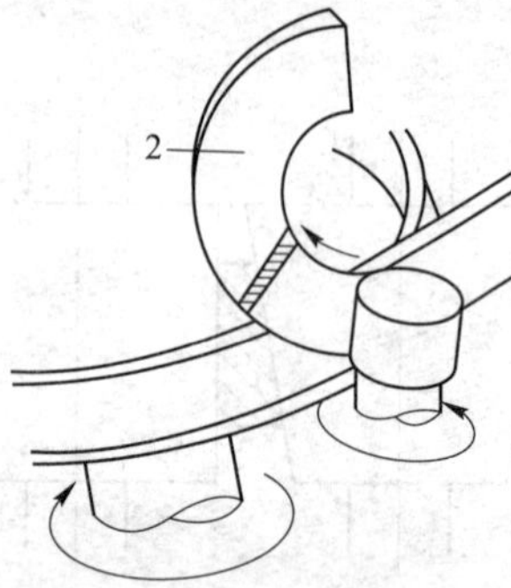

图 7-2 边轧弯曲成形示意图

1—板带；2—圆环

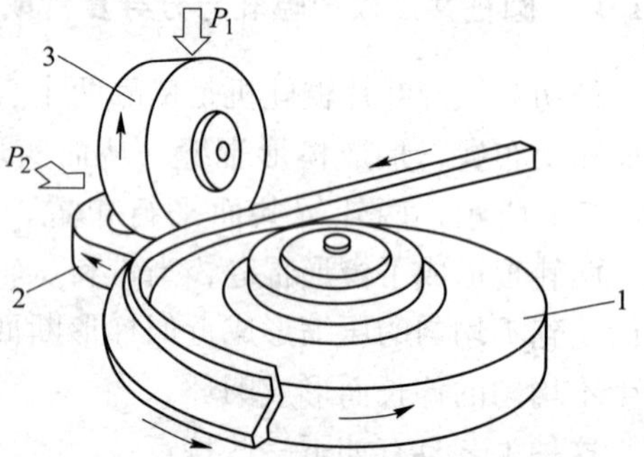

图 7-3 型材边轧弯曲成形示意图

1~3—三种不同形式的轧辊

7.1.3 锥辊异面辗轧成形

锥辊异面辗轧成形技术最早是由英国的 LENHAM 公司和 MATCO 公司提出的。所谓异面是指两轧辊轴线不在同一平面内。图 7-4 为锥辊异面辗轧成形示意图。两轧辊原始位置是其轴线互相垂直共面工作开始前，将两辊轴线调成空间相错位置，同时调整轧辊沿轴线方向的位置，从而使两轧辊之间形成扭曲的楔形间隙。其中两锥辊顶端辊缝略大于料厚，而两辊底端辊缝略小于料厚。辗轧开始后钢带进入辊缝，处于下端的钢带因间隙小于料厚而受压变薄并纵伸长，处于顶端的钢带增厚，纵向缩短，从而完成圆环的变形过程。同时由于轧辊相互错开一定位置，使钢带受到辊弯作用形成螺距，变形协调的结果是形成螺旋叶片。锥辊异面轧制可以使带钢很好地实现圆环和螺距两种变形，其变形规律满足螺旋叶片的运动边界条件，因此该工艺在现有锥辊轧成形工艺中是最具竞争力的，在英国美国等发达国家被广泛采用。我国引进的 FM-600 型螺片辗轧机是获得辗轧叶片机专利权的英国 LENHAM 公司的产品，可辗轧带宽约为 152mm、带厚约为 8mm 以下的各种规格的叶片，材料利用率达 97%。据正常估计，一台辗轧机年加工片能力可达 600t。

20 世纪 90 年代，太原科技大学研制了我国第一台螺旋片轧机样机。目前国内已经有多台螺片轧机投入使用（图 7-5）。

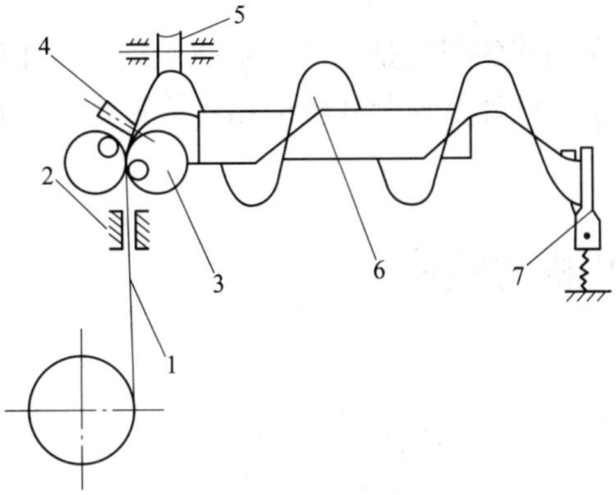

图 7-4 锥辊异面辗轧成形示意图

1—带料；2—导向机构；3—轧辊；4—检验芯棒；5—叶片；6—悬挂液压剪；7—盘料架

图 7-5 螺旋叶片轧机

7.1.4 锥辊共面异步辗轧

1987 年，哈尔滨工业大学霍文灿教授等提出锥辊共面异步辗轧工艺。该工艺能保证正确实现形成圆环的条件，成形容易控制。

设轧件毛坯厚为 t_0，楔形角为 β，宽向压下长度足够，可推导出形成圆环直径 D_i 为：

$$D_i = t_0/\tan\frac{\beta}{2}$$

显然，叶片直径仅是 β 的一维函数。异步轧制可使件弯曲生成螺旋升角，并且大大降低了轧制力。

然而，这种工艺存在构成变形区边界的锥辊线速度变化规律不满足轧件形成螺距的运动学条件，所以形成合格叶片必须加校正装置。这种工艺目前尚处于研究开发阶段。

然而，这种工艺存在的问题是，构成变形区边界的锥辊线速度变化规律不满足轧件形成螺距的运动学条件，所以形成合格叶片必须加校正装置。这种工艺目前仍处于研究开发阶段。

7.2 锥辊轧制成形原理

锥辊轧制成形原理是，带料在前导卫的引导作用下进入两轧辊，由于两轧辊转轴不在同一平面上，轧辊在空间构成楔形辊缝，通过楔形缝的不均匀压下作用，产生不均匀的纵向伸长，且变形沿轧件宽向由外到内逐渐减小，同时带料经过轧辊的不均匀压缩和辊间辊弯的共同作用，最终得到连续多圈的叶片，叶片经后导卫疏导后，制成理想的螺旋叶片。调整锥辊间的相对位置及带料的喂入高度，可以得到不同旋向、不同螺距和不同直径尺寸的螺旋叶片。

螺旋叶片轧制变形区是由两轧辊辊面控制的。在这个由两辊面所控制的变形区内，轧件经历复合变形，其一是受到不均匀压缩，产生不均匀伸长（假定宽度无变化）形成圆环的变形：其二是轧件受到辊弯产生弯曲形成螺距的变形。这就是螺旋叶片轧制成形机理。

轧件之所以受到不均匀压缩，是因为两轧辊所构成的辊缝是不均匀单调变化的；轧件之所以受到辊弯，是因为两轧辊沿导向有相对错位。因此，控制轧辊的相对位置是生产合格螺旋叶片的关键。

7.3 螺旋叶片轧机的结构

螺旋叶片轧机主要包括以下几个部分：轧机机座、前导卫装置、后导卫装置、主传动系统和带钢输送装置。图 7-6 是螺旋叶片轧机结构示意图。

7.3.1 轧机机座

螺旋叶片轧机的机座包括轧辊及主轴部分，轧辊为锥形，锥角为 65°。由于锥辊轧制在轧辊与轧件之间产生强烈的滑动，因此，要求轧辊有较高的耐磨性。通常锥辊采用轧辊钢制造。由于轧辊处于悬臂状态，所以主轴刚度要求很高，需要稳固的支撑。主轴箱中采用双列圆锥滚柱轴承。主轴可以沿轴线上下移动，以调节辊缝。主轴箱安装在 V 形底座上，然后由机身将两个主轴箱压紧在底座上。通过两侧的液压螺杆调节两个主轴箱的相对位置，以形成曲面梯形的辊缝。

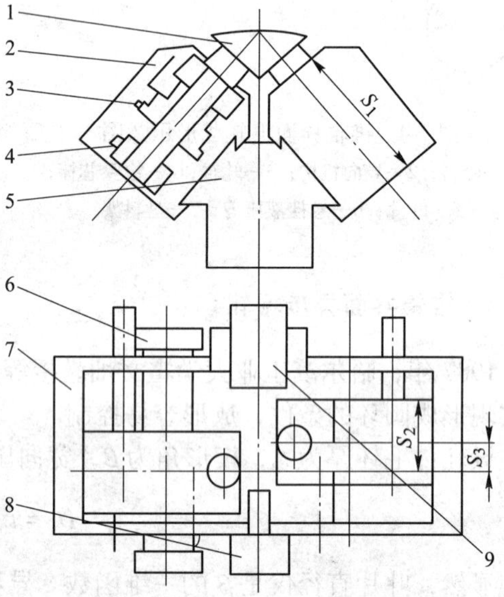

图 7-6 螺旋叶片轧机结构示意图

1—轧辊；2—轧辊轴承座；3—调整蜗杆；4—传动蜗杆；5—导向 V 形座；6—调整螺栓；7—机身；8—前导卫；9—后导卫

7.3.2 前导卫装置

前导卫装置由一组导向辊组成。由于曲面梯形的辊缝会使轧件向下摆动，为了保证正常送进必须采用有较高强度的前导卫装置。前导卫装置应能够方便地调整，从而可以根据工艺要求调整喂入高度。

7.3.3　后导卫装置

后导卫装置又叫螺旋分导装置，其作用是将轧制后的轧件按照一定的螺距送出。后导卫装置是一个既可以向左右两个方向摆动，又可以左右、上下和前后移动的带槽的导向辊。由于螺旋叶片的尺寸精度与导向的方位有很大关系，所以，导向辊的调整应该灵活方便，并且能够承受较大的扭曲力矩和摩擦力。螺旋分导装置如图7-7所示。

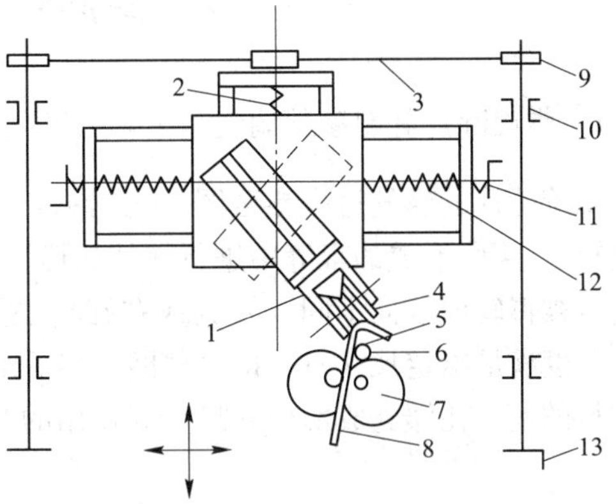

图7-7　螺旋分导装置示意图

1—导向轮座；2—横向移动螺杆；3—链条；4—导向；5—叶片；6—导向杆；7—轧辊；8—带料；9—链轮；10—轴承；11—纵向移动手柄；12—纵向移动螺杆；13—横向移动手柄

7.3.4　主传动系统

主传动系统由电动机、变速箱、减速箱、齿形皮带轮（链轮）万向接轴和蜗轮蜗杆减速器等部分组成。由于螺旋叶片的成形过程与轧制速度有一定的关系，所以采用变速箱调节轧制速度。齿形皮带轮（链轮）用于分配两轴的扭矩。由于主轴箱和蜗轮蜗杆减速器需要上下移动，所以采用万向接轴与减速箱连接。两个蜗轮蜗杆减速器的旋转方向相反，以使轧辊正常轧制。主传动系统的传动机构如图7-8所示。

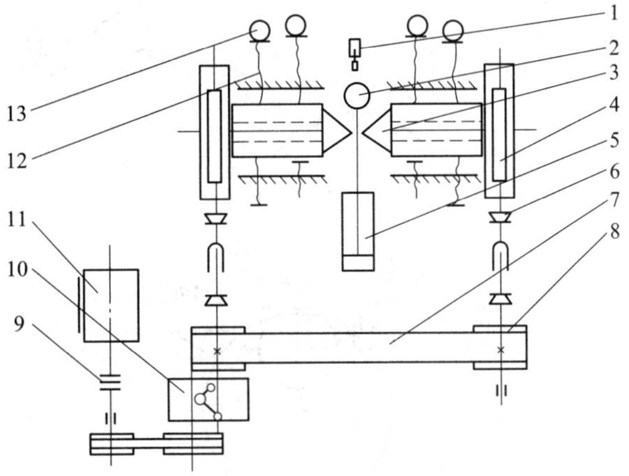

图7-8　传动机构示意图

1—行程开关；2—压力控制表；3—轧辊；4—蜗轮蜗杆减速器；5—油缸；6—万向节；7—同步齿形带；8—齿轮；9—皮囊式离合器；10—变速箱；11—电动机；12—调整螺栓；13—平动控制表

7.3.5　带钢输送装置

通常，带钢是连续垂直地送入辊缝的，而螺旋叶片轧机的带钢输送装置是将带钢卷展开送入。该装置可以上下移动，以适应喂入高度的调整。

7.4 螺旋叶片的轧制过程

7.4.1 螺旋叶片轧制参数调整

螺旋叶片的辗轧过程参看图 7-9，钢带 2 从盘料架上引出，经过导向槽 1 被送进两锥形轧辊 3、4 所形成的辊缝中进行辗轧成形。如果两轧辊与钢带空间相对位置调整的合适，则钢带被辗轧成旋向不同（左旋或右旋），螺径、螺距都符合设计要求的叶片。待辗出的叶片长度满足给定尺寸时，即可剪断。然后继续辗轧过程。在这里使辗轧成形过程得以顺利进行的是，在辗轧成形中起最重要作用的两个轧辊及其与钢带在空间的相对位置。

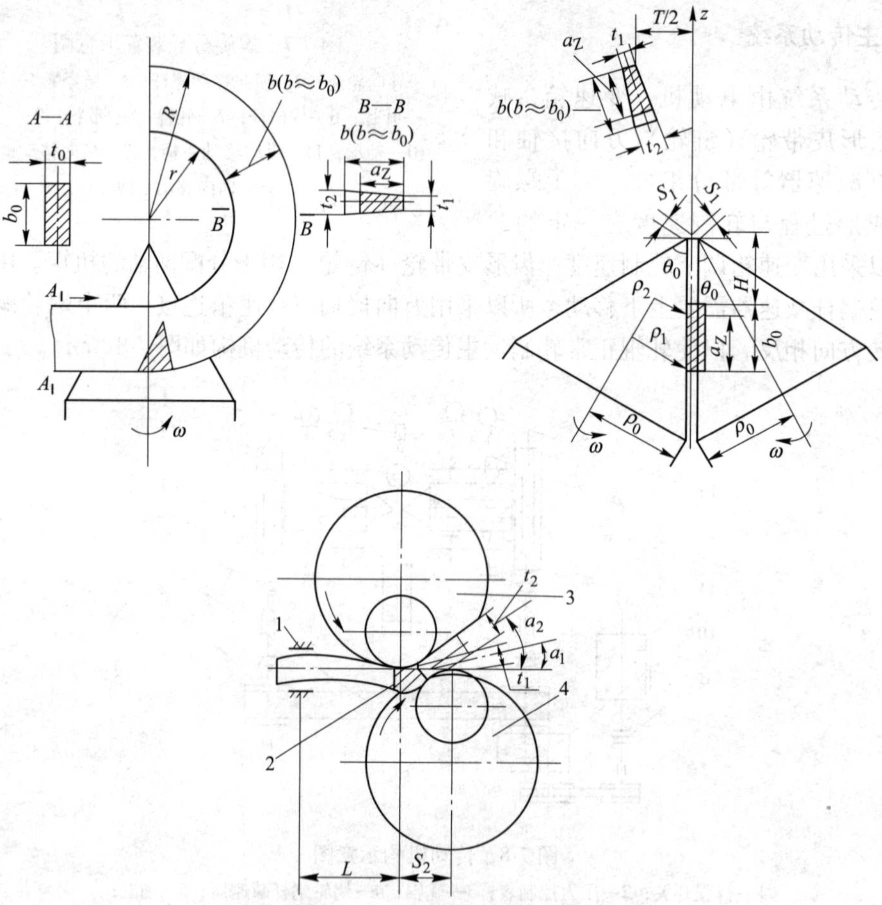

图 7-9 螺旋叶片辗轧成形原理示意图

1—导向槽；2—钢带；3—左轧辊；4—右轧辊

辗轧成形前，要调整辗轧设备，实际上就是调整两个轧辊与钢带在空间的相对位置，以使两轧辊辗轧出达到设计要求的螺旋叶片。

螺旋叶片轧机的原始位置是：

（1）两轧辊的轴线共面并与前导卫方向垂直。

（2）两锥辊关于过其交点的铅垂面对称。

（3）两锥辊轴线的夹角等于轧辊的锥顶角，此时两辊相靠，辊缝为零。

原始位置是辗轧成形前调整轧辊的基准。在一台轧机上辗轧各种尺寸的叶片，主要靠对轧辊空间相对位置进行调整来实现。这个工作是在辗轧成形前进行的。调整轧机的内容是：

（1）使其中一辊沿导向相对另一辊平动形成一定的错位 S_2（由调整螺栓来完成），调整量由平动位置表来控制，见图 7-9。

（2）使两辊沿各自的轴心线同时上升或下降某一等距 S_1（由油缸中的液压推动楔铁来完成），调整量由压力位置表来控制，见图 7-9。

准确而迅速地完成上述调整工作，是实现良好技术经济指标的关键。

7.4.2　辗轧过程的润滑

由于锥辊轧制过程的相对滑动剧烈，产生大量的变形热和摩擦热，因此必须保证良好的润滑。根据轧制理论研究和实践经验，如果在轧制（或辗轧）时，能减弱变形区的摩擦效应，即减小轧辊与轧件接触表面的摩擦系数，则可减轻轧辊的磨损，改善轧件的表面质量降低轧制能耗和增加产量。而轧制过程的工艺润滑可以有效地降低摩擦系数并冷却轧辊。

螺旋叶片辗轧过程与通常轧制相比具有明显的特点。带钢经过导向机构被送进工作辊面所形成的辊缝中，此时，带钢承受两种变形，即不均匀压下和异面轧制的复合。不均匀压下使得带钢产生纵向不均匀伸长形成圆（即螺径）；异面轧制使得带钢产生纵向弯曲形成螺距。很显然，螺旋叶片的辗轧是不均匀变形的过程，其锥辊又是悬臂结构，受力条件很恶劣。因此，轧成形时，要求工艺润滑能有效地减小变形区内的摩擦系数，降低轧的磨损；要求对轧辊进行有效的冷却，使工作辊辗轧时温升很小；要求在高压下形成抗阻力膜，使轧件与辊面隔开，防止轧辊剥伤。

为了满足上述要求，必须寻找一种特殊的润滑液。该润滑液含有理想数量的表面活性物质，即含有 OH、COOH、COONa、COOK 等极性根。另外，还必须寻找一种物质，使这些起不同作用的物质亲合在一起。佳木斯联合收割机厂在引进设备的同时，还从英国引进了润滑液。国产润滑液也能够满足生产要求。经黑龙江省分析测试中心对进口润滑液的配方进行剖析可知，进口润滑液主要成分为液态石蜡油，并含有少量的（约 10%以下）蓖麻子油制钠盐（皂）。进行类比后，苏州特种油品厂的金属乳化轧制油可以作为锥辊轧制润滑液。其主要性能指标如下：

（1）经测试符合石油工业部标准 SY1374-77 标准第 3 号；

（2）乳化液 pH 值（5%）为 7.5~8.5；

（3）乳化液安定性：15~35℃，24h，皂 0.5mL，无油，合格；

（4）乳化液防锈性：合格；

（5）食盐允许量：无相分离；

（6）乳化液腐蚀试验：合格；

（7）乳化液 PB 值：不小于 70（按 SY2665-65 标准），实测大于 97。

经试验，采用国产冷轧钢带，利用国产润滑液进行辗轧成形，所得结果也达到了图样技术要求。

7.5 辗轧用钢带及螺旋叶片结构

7.5.1 辗轧用钢带的要求

钢带的辗轧成形过程，是一个受诸多因素影响的复杂变形过程，原材料的初始状态也是一个重要的因素。首先，当原材料存在软点或硬点时，辗轧过程就难以稳定地进行，甚至使机器发生损害；其次，原材料虽不存在软点或硬点，但如果材料过硬或过软，也可能使得到的叶片尺寸与要求偏差很大。辗轧用钢带的化学成分见表7-1；硬度见表7-2，抗拉强度 $\sigma_b=280\sim370$MPa，表面要求光亮、无锈斑等缺陷，边缘要求切边无毛刺，同时要求材质均匀，无局部软点或硬点。

表 7-1 辗轧用钢带的化学成分

元 素	C	S	P	Mn
质量分数/%	0.08	≤0.05	≤0.05	≤0.5

表 7-2 辗轧用钢带的硬度

料厚/mm	<3	2.9~3.6	>3
硬度（HB）	120~140	105~125	≤80

佳木斯联合收割机厂的FM-600型螺旋叶片辗轧机自投产以来，辗轧用钢带一直从德国进口（材料牌号为DIN1544、DIN1624）。受盘料架尺寸限制，要求盘料外径不得大于1230mm，内径不得小于400mm。

为使钢带国产化，佳木斯联合收割机厂用国产钢带做了试验，下面是试验结果。国产冷轧板辗轧试验用的材料为鞍钢产08F钢板，规格为2mm×1000mm×2000mm和3mm×1000mm×2000mm两种，并在剪板机上剪成2mm×35mm×2000mm和3mm×60mm×2000mm条料。其几何尺寸及力学性能由佳木斯联合收割机厂质检处和计量中心（国家一级计量单位）联合提供，见表7-3。

表 7-3 国产 08F 冷轧板几何尺寸及力学性能参数

钢板规格 /mm×mm×mm	件 号	厚度 t_0/mm	宽度 b_0/mm	硬度（HB）	σ_b/MPa
2×35×2000 冷轧板/08F	试件1	2.00	35.50	80.5	292.5
	试件2		35.02		
	试件3		35.54		
3×60×2000 冷轧板/08F	试件4	3.00	60.40	95	345.0
	试件5		60.70		
	试件6		60.01		

轧制件为丰收 3.0 联合收割机零件 Z28447E，JL1065 联合收割机零件 Z37955。经调整试轧，获得了合格的螺旋叶片，并由佳木斯联合收割机厂质检处和计量中心检测螺旋叶片的几何参数检测结果见表 7-4。

表 7-4 联合收割机两种叶片实测与设计比较

产品型号	件号与钢带尺寸 /mm×mm×mm	叶片外径 D/mm		叶片螺距 T/mm	
		设计图	实测	设计图	实测
丰收 3.0	Z28447E 2×35×2000	150±4	147.3 153.2 152.2	150±4	153.3 147.1 148.3
JL1065	Z37955 3×60×2000	$149\pm_0^3$	149.1 151.5 151.6	150±3	154.6 150.0 150.1

由表 7-4 看出，螺旋叶片的几何参数达到了设计要求。此外，经性能检验，国产钢材生产的螺旋叶片也达到了采用进口材料加工叶片的性能，其检查结果见表 7-5。

表 7-5 国产 08F 冷轧板与进口钢带力学性能比较

项 目	硬度（HB）		σ_b/MPa	
	原材料	叶片	原材料	叶片
国产冷轧板 2/08F	79.6~81.3	111~140	290~295	400~505
国产冷轧板 3/08F	95	135~143	345	490~640
进口钢带 3.5mm×100mm	80.4	129~156	290	467~565

综上所述，螺旋叶片辊轧机辊轧用钢带完全可以采用国产冷轧钢带。

7.5.2 叶片尺寸结构

辊轧螺旋叶片尺寸结构应符合以下要求：

$$d > \frac{1}{5}D$$

$$\frac{2}{3}D < T < 1.5D$$

式中 d——叶片内径；

D——叶片外径；

T——螺距。

美国标准为：

$$0.9D < T < 1.5D$$

最佳尺寸结构为：

$$T = D$$

当 $d\approx\frac{1}{5}D$ 或 $T\approx\frac{2}{3}D$ 时，材料变形程度很大，辗轧十分困难，材料稍出现软、硬点，尺寸马上变化，设备调整和控制十分困难。设计螺旋叶片时，应注意避开极限尺寸，选用标准尺寸结构。表 7-6 列出了国内部分标准螺旋叶片尺寸，可供设计时选用。

表 7-6　NJ175-79 螺旋叶片标准　（mm）

外径 D		螺距 T		内径 d	不等厚叶片厚度 不小于		等厚叶片厚度 $t=t_1$	长度 L
公称尺寸	公差	公称尺寸	公差		t	t_1		
80	±3	60	±7	20	2.0	0.8	2	推荐采用R20优先数系列
100		80		25				
		100						
125	±4			25	2.5	1.0	2.0	
160		125	±10	30			2.5	
		160		35	3	1.2	2.5	
200	±5			45			3.0	
250		200	±14					
		250		45				
315	±6			60				
		315	±20					
400		400		76	4	1.5	3.0	
				89			4.0	

美国标准中还规定，钢带宽度 $b_0<25t_0$（t_0为板厚）。

7.5.3　辗轧叶片展开尺寸的计算

计算辗轧叶片展开尺寸时，拟定中性层直径 d_i，在靠内径 $\frac{1}{5}b_0$（b_0为板宽）处，即：

$$d_i = d + \frac{2}{5}b_0$$

则一个螺距展开料长为：

$$l_i = \sqrt{(\pi d_i)^2 + T^2}$$

零件展开长度 L_0为：

$$L_0 = \frac{L}{T}l_i$$

式中　L——叶片长度。

考虑剪切、调机损失在 3%左右，则叶片材料消耗长度 L_s为：

$$L_s = 1.03L_0 = 1.03\frac{L}{T}l_i$$

钢质叶片单件消耗量 W_s为

$$W_s = 0.78b_0t_0L_S \times 10^{-5}$$

式中 W_s——钢质叶片单件消耗量，kg。

7.5.4 叶片尺寸精度与计算误差

由于叶片在轧辊中被辗压时受诸多因素影响，上述计算只能是粗略的。关于叶片的尺寸公差，表7-7列出了一些国外提供的数据。

表7-7 叶片尺寸公差

叶片公称外径/mm	叶片尺寸公差					
	外径 D/mm		内径 d/mm		螺距 T	
	最大	最小	最大	最小	最大	最小
≤102	+1.6	−0.8	+2.4	0	+5%	−5%
102~152	+1.6	−0.8	+2.4	0	+5%	−5%
152~254	+2.4	−0.8	+3.0	0	+5%	−5%
254~508	+4.8	−1.6	+4.8	0	+5%	−5%

实际上，叶片内径尺寸由导出芯轴控制，而外径 D 可按下式计算：

$$D = d + 2(b_0 + \Delta_s)$$

式中 Δ_s——辗压引起的展宽量。

国外资料对展宽量的确定见表7-8。

表7-8 不同板厚的展宽量 (mm)

料厚 t_0	展宽量 Δ_s
≤3	0
5.8~6.3	1.5
6.3~9.5	3.2
9.5~12.7	4.8

另外，试验证明，采用国产热轧钢板也可以生产螺旋叶片。用热轧钢板作为辗轧用钢板时，在将钢板纵剪成钢带后，必须进行表面处理以去除氧化铁皮。对于2~3mm厚的螺旋叶片，在无冷轧板的情况下，也应采用此工艺进行加工。

试验材料采用厚3mm，宽1050mm钢板，剪切成3mm×84mm×6000mm条料，其检验结果如表7-9所示。热轧钢板的化学成分为 $w(\mathrm{C}) = 0.10\%$，$w(\mathrm{Si}) = 0.23\%$，$w(\mathrm{Mn}) = 0.41\%$，$w(\mathrm{S}) = 0.031\%$。

表7-9 国产热轧钢板几何尺寸及力学性能

钢板规格/mm×mm×mm	件　号	厚度 t_0/mm	宽度 b_0/mm	硬度（HB）	σ_b/MPa
3×84×6000	试件7	2.99	84.50	106.5	385
	试件8		84.00		
	试件9		84.80		

所要辗轧的叶片是JL1065联合收割机上的零件Z33409。条料经表面处理后，进行辗

轧试验（包括轧机调整和试轧，再调整再试轧直至成功的全过程），辗轧结果经佳木斯联合收割机厂质检处和计量中心检测，列于表 7-10。由表 7-10 可以看出，辗轧叶片几何尺寸符合设计图的要求。辗轧后叶片的力学性能经检测列于表 7-11。由此表明，采用国产热轧钢板辗轧的叶片质量与采用进口冷轧钢板辗轧的叶片质量相当，完全可以用国产热轧钢板替代进口冷轧钢板。

表 7-10 联合收割机两种叶片实测与设计比较

产品型号	件号与钢带尺寸 /mm×mm×mm	叶片外径 D/mm		叶片螺距 T/mm	
		设计图	实测	设计图	实测
JL1065	Z37955 3×84×6000	$321\pm_{0}^{2}$	232 2311 231.7	226±3	225 227.1 226.5

表 7-11 国产热轧钢板辗轧成形叶片的力学性能

项 目	硬度（HB）		σ_b/MPa	
	原材料	叶片	原材料	叶片
国产冷轧板 2/08F	105~108	164~177	380~390	595~640

思 考 题

7-1 螺旋叶片轧制的变形区有何特点？

7-2 螺旋叶片轧制成形时螺距、叶片旋转直径怎么确定？

7-3 螺旋叶片轧机的工作辊直径、锥度如何确定？

7-4 轧制沿宽向厚度相同和不相同的螺旋叶片时，工作辊的位置如何调整？

参 考 文 献

[1] Johnson W，Marnalis AG International Matals Reviews，1979（4）.

[2] Johnson W，Needham G. Int J. Mech. Sci.，1968（10）：95~113.

[3] Erden Eruc，Rajiv Shivpuri. Int J. Mech. Tools Manufact.，1992，32（3）：379~398.

[4] 席夫林 M Ю，等．车轮和轮箍轧制［M］. 冶金部情报所书刊编译室，译．北京：中国工业出版社，1965.

[5] 华林，黄兴高，朱春东．环件轧制理论和技术［M］. 北京：机械工业出版社，2001.

[6] 邹家祥．轧钢机械［M］．北京：冶金工业出版社，2000.

[7] 日本塑性加工学会．压力加工手册［M］. 江国屏，等译．北京：机械工业出版社，1984.

[8] 中国机械工程学会，锻压学会．锻压手册［M］. 北京：机械工业出版社，1993.

[9] 杨文平．螺旋叶片锥辊轧机的轧结构研究［J］. 锻压机械，1998（2）.

[10] 郭云山．螺旋叶片轧制喂料高度的研究［J］. 锻压机械，1998（6）.

8 滚轧设备

8.1 概　　述

滚轧工艺是一种先进的无切削加工技术，能有效地提高工件的内在质量和表面质量，加工时产生的径向压力，不仅能使工件获得高硬度和低粗糙度，同时还能显著提高工件的疲劳强度极限和扭转强度，是一种高效、节能、低耗的金属加工工艺。

滚轧加工的基本工作原理是工具与坯料同时运动，坯料转动而工具可以往复运动也可以转动。滚轧技术可以分为压型滚轧和平面滚轧，前者类似于螺旋孔型轧制。压型滚轧与螺旋孔型轧制的主要差别在于，滚轧过程变形限于工件的表面，用于工件的表面形成，滚轧工具使坯料的表面金属产生塑性变形，与工具的形状耦合，从而使坯料成为所要求的机械零件；而螺旋孔型轧制过程的变形深入坯料的内部，变形量较大。平面滚轧类似于旋压，其与旋压加工的主要区别在于，滚轧加工过程中的工具与工件相比，尺寸较大，塑性变形的区域也较大，变形也限于工件的表面，旋压工艺的工具较小，局部变形量较大而变形区域较小。滚轧是螺纹件加工的主要方式，外螺纹滚轧有各种形式，如表 8-1 所示。

表 8-1　螺纹滚轧的成形方式

种类	成形方式	生产设备	工具与工件的运动方式	压入方法
二搓丝板	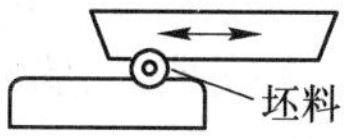	平板式滚轧机	搓丝板往复运动	搓丝板形状
一辊	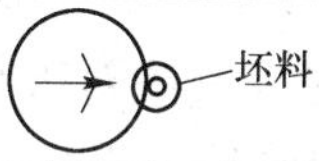	带滚轧头的车床	坯料旋转	轧辊支架接近
二辊	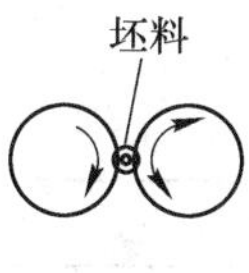	有固定轴和移动轴的轧机	轧辊旋转	液压或凸轮式轧辊接近
		两轧辊固定的差速滚轧机	轧辊旋转	由支撑圆盘将坯料推入
		带滚轧头的车床	坯料旋转	轧辊支架接近
三辊	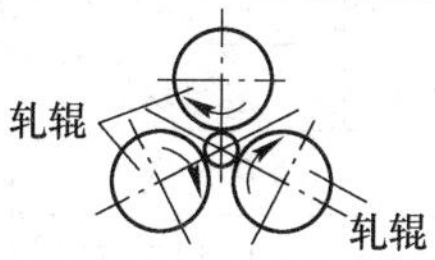	三轴移动滚轧机	坯料旋转	液压或凸轮式轧辊接近
		带滚轧头的车床	坯料或轧辊旋转	轧辊支架沿轴向接近
行星式	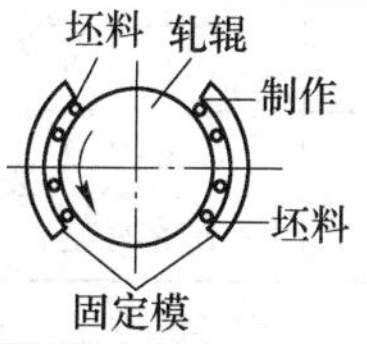	行星滚轧机	扇形模固定，轧辊旋转	轧辊形状

滚轧技术广泛应用于生产螺纹制品，普通螺纹滚压、梯形螺纹滚压、直纹滚压、球面滚光、表面滚光、斜花键滚压、气门矫直滚压、缩径和符合滚压等加工都可以采用冷滚轧工艺。该技术也可以用于齿轮和花键等机械零件的加工。采用滚轧法生产外螺纹的生产效率很高，制品的强度和精度也很高。专用滚轧机的最小生产批量为5000～10000件。

内螺纹也可以采用滚轧法进行加工。对于小直径的内螺纹可以采用无槽丝锥来加工，大直径的内螺纹则可以使用如图8-1所示的具有三个滚轧辊的内螺纹加工用的滚轧装置。

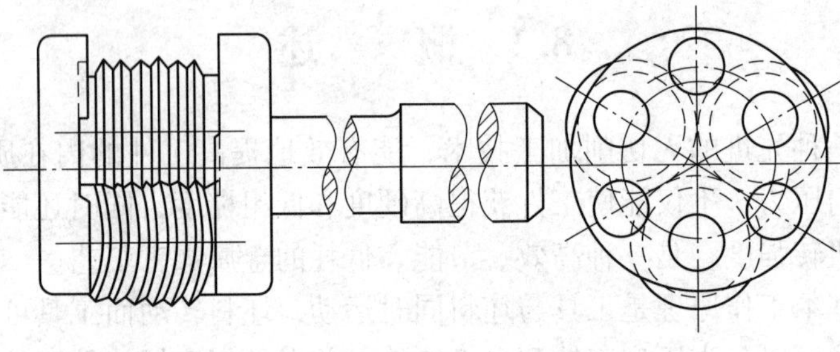

图8-1 内螺纹加工用的滚轧装置

8.2 螺纹滚轧机

8.2.1 螺纹滚轧的生产方式

螺纹滚轧机是螺丝生产的主要设备，其形式有：使用两个搓丝板的搓丝机；使用两个或三个轧辊的滚轧机；由一个旋转模具以及一至三个扇形模具构成的行星滚轧机。坯料通过沿模具表面的滚动轧出螺纹，坯料一边旋转一边沿轴向前进。坯料的自动送进使生产实现自动化。大批量生产的螺纹制品基本上都采用滚轧机滚制。螺栓和螺钉的生产工序包括线材的切断、头部成形和螺纹部分的滚轧，可以在滚轧机上一次完成。螺纹滚轧机已经是一种定型的批量生产的设备。生产的螺纹规格可以从1mm到175mm，高速滚轧机的螺丝产量可达1000件以上。表8-2所示为各种滚轧机的标准生产量。其中对于小规格螺丝行星滚轧机的效率最高，其次为搓丝机，轧辊滚轧最低。但是轧辊滚轧可以生产大规格的螺栓和其他螺纹产品。

表8-2 各种滚轧机的标准生产 （件/h）

公称直径	定置滚轧			贯通滚轧	
				轧辊滚轧	
	行星滚轧	搓丝	轧辊辊轧	平行轴	倾斜轴
M3	450～1800	60～300	20～250	0.5～1.0	3.5～7.0
M5	350～1500	60～400	20～225	0.5～1.0	4.0～8.0
M6	250～1200	60～350	20～200	0.5～1.0	5.0～10.0
M8	200～600	60～300	15～180	0.6～1.2	4.0～8.0
M10	150～500	60～250	15～160	0.6～1.2	3.0～6.5

续表 8-2

公称直径	定置滚轧			贯通滚轧	
	行星滚轧	搓丝	轧辊辊轧	轧辊滚轧	
				平行轴	倾斜轴
M12	100~400	60~200	15~140	0.6~1.4	2.5~6.0
M16		50~160	10~120	0.7~1.8	2.3~7.0
M20		40~125	10~100	0.6~1.6	2.0~7.5
M24		30~7	8~80	0.5~1.2	1.8~5.7
M36			6~60	0.4~0.8	1.3~5.3
M52			4~40	0.2~0.5	0.7~2.0
M62			4~25	0.15~0.4	0.5~1.2
M76			2~15	0.1~0.25	0.4~1.0
M90			1~10	0.05~0.13	0.25~0.6
M100			1~5	0.02~0.08	0.1~0.25

8.2.2　螺纹滚轧设备

8.2.2.1　搓丝机

搓丝机的传动结构如图 8-2 所示，竖直的环料经过料斗倾斜地进入往复运动的搓丝板中，也可以采用其他送料方式。搓丝板 1 固定，搓丝板 2 由曲柄机构 3 驱动做往复运动，推入装置 5 将供料装置 4 送来的坯料推入工作位置，由搓丝板滚轧成螺纹。该设备适用于 M1~M20 范围内各种螺纹制件的大批量生产。

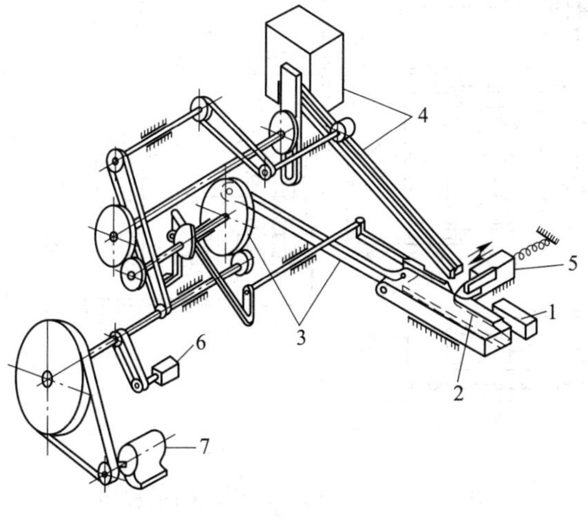

图 8-2　搓丝机的传动结构

1—固定搓丝板；2—动搓丝板；3—曲柄机构；4—供料装置；
5—推入装置；6—泵；7—电机

利用搓丝机进行滚轧作业时，应正确安装和调整两个搓控板的位置和相位以及坯料保持器的位置。坯料插入搓丝板之间的时间要准确，必须是在一个搓丝板牙型的顶部和另一个搓丝板牙型的根部相重合的瞬间，从而保证滚轧出的工件有连续正确的螺纹。此外，滚轧过程的压下量和滚轧力应符合螺纹成形的要求，防止出现欠充满和过充满现象。

8.2.2.2 滚轧机

滚轧机使用2~3个轧辊（图8-3和图8-4），主要类型如表8-3所示。其中二辊液压滚轧机是使用广泛的一种，其结构（图8-5）为一个轧辊固定，另一个轧辊由液压缸推动使之与坯料接触并滚轧螺纹。通过液压系统控制滚轧时间和滚轧压力。在滚轧过程中，坯料处于两个轧辊和上下两个导板之间，导板的高度为：由主轴中心高度减去滚轧工件的螺纹外径的一半，再低0.2mm。

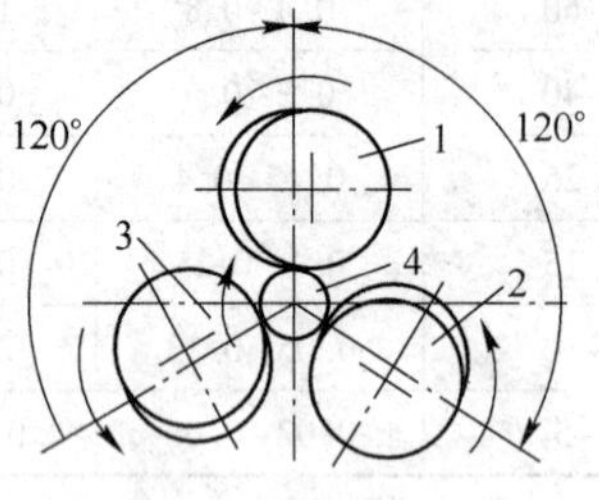

图8-3 三辊滚轧机

1—Ⅰ号轧辊 2—Ⅱ号轧辊；3—Ⅲ号轧辊；4—工件

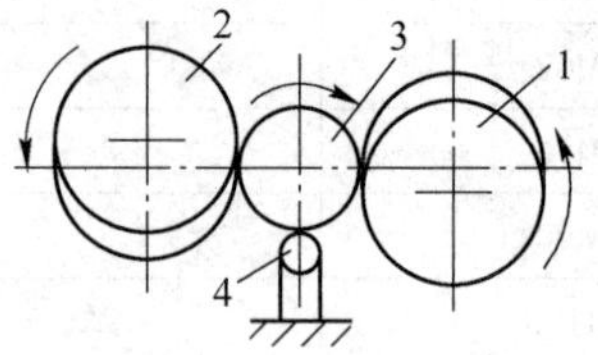

图8-4 二辊滚轧机

1—Ⅰ号轧辊；2—Ⅱ号轧辊；3—工件；4—托辊

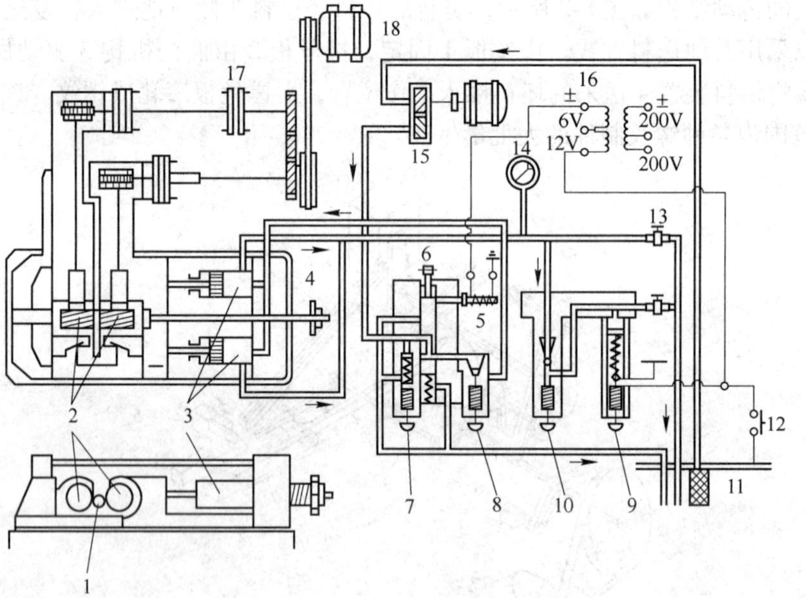

图8-5 二辊液压滚轧机结构示意图

1—坯料；2—轧辊；3—油缸；4—带孔螺母；5—磁铁；6—操纵杆；7—压力调节阀；8—速度调节阀；9—时间调节阀B；10—时间调节阀A；11—滤油器；12—辅助开关；13—空气调节阀；14—压力表；15—油泵；16—油泵电机；17—联轴器；18—主电机

图8-6是机械传动的二辊机械滚轧机传动系统示意图。在A、B两轴上安装滚轧辊1、

2，A 轴只旋转，而 B 轴可以在旋转的同时，作径向进给。将 A 轴上的锁紧螺母 3 松开，使齿形离合器 4、6 分开，单独旋转 A 轴，调整两个滚轧辊，当两辊相互错开半个螺距，即齿顶对齿底（图 8-7）时，将离合器合上，锁紧螺母。

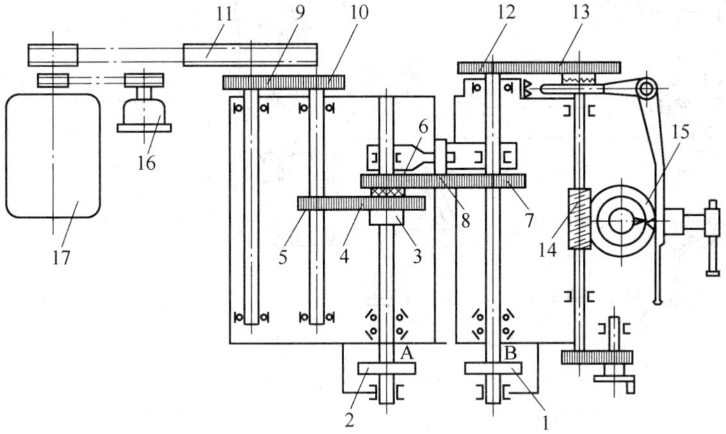

图 8-6　二辊机械滚轧机传动系统示意图

1，2—滚轧辊；3—锁紧螺母；4，6—齿形离合器；5，7，9，10，12，13—齿轮；
8—中间轮；11—皮带轮；14—蜗轮蜗杆装置；15—凸轮压下装置；
16—冷却齿轮泵；17—电机（2.8kW，1440r/min）

三辊滚轧机一般采用立式结构，由于坯料能够自动定心，因此不需要导板，适合于滚轧大直径高强度的螺纹制品和管接头类的空心螺纹零件。这种滚轧机的生产效率较低，但滚轧的螺纹精度高，适于生产 M6～M80 的大直径高强度实心和空心螺纹制件。设置前后受料台的三辊滚轧机特别适用于贯通滚轧加工长丝杠轴和蜗杆等工件，滚轧精度很高，累积螺距误差为 30μm/300mm，轧制速度为 80～600r/min。

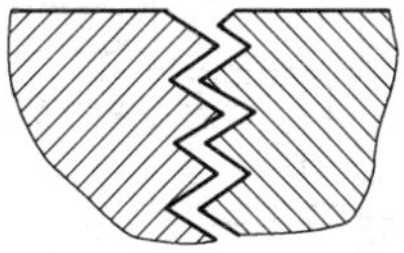

图 8-7　两个滚轧辊相互错开半个螺距

图 8-8 是用于冷轧丝杠的三辊滚轧机。滚轧辊的轴向调节是通过带有相位调节装置的齿形联轴器，用手工转动轧辊来实现的。轧辊的径向位置和送进角也用手工调节。滚轧辊的动力由电动机经减速箱/齿轮箱和万向接轴提供。

螺纹制件的轧制过程是：如图 8-8 所示圆盘拨料器 3 将放在料架 1 上的坯料拨到受料槽 4 中，液压推料器 2 通过入口导板 5 将坯料送到滚轧辊 6 中；轧制开始后，液压推料器 2 退回原位；轧件轧好后停留在出口导板 7 中，下一个轧件的头部将其顶入出料槽 8 中；然后料槽松开，轧件落在受料台架上，一个轧制循环结束。

贯通滚轧是对工件的全长度进行滚轧，采用两辊滚轧机也可以进行贯通滚轧。图 8-9 为轧制蜗杆的滚轧机的设备组成。类似于管棒材的斜轧过程，滚轧机的轧辊也可以有送进角，从而使坯料自行前进。由于滚轧机的变形量很大，轧制时工件的变形热必须及时散发，因此需要进行充分的工艺冷却，以保证工件的加工质量良好，延长模具的使用寿命。

8.2.2.3　行星滚轧机

行星滚轧机如表 8-1 所示，中心的旋转模具（轧辊）与外围的 1～3 个扇形固定模具构

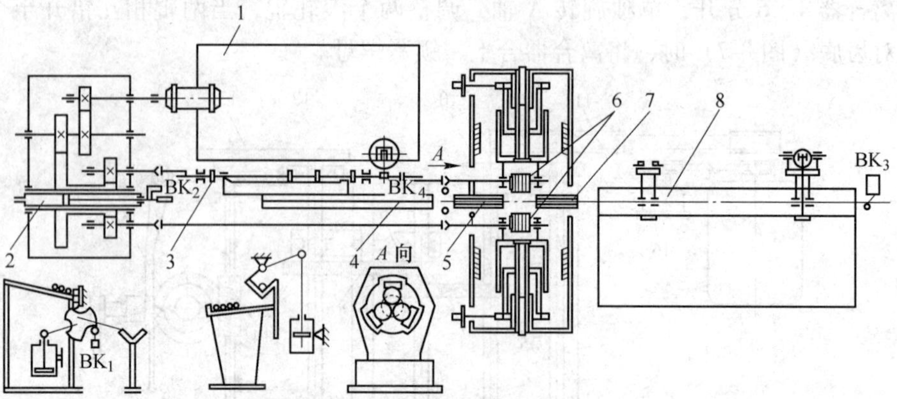

图 8-8 冷轧丝杠的三辊滚轧机

1—料架；2—液压推料器；3—圆盘拨料器；4—受料槽；
5—入口导板；6—滚轧辊；7—出口导板；8—出料槽

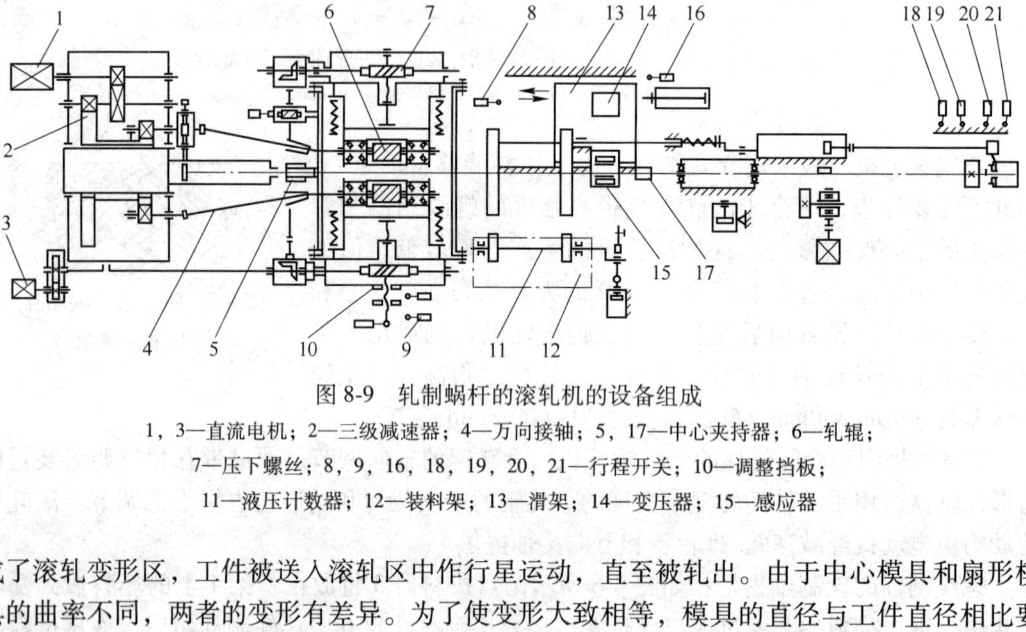

图 8-9 轧制蜗杆的滚轧机的设备组成

1，3—直流电机；2—三级减速器；4—万向接轴；5，17—中心夹持器；6—轧辊；
7—压下螺丝；8，9，16，18，19，20，21—行程开关；10—调整挡板；
11—液压计数器；12—装料架；13—滑架；14—变压器；15—感应器

成了滚轧变形区，工件被送入滚轧区中作行星运动，直至被轧出。由于中心模具和扇形模具的曲率不同，两者的变形有差异。为了使变形大致相等，模具的直径与工件直径相比要大得多。利用与模具同步回转的送料装置，在相位合适的位置将坯料连续送入。由于变形区较长，可以有几个工件同时被滚轧。行星滚轧机的模具寿命很长，对于不同的坯料材质和直径，可以达到数百万件以上。

行星滚轧机十分适用于生产小规格的螺纹产品，生产率极高。例如，滚轧 M6×50 的螺钉，安装模具和调整的时间为 30min，每小时产量达 25000 件；滚轧 M12×75 的螺栓，安装模具和调整的时间为 45min，每小时产量达 9000 件。因此，行星滚轧机是生产小规格螺纹制品的专用设备。

表 8-3 列出了行星滚轧机的主要类型。

表 8-3 行星滚轧机的主要类型

类型	辊数及压下或驱动方式	工件	说明
轧辊轴接近式	二辊液压压下	固定	轧辊之间用齿轮连接作同方向旋转。工件手动送进，也可以采用自动送料装置
	二辊凸轮压下	固定	
	三辊液压压下	固定	
	三辊凸轮压下	固定	
轧辊轴固定式	三辊差速驱动	移动	两轧辊同方向异速旋转，由送料器在相位合适的位置上送料
	带凹槽的二辊同速驱动	移动	两轧辊同方向同速旋转，由送料器在轧辊凹槽位置上送料

8.2.2.4 螺纹滚轧头

螺纹滚轧头可以利用普通车床方便、灵活地批量生产螺纹制品，因此应用也很广泛。螺纹滚轧头有单辊、二辊和三辊等形式，按照进给方式分类，其主要类型如表 8-4 所列。

表 8-4 螺纹滚轧头的主要类型轧辊数

类型	轧辊		说明
	辊数	回转轴	
压入滚轧（横向进给）	1	固定	适用于滚轧螺纹部分极短的长件及有多短螺纹的长件，也能滚轧管螺纹
	2	固定 自由 开闭	轧辊之间用齿轮连接，坯料在辊间与轧辊的位置和相位能微调。可以滚轧梯形螺纹、管螺纹和蜗杆螺纹等
贯通滚轧（轴向进给）	3	自由 开闭	滚轧结束时，三个轧辊自动开启，坯料与轧辊脱离，轧辊的牙型无升角，以一定的送进角布置，单独传动。坯料自动咬入送进。适于滚轧零件的端部螺纹和空心螺纹

二辊式和三辊式的螺纹滚轧头适合于滚轧 M1～M50 的螺纹，若采用液压进给实行贯通滚轧，则可以成为滚轧长丝杠的专用设备（图 8-10）。贯通滚轧时，螺纹滚轧头的前进速度可以用下式表示：

$$V=\frac{nmp}{60\times1000}$$

式中 n——坯料转速，r/min；

m——螺纹头数；

p——螺距，mm。

8.2.2.5 轧辊

滚轧机的轧辊可以有螺旋形轧辊和环形轧辊两种。

螺旋形轧辊加工方便，容易达到较高的精度，但是调整困难，对各轧辊的回转同步精度要求较高。当调整不当时易造成乱扣。螺旋形轧辊的螺旋角一般大于（多线轧制）或小于（单线轧制）工件的螺旋角其差值为轧辊轴线与工件轴线的夹角。

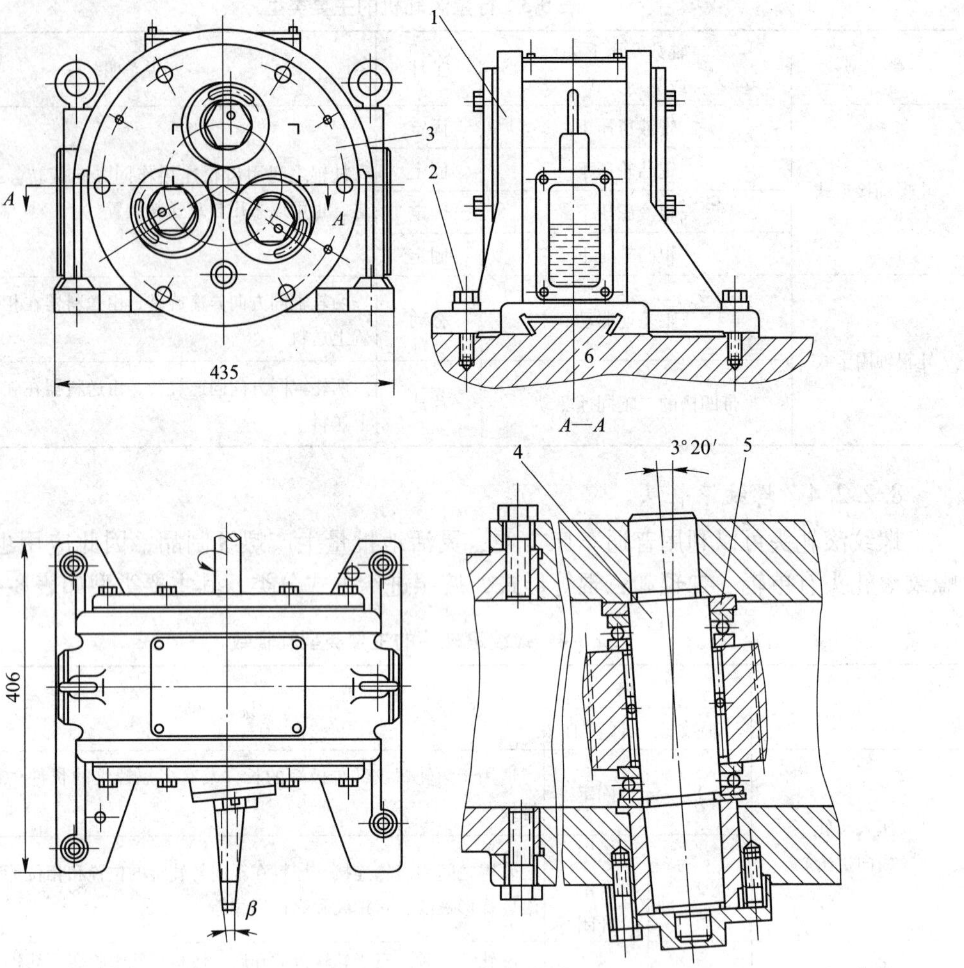

图 8-10 冷轧丝杠的螺纹滚轧头的结构示意图

1—机体；2—螺钉；3—端盖；4—偏心轴；5—止推轴承；6—车床溜板

环形轧辊调整安装方便，不易产生乱扣。在二辊机构上一套轧辊可以轧制螺距相同的不同直径的丝杆，并可以轧制旋向不同、头数不同的丝杆。轧辊可以重复修磨多次，工具消耗少。

环形轧辊的设计要求是：轧辊每个梯形牙的挤压负荷应近似相等，挤压过程中工件不应产生剪切现象。当螺距小于等于 6mm 时，轧辊一般选用 7 牙，其中 3 牙为校正牙，其余 4 牙为瘦牙，瘦牙的牙顶宽在加工出咬入角后应与校正牙的牙顶宽相同。

取中径处的升角和螺纹制件中径处的升角相等，这样，可以按下式计算螺纹滚轧轧辊的外径：

$$D = kd_p + (1 - 2b)H'$$

式中 k——轧辊的螺纹头数；

d_p——螺纹制件的中径，mm；

b——螺纹牙底的钝化比例；

H'——螺纹牙型的三角形高度，mm。

如果轧辊和制件螺纹的升角不一致，则在滚轧中坯料产生轴向移动，可以利用这种移动来滚轧比轧辊宽度长的螺纹。

8.2.2.6 螺纹滚轧力的计算

滚轧力是设计、选用滚轧机与装置的依据，同时对滚轧齿形的精度、滚轧生产率、滚模的寿命以及形成齿形的持续时间都有关系，螺纹滚轧主要是塑性成形，所以用塑性力学的知识来分析各种因素对滚轧力的影响，由于根据金属挤压理论计算较为复杂，因此仅对滚轧力做定性分析，并给出经验公式如下：

$$E = 250P\sqrt{\frac{HB}{4\delta} + ZP\left(\frac{1}{2K} + 0.95\right)}LF$$

式中 E——滚轧力，kN；

P——工件螺距，mm；

HB——工件的材料硬度；

δ——工件材料延伸率；

K——滚丝轮头数；

L——工件螺纹长度，mm；

F——滚轧力修正系数，对60°的三角螺纹 $F=1$；对半圆形螺纹 $F=1.5$；对矩形螺纹 $F=2$；

Z——工件材料，碳素钢 Z：0.1~0.5；低合金钢 Z：0.5~1.0；高强度合金钢 Z：1~2；特种钢，如不锈钢、含铜合金钢等 Z：2~5。

8.3 成形件滚轧机

8.3.1 成形件滚轧机的用途和特点

成形件的滚轧主要是对机加工后的齿轮、花键等零件作进一步的精加工。与切削精加工相比，滚轧加工的生产效率高，材料利用率高，工件的综合力学性能好。对于变形量小的产品，也可以直接用毛坯料进行冷滚轧加工。经过多年的发展，齿轮和花键的滚轧成形技术已经很成熟。我国目前冷滚轧的花键模数最大为2，在国外，ErnstGrob公司能够提供冷轧花键模数为3.5的大型机床，花键冷滚轧采用C6和C9系列冷轧机，可以轧制出模数 m 小于3.5的齿轮和花键轴，并可轧制斜齿轮。该设备的生产工艺可以灵活调整，更换程序时间0.5min，更换轧头时间3min，更换夹具时间2~10min。由于调整时间短，即使是20~30件的小微量生产也是十分经济的。C6和C9的改进型12/4NC和KRM12/I4NC具有更高的生产效率、精度及可调性。可实现以棒料到有内外齿的自动变速箱离合器罩壳的全过程轧制。轧制 ϕ320m的零件只需1.5min/件，用ZSM10轧机可以在25s内将薄壁管轧制成转向器的高精度齿条。

8.3.2 成形件滚轧机的种类

对于齿轮和花键加工，成形件滚轧机可以采用创成法和成形法两种加工方式。与机械加工类似，创成滚轧法是利用齿轮形工具，按照齿轮啮合原理进行滚轧加工。成形滚轧法则是采用成形工具逐个齿进行加工，然后再对全部齿进行整修。

从工具和坯料的运动方式来划分，成形件滚轧机有坯料自由驱动和强制驱动两种驱动方式，坯料自由驱动是指坯料在工具的作用下自由运动，而强制驱动是将坯料的装卡轴与工具的驱动轴连接，使坯料强制运动。为了保证坯料与工具接触表面的线速度相同。应保证两者主轴转速比相同。

根据滚轧工具的不同。可以将成形件滚轧机分为齿条形工具的滚轧机、蜗杆形工具的滚轧机、冕状齿轮形工具的滚轧机、小齿形工具的滚轧机和单轮滚轧机等几种。其具体结构及性能如下：

（1）齿条形工具的滚轧机。图 8-11 所示的使 Michigan Tool 公司的 ROTO-FLO 滚轧机，该机采用齿条形工具用创成法生产齿轮。上下对称的齿条形工具由液压缸推动做平行交错运动。坯料自由驱动，在上下齿条工具之间一面滚动一面产生塑性变形。该滚轧机适用于小型的蜗杆、渐开线花键及三角花键等小直径零件的生产，产品质量好，生产效率高，使用方便。最大滚轧直径为 50mm，模数为 4。若滚轧大齿轮，则由于齿条形工具的长度和行程限制，在制造和使用方面有困难。

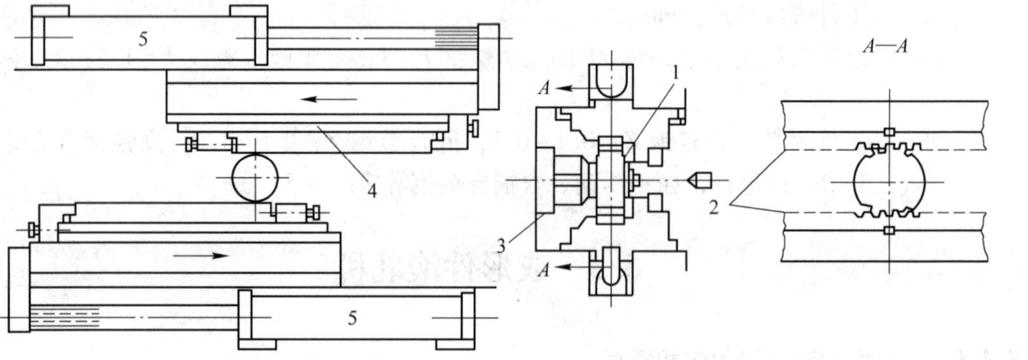

图 8-11　ROTO-FLO 滚轧机

1，2—滚轧工具连接用齿轮；3—主轴；4—尺寸调节楔；5—油缸

（2）蜗杆形工具的滚轧机。蜗杆形工具的滚轧机采用可以回转的蜗杆形工具（图 8-12），坯料做轴向往复运动，这样就可以滚轧直径较大的齿轮。Maag 公司的 Rollamatic RK-12 型滚轧机，可以滚轧直径为 15～120mm、模数 $m=0.5\sim4$、螺旋角$\beta=45°$以内的齿轮。

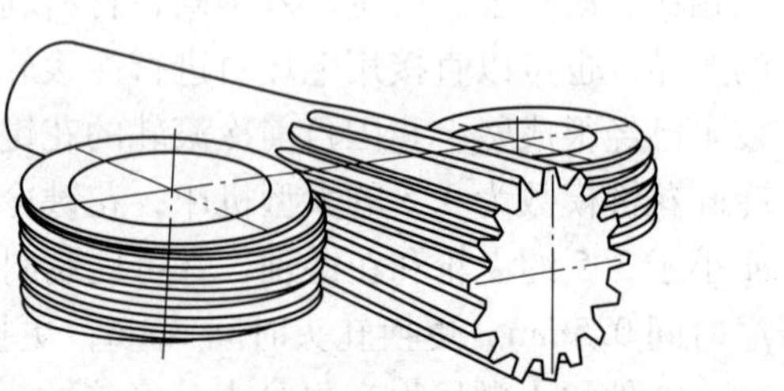

图 8-12　蜗杆形工具的滚轧机的滚轧原理示意图

（3）冕状齿轮形工具的滚轧机。图8-13所示的是一台可以滚轧锥齿轮的冕状齿轮形工具的滚轧机。滚轧时冕状齿轮形工具相当于齿条，端面齿轮也做回转运动。该设备的主轴垂直设置，主传动在机床的下面，坯料与下同步齿轮一起装卡在主轴上部，冕状齿轮形工具与上同步齿轮一起安装在上方的工具台上，利用同步齿轮来保证主轴和安装工具的动力头同步。工具台进给时，首先上部和下部的同步齿轮啮合，使工件轴和工具轴按规定速比转动，工具台继续进给，滚轧工具咬入工件实现滚轧加工。

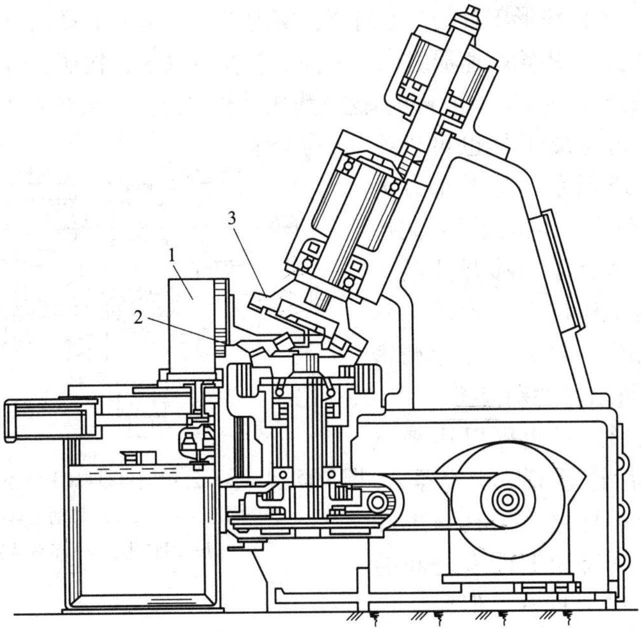

图 8-13 冕状齿轮形工具的滚轧机

1—变压器；2—下同步装置；3—上同步装置

在机床的下部设置有感应加热器，工件经过高频感应加热后进行滚轧。由于热轧时工件加热后软化，其整体性下降，所以需要对工件做强制驱动。该设备可以生产模数 $m=5\sim10$ 的大模数齿轮。

（4）小齿轮形工具的滚轧机。利用小齿轮形工具滚轧齿轮更为方便，生产设备可以使用螺纹滚轧机，也可以使用专用的齿轮滚轧机。小齿轮形工具和普通齿轮的形状大体相同，加工制作容易，生产成本较低。图 8-14 所示的是直齿圆柱齿轮滚轧机。通过左右两个

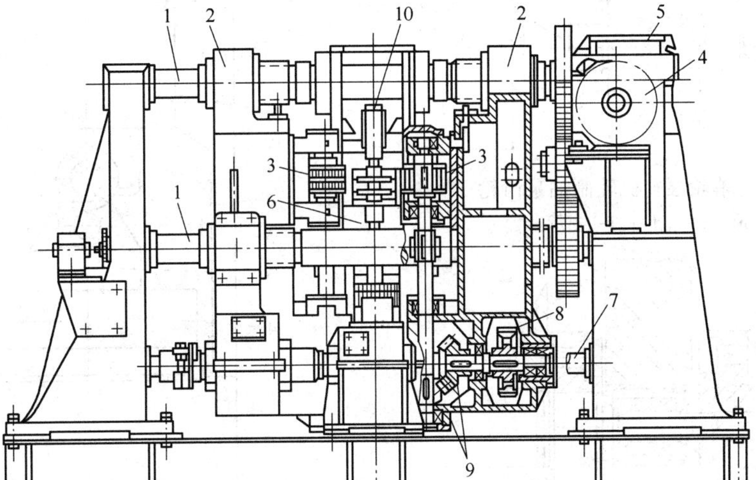

图 8-14 直齿圆柱齿轮滚轧机

1—双向进给丝杠；2—左、右滑座；3—小齿轮形工具；4—电动机；5—涡轮加速器；6—坯料轴；7—传动轴；8，9—齿轮；10—夹紧装置

进给丝杠，移动安装小齿轮形工具的左右滑座，实现进给。两个工具相对于工件同时接近或分开，进给机构由电机、蜗轮减速器组成。工件安装在主轴上，按照工具与工件之间规定的转速比转动。工具的转速为20~60r/min。这种齿轮轧机可以生产模数在10以下的热轧齿轮。

此外，利用小齿轮形工具也可以生产精轧齿轮。图8-15所示的是Langes公司的32TFRG型齿轮精轧机的成形部分。工件安装在回转工作台上，移开活动工具架，使工件转到工作位置，活动工具架进给，与固定工具一起对工件做精密滚轧。这类滚轧机可以代替剃齿机。

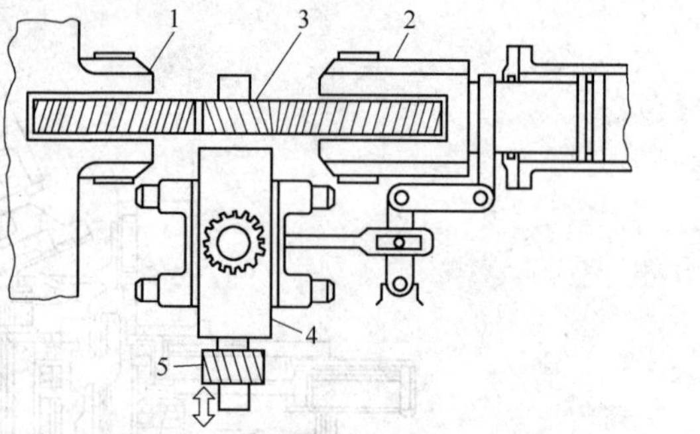

图8-15 Langes公司的32TFRG型齿轮精轧机的成形部分
1—固定工具架；2—移动工具架；3—坯料；
4—回转头；5—坯料装卸位置

另外，内齿轮形工具也可以用来滚轧外齿轮。由于内齿轮形工具咬入容易，材料的变形顺利。并且由于工具与工件的接触面积大，工具齿和工件齿之间的间隙小，所以齿形成形良好。但是，内齿轮形的工具制造困难，该方法的应用尚不成熟。

（5）单轮滚轧机。对于一些加工后的小模数齿轮，采用单轮滚轧机进行冷精轧更为有效。图8-16和图8-17是用单轮滚轧机轧制油泵齿轮和行星齿轮的情况。用这种方法轧出的齿轮精度很高。轧制周期为4~9s。轧轮的寿命很高，轧制模数为1~3的齿轮50000件后，轧轮没有明显磨损。单轮滚轧机结构如图8-18所示。用棒料毛坯直接轧制出齿形的冷

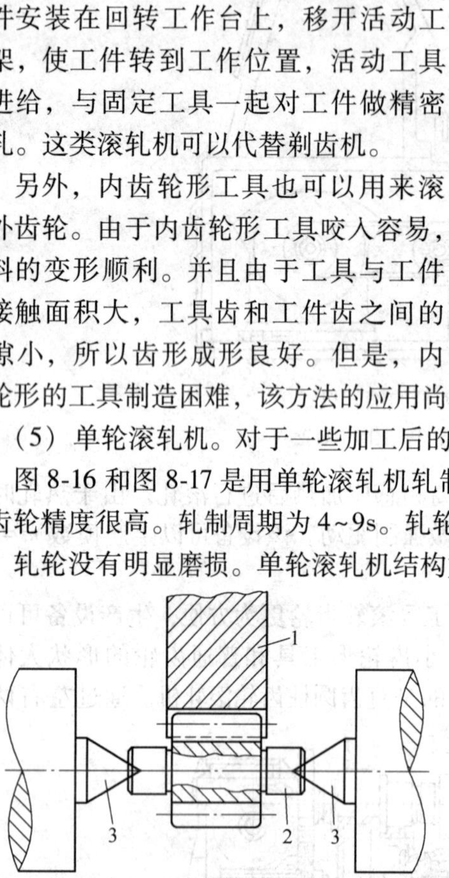

图8-16 单轮滚轧机轧制油泵齿轮
1—轧轮；2—工件；3—支承顶尖

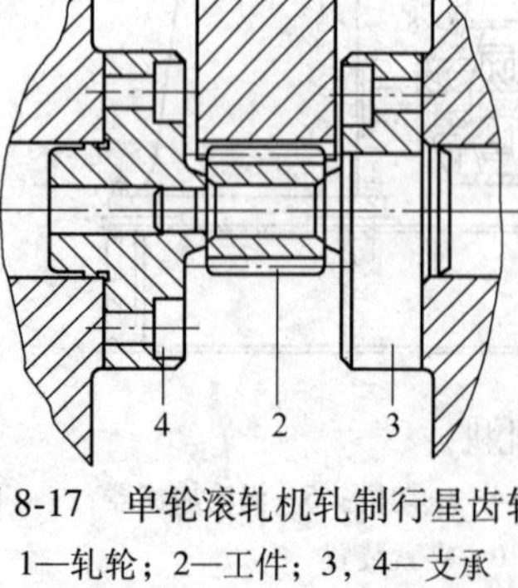

图8-17 单轮滚轧机轧制行星齿轮
1—轧轮；2—工件；3，4—支承

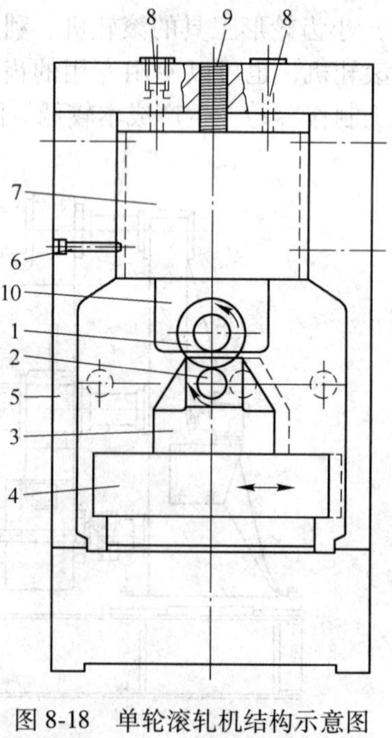

图8-18 单轮滚轧机结构示意图
1—轧轮；2—工件；3—支座；4—工件滑板；
5—机架；6—锁紧螺钉；7—轧轮滑板；
8—液压活塞；9—调整丝杠；10—轧轮头

精轧机也在使用，生产率为每小时 360 件。

齿轮滚轧的关键是滚轧工具的形状准确和工具与工件的转动速比精确、稳定，从而保证齿形的准确和齿轮周节累计误差在允许范围内。尤其是对于工件自由驱动的滚轧过程，此时工具与工件相互间的滑动较小。但是齿轮周节累计误差很难保证，必须对滚轧工具进行特殊的设计。工件强制驱动能够保证工具与工件准确的传动比，工具的通用范围较大。但是由于强制驱动，两者之间的滑动量增大，所以工具的抗弯强度要求增大。

滚轧工具的齿在滚轧时要承受很大的压力、表面摩擦力、弯曲力和热应力。工具的磨损将直接影响工件的尺寸精度，因此对工具的要求很高，应具有适当的硬度，良好的耐磨性和韧性。

表 8-5 给出了津上 T-GR8 型滚轧机的技术参数。

表 8-5　津上 T-GR8 型滚轧机的技术参数

项　　目		4 型	8 型	10 型
滚轮座直径/mm		100	200	245
上下滚轮座调节量/mm		76	76	76
滚轮转速/$r \cdot min^{-1}$		800~1500	800~1200	800~1200
床身长度/mm		900	2400	1980
		1500	4200	3200
		4000	4850	3800
		4850		
往复台移动量		760	1980	1980
		1370	3200	3200
		3000	3800	3800
		3650		
最大模数	碳钢	1.6	3.5	5.5
	合金钢	1.25	2.5	4.5
最大滚轮直径/mm		60	138	215
最大打轮直径/mm		22	48	76
滚轧驱动电机功率/kW		5×2	7.5×2	7.5×2
油泵电机功率/kW		2.5	2.5	2.5
快速送进电机功率/kW		1	1	1
无级调速送进电机功率/kW		1	1	1
设备质量/kg		3500	9500	9500

8.3.3 齿轮和花键相关计算

8.3.3.1 花键相关计算

A 花键坯料直径计算

滚轧成形前的坯料直径的计算精度，在实际生产中会直接影响到花键分齿精度和花键成齿质量的高低。坯料直径选择过大会造成乱齿，甚至滚轮崩齿；过小则会造成齿填充不足，甚至乱齿。在理论研究花键滚轧成形中，坯料滚前直径是磨具结构设计所考虑的重要参数。

其公式为：

$$d_Z = \sqrt{d_i^2 + \frac{Z}{\pi}\left(\frac{d_b^2}{3}(\tan^3\alpha_a - \tan^3\alpha_i) + d_a s_a - d_i s_i\right)}$$

式中 d_Z——花键滚轧成形前坯料直径，mm；

d_i——花键小径，mm；

d_a——花键大径，mm；

α_a——花键齿顶圆压力角，$\alpha_a = \arccos\left(\frac{d_b}{d_a}\right)$，(°)；

α_i——花键齿根圆压力角，(°)；

s_i——花键齿根圆弧齿厚，$s_i = d_i\left(\frac{s}{d} + \mathrm{inv}\alpha - \mathrm{inv}\alpha_i\right)$；

s_a——花键齿顶圆弧齿厚，$s_a = d_a\left(\frac{s}{d} + \mathrm{inv}\alpha - \mathrm{inv}\alpha_i\right)$。

B 滚轧力的计算

滚轧过程中滚轧力 F 为滚轧接触面平均单位压力 P 与滚轧过程中接触面 S 的乘积，即

$$F = PS$$

滚轧过程中，工件横截面上受力情况相同，工件各横截面上的接触曲线形状与大小均相同，则接触面积可按下式计算

$$S = LM = r_e\delta M$$

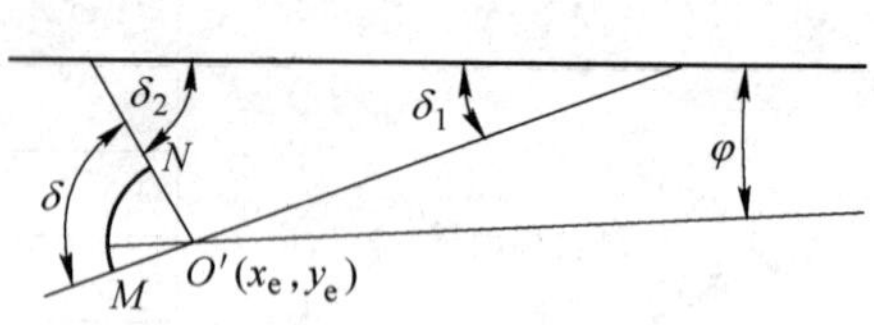

图 8-19 接触弧对应的角度 δ 示意图

式中 L——横截面上接触曲线长度，mm；

M——工件键长，mm；

r_e——过渡圆弧半径，mm；

δ——接触弧对应角度，$\delta = \delta_1 + \delta_2$（见图 8-19）；

δ_1——接触弧圆心 O' 与下边界点 M 连线与 x 轴夹角；

δ_2——O' 与上边界点 N 连线与 x 轴夹角。

滚轧成形时，作用于 b、c 点且垂直于接触表面的正压力分别为

$$q_1 = 2K\left(\frac{1}{2} + \frac{3\pi}{4} - \varphi_1 - \psi + \frac{\sin 2\varphi_1}{2}\right)$$

$$q_2 = 2K\left(\frac{1}{2} + \frac{\pi}{4} + \alpha - \varphi_2 + \frac{\sin 2\varphi_2}{2}\right)$$

式中 K——剪切屈服强度，$\mathrm{N/mm^2}$；

φ_1——ABD 区与滚轮齿顶圆弧表面接触的滑移线（见图 8-20）和接触表面的角度；

φ_2——AFC 区与滚轮齿侧接触的滑移线（见图 8-20）和接触表面的角度；

ψ——OB 与 y 轴所形成的角度；

α——滚轮分度圆压力角。

8.3.3.2 齿轮相关计算

A 齿轮坯料初始直径计算

若坯料齿形变位系数不大，可近似取待成形齿轮分度圆直径作为坯料初始直径，即：

$$d_0 = mZ_0$$

式中 m——待成形齿轮的模数；

Z_0——待成形齿轮的齿数。

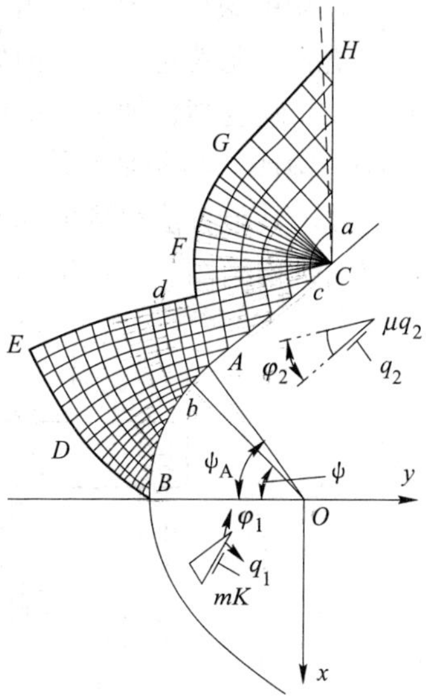

图 8-20 花键滚轧时的滑移线

若工件分度圆压力角≤35°时，按渐开线齿形面积计算公式，计算坯料初始直径 d_0 值：

$$d_0 = \sqrt{\frac{Z}{\pi}\left[\frac{d_b^2(\tan^3\alpha_k - \tan^3\alpha_f)}{3} + S_a d_a - S_f d_f\right] + d_f^2}$$

若工件分度圆压力角>35°时，按直线齿形面积计算公式，计算坯料初始直径 d_0 值：

$$d_0 = \sqrt{\frac{Z}{\pi}(S_a + S_f)(d_a - d_f) + d_f^2}$$

式中 d_a——齿顶圆直径，mm；

d_f——齿根圆直径，mm；

d_b——基圆直径，mm；

S_a——齿顶厚度，mm；

S_f——齿根厚度，mm；

α_f——齿根圆压力角；

α_k——齿顶圆压力角；

α_k——齿顶圆压力角。

对于齿宽小的花键齿，如齿宽在 6~8mm，按照上述公式计算出的坯料初始直径需要再增加(0.25~0.4)m 值，才能滚轧出符合尺寸要求的花键。

B 齿轮滚轧力的计算

齿轮滚轧压力 P 的大小通过经验公式来测算：

$$P = (1.2 \sim 1.5)\sigma_s b d_{fr}$$

式中 σ_s——材料屈服极限，MPa；

b——工件滚轧段的宽度，mm；

d_{fr}——滚轧齿轮根直径，mm。

8.4 滚轧机的其他应用

滚轧技术也可以用于机械零件的其他加工工艺，主要有：

(1) 滚花。滚花是用轧辊进行冷滚轧，使工件的外表面形成不同的花纹。轧辊有两辊和单辊两种形式，一般在车床上进行横向进给滚轧。

（2）槽的滚轧。利用滚轧工艺加工轴类零件上的油槽、滚珠丝杠的滚珠滚道等沟槽是十分方便的，尤其是对于表面硬度高、沟槽形状复杂的工件。滚轧的沟槽表面光洁，尺寸准确，表面硬度高，加工效率高。槽的滚轧一般在车床上进行。

（3）滚印。滚印是滚轧工艺的另一种应用。在钢坯和钢材的表面做标记，采用滚印方法最有效。其他方法得到的印记在加工和运输过程中是很容易消失的。图 8-21 所示的是滚印机的机构简图。左主轴为主传动，带动滚印轮转动。

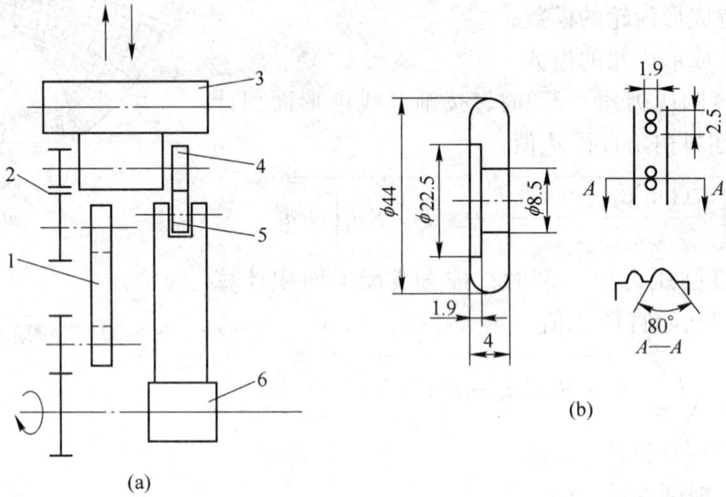

图 8-21　滚印机机构简图

（a）加工主要部分的构造；（b）制件简图

1—皮带轮；2—离合器；3—右主轴台；4—打印模；5—坯料；6—左主轴台

右主轴台安装滚印轮，并作径向进给。滚印轮上刻上字迹或安装活字头，滚印轮转动将字迹印在钢坯上。滚印轮也可以是扇形件，工作中往复摆动。滚印轮也可以是肩形件、工作中往复摆动。

（4）矫直、定径。滚轧工艺还可以用于工件的整形，主要是杆形件和筒形件的矫直与定径。对于细长的杆件，采用辊式矫直和压力矫直难以达到较高的矫直精度，对于短轴、阶梯形轴采用上述方法更是无法矫直。采用滚轧矫直，使滚轧头做高精度的横向进给，可以使工件的直线度显著提高。例如，外径 26mm、长 300mm 轴（硬度 HB200），采用滚轧法矫直，滚轧头横向进给，矫正力 120~200kN，矫正时间 15s，弯曲度由原来的 5~6mm/300mm 矫正到 0. 2~0. 3m/300mm。

滚轧定径可以使管件或筒形件的不圆度指标提高。管件或筒形件在加工过程中，两端附近的不圆度公差远大于中间部分，要消除这种现象可以采用内径滚轧的方法。例如，内径 100mm、壁厚 6mm、长 1000mm 的挤压管形件，两端 100mm 左右的内径不圆度为 0. 5m，利用多柱式滚轧头对内壁进行滚轧后，内径不圆度公差为 0. 01mm。

（5）滚光。利用滚轧技术对机械零件滚光压平是机加工过程中常用的工艺，零件经过滚轧后表面粗糙度降低且硬度提高。例如，前端球径 14mm，全长 38mm 的零件，在轧辊式滚轧机上，采用横向进给方式滚光，工件用特殊导板支撑以抵抗滚轧力，滚轧力为 150kN，滚轧时间为 2s。滚轧前工件的表面粗糙度 $R_a = 1\mu m$，滚光后 $R_a = 0.4\mu m$。对于套筒类零件，可以采用多辊式滚轧头，用轴向进给法在车床或深孔镗床上进行滚轧。这种工艺在液压缸缸体的加工中是必需的。

（6）压力复合。压力复合是指利用滚轧工艺将两个金属管件压合在一起，使之成为一个双金属管件。横向进给的滚轧压力复合类似于旋压，两根管件组装在一起后，装卡在普通车床或专用滚轧机上，用滚轧头逐渐地将外管压合在内管上。轴向进给的滚轧压力复合采用多辊式滚轧头从轴向接近工件，可以是外滚轧也可以是内滚轧，将两根管件压合在一起。

思 考 题

8-1　滚轧主要特征有哪些？

8-2　简述滚轧基本原理。

8-3　螺纹滚轧机有哪几种结构形式？各有什么特点？

8-4　简述行星滚轧机用途及特点。

参 考 文 献

[1] 日本塑性加工学会．压力加工手册［M］．江国屏，等译．北京：机械工业出版社，1984.

[2] 王廷博．轧钢工艺学［M］．北京：冶金工业出版社，1980.

[3] 张庆．冷滚轧机床同步机构的误差分析［J］．中国机械工程，2002（12）．

[4] 机械工业部机械研究院．国外压力加工概况及其发展趋势，1973（内部发行）．

[5] 机械工业部机械研究院．金属压力加工，1973（内部发行）．

[6] 李培武．塑性成形设备［M］．北京：机械工业出版社，1995.

[7] 中国机械工程学会锻压学会．锻压手册［M］．北京：机械工业出版社，1993.

[8] 顾锡琦．丝锥的制造工艺［M］．北京：中国工业出版社，1963.

[9] 孙成富．行星滚丝工艺研究［J］．金属成形工艺，1995（2）．

[10]《锻工手册》编写组．锻工手册（第七分册）［M］．北京：机械工业出版社，1975.

[11]《机械工程手册　电机工程手册》编辑委员会．机械工程手册（第七分册）［M］．北京：机械工业出版社，1982.

[12] 胡亚民．回转塑性成形技术的应用［J］．锻压机械，1996（6）．

[13] 程通模．滚压和挤压光整加工［M］．北京：机械工业出版社，1989.

[14] 金良．小模数渐开线花键滚轧轮的设计制造［J］．金属成形工艺，2002（2）．